LS 5

LAMBACHER SCHWEIZER

Mathematisches Unterrichtswerk
für das Gymnasium
Ausgabe A

Herausgegeben von
August Schmid

bearbeitet von
Irene Karsten

erarbeitet von
Hans Freudigmann
Cornelia Niederdrenk-Felgner
August Schmid
Maximilian Selinka
Jörg Stark

Ernst Klett Verlag
Stuttgart Düsseldorf Leipzig

Bildquellenverzeichnis:

Anthony-Verlag, Starnberg: S. 82 – Archiv für Kunst und Geschichte, Berlin: S. 83, 126, 128 – Bavaria, Gauting: S. 6 rechts (Gruber, A.), S. 69 (Higuchi, H.), S. 100 Mitte (Merten) – Bongarts, Hamburg: S. 76, 103 – Deutsche Luftbild, Hamburg: S. 187 unten rechts – dpa, Frankfurt/Main: S. 6 links (Kleefeldt), S. 12 (Gerig), S. 13 (Kolmikow), S. 14 (Pfeiffer), S. 32 (Feix), S. 38 (Knebel), S. 50 rechts (Sammer), S. 56 (Dick), S. 63 (Schwebbach), S. 77 (Obertreis), S. 80 oben rechts (Bernhaut); unten links (Grab), S. 81 (Luecker), S. 90 (Wieseler), S. 93 oben (Lehtikuva Oy); unten (Kyodo News Ser), S. 113 oben (dpa Bacelona); unten (Agence France), S. 137 (Corry), S. 184 oben links (Schilling), S. 187 oben links (Obertreis), S. 189 (Pan-Asia) – Erco-Leuchten, Lüdenscheid: S. 15 – Friedrich-Verlag, Seelze: S. 84 (mathematik lehren, Heft 49/1991) – Green-Comics, Langenhagen: S. 16 – Internationales Bildarchiv, München: S. 100 oben – Landespolizeidirektion, Stuttgart: S. 21 – Mauritius, Stuttgart: S. 97 (Rossenbach), S. 113 Mitte (Gebhardt, E.), S. 125 Mitte (De Foy), S. 127 (Beck, J.), S. 132 (Freytag, P.), S. 153 (Hackenberg), S. 183 (Schwarz, H.) – Okapia, Frankfurt: S. 50 links (Falco, C.), S. 100 unten (Hammerschmidt, P.), S. 144 (Postl) – Rheinisches Landesmuseum, Bonn: S. 25 – Jens Schacht, Düsseldorf: S. 15, 20, 35, 36, 42, 45, 57, 58, 59, 73, 88, 99, 106, 108 oben, 109, 112, 125 oben, 170, 175, 181 – SIPA-Press, Paris: S. 39 (Robert) – Jörg Stark, Tübingen: S. 20 – Transglobe Agency, Hamburg: S. 108 unten (Halaska) – VSO, Villingen-Schwenningen: S. 28 – Ingo Weidig, Landau/Pfalz: S. 140 – ZEFA, Düsseldorf: S. 68, S. 184 unten rechts (Migdale, L.)

Nicht in allen Fällen war es uns möglich, den uns bekannten Rechtsinhaber ausfindig zu machen. Berechtigte Ansprüche werden selbstverständlich im Rahmen der üblichen Vereinbarungen abgegolten.

Gedruckt auf Papier aus
chlorfrei gebleichtem Zellstoff,
säurefrei.

1. Auflage A 1 5 4 3 2 1 | 2002 2001 2000 99 98

Alle Drucke dieser Auflage können im Unterricht nebeneinander benutzt werden, sie sind untereinander unverändert. Die letzte Zahl bezeichnet das Jahr dieses Druckes.

Internetadresse: http://www.klett.de

Zeichnungen: U. Bartl, Weil der Stadt; R. Hungreder, Leinfelden;
Bertron & Schwarz, A. Leineke, T. Diezmann, Schwäbisch Gmünd
Umschlaggestaltung: Alfred Marzell, Schwäbisch Gmünd
DTP-Satz: topset Computersatz, Nürtingen
Druck: SCHNITZER DRUCK GmbH, 71404 Korb

ISBN 3-12-731700-X

Inhaltsverzeichnis

V Zeichnen mit Geodreieck und Zirkel

VI Flächen- und Rauminhalte

Zum Aufbau des Buches

Jedes Kapitel umfasst

- mehrere Lerneinheiten,
- vermischte Aufgaben,
- mathematische Exkursionen,
- Kapitelrückblick.

- Zu Beginn jeder Lerneinheit stehen **hinführende Aufgaben**. Sie bereiten den Gedankengang des Paragrafen vor. Sie sollen die Schülerinnen und Schüler zum Nachdenken aktivieren. Da sie als Angebot gedacht sind, nehmen sie keine Information zum jeweiligen Lerninhalt vorweg und bieten somit dem Lehrer die methodische Freiheit.

  Der anschließende **Lehrtext** stellt die Verbindung zwischen Einführungsteil und Ergebnis her. Vielfach werden hier auch zusätzliche Informationen gegeben.

Im Kasten wird das wesentliche **Ergebnis** in einprägsamer Form zusammengefasst.

Beispiele sind vollständig bearbeitet. Sie bieten darüber hinaus wichtige Schreib- und Gestaltungshilfen.

Der **Aufgabenteil** bietet ein reichhaltiges Auswahlangebot. Die Aufgaben reichen von Routineaufgaben zum Einüben von Fertigkeiten und Darstellungsweisen über zahlreiche Aufgaben im mittleren Schwierigkeitsbereich bis zu schwierigen Aufgaben, die besondere Leistungen verlangen.
Zahlreiche Aufgaben zu Sachsituationen helfen, Beziehungen zwischen der Mathematik und ihren Anwendungen aufzuzeigen.

Wo es aufgrund der besseren Übersicht oder im Sinne eines schnelleren Zugriffs sinnvoll erscheint, werden die Aufgaben durch Zwischenüberschriften gegliedert.

- In den **vermischten Aufgaben** werden zusätzliche Übungsaufgaben angeboten. Ferner finden sich dort Aufgaben, welche die Zusammenhänge zwischen den einzelnen Paragrafen eines Kapitels herstellen und deshalb für das mathematische Gesamtverständnis von großer Bedeutung sind.

- In den **mathematischen Exkursionen** werden Themengebiete angesprochen, die mit dem jeweiligen Kapitel in Verbindung stehen.
  Sie sind als Anregung für Schülerinnen und Schüler gedacht, sich mit mathematischen Fragen, interessanten Themen oder Themen aus dem Alltag auseinander zu setzen. Durch die kleinschrittige Vorgehensweise und die illustrative Aufbereitung wird das selbstständige Durcharbeiten leicht gemacht. Die mathematischen Exkursionen können auch im Unterricht zur Sprache kommen.

- Den Abschluss eines jeden Kapitels bildet die **Rückblickseite**. Hier sind die wichtigsten Lerninhalte in prägnanter Form zusammengefasst.

1 Der Zahlenstrahl

1

Bei den Olympischen Spielen 1992 in Barcelona war im 5000-m-Lauf Dieter Baumann der Erste. Gibt es bei den Personen auf dem Drehgestell auch einen Ersten, Zweiten, Dritten?

Beim Zählen kommt es auf die Reihenfolge der natürlichen Zahlen an. Zu jeder natürlichen Zahl gibt es eine folgende Zahl, ihren Nachfolger. Ebenso gibt es zu jeder natürlichen Zahl (außer der ersten) eine vorangehende Zahl, ihren Vorgänger.

Die Reihenfolge der natürlichen Zahlen
0, 1, 2, 3, ...
kann man am Zahlenstrahl veranschaulichen.

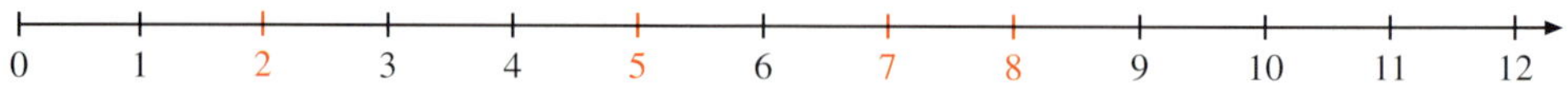

2 liegt links von 7;
Wir sagen: 2 ist kleiner als 7
und schreiben: $2 < 7$.

8 liegt rechts von 5;
8 ist größer als 5.
$8 > 5$.

$<$
zeigt immer auf die kleinere Zahl

Beispiel 1:
Am folgenden Zahlenstrahl sind die natürlichen Zahlen bis 1 250 veranschaulicht.

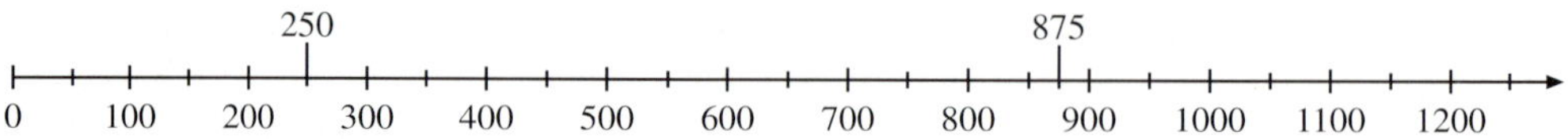

Beispiel 2:
a) Die natürliche Zahl 1 000 hat den Vorgänger 999 und den Nachfolger 1 001.
b) Es ist $27 < 72$; $19 > 15$; $167 < 617$; $312 > 213$.
c) Für „$3 < 6$ und $6 < 10$“ schreibt man auch kurz: $3 < 6 < 10$.
(Lies: 3 ist kleiner als 6 und 6 ist kleiner als 10.)

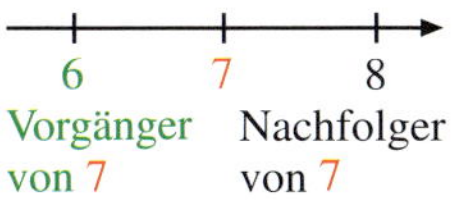

Vorgänger und Nachfolger

2
Ergänze die Tabelle in deinem Heft.

Vorgänger	Zahl	Nachfolger
	17	
	99	
	138	
249		
828		
998		
		3 021
		4 000

3
Bestimme Vorgänger und Nachfolger von
a) 23; 45; 49; 51; 79; 80
b) 100; 909; 990; 999; 1 009; 1 999
c) 5 000; 5 099; 7 989; 53 999; 98 799.

Ich habe keinen Vorgänger!

4
a) Von welcher natürlichen Zahl ist 17 (35; 100; 501; 619; 1 999) der Vorgänger?
b) Welche natürliche Zahl hat 20 (19; 100; 21 100; 53 000) als Nachfolger?
c) Gib zwei natürliche Zahlen an, so dass der Nachfolger der ersten Zahl gleichzeitig Vorgänger der zweiten ist.

5
Bei den Buchstaben A, B, C, … ist durch das Alphabet eine Reihenfolge festgelegt.
a) Welcher Buchstabe ist Vorgänger, welcher Nachfolger von L?
b) Vergleiche die Reihenfolge der Buchstaben mit der Reihenfolge der natürlichen Zahlen.

6
Fünf Mädchen gehen hintereinander. Tina und Pia gehen zwischen Ria und Steffi, Pia und Ria zwischen Tina und Laura. Wie heißt das Mädchen mit der roten Mütze?

Ablesen und Eintragen

7
Schreibe auf, zu welchen Zahlen die roten Striche gehören.

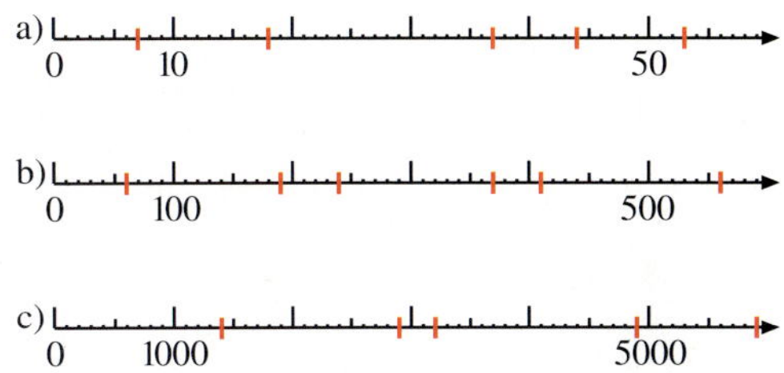

8
Zeichne jeweils einen Zahlenstrahl bis 120 und trage die folgenden Zahlen ein. Wähle 1 cm für 10.
a) 8; 17; 21; 35; 52; 78; 83; 96; 113
b) 12; 37; 61; 75; 89; 93; 107; 117

9
Zeichne in dein Heft untereinander einen ersten Zahlenstrahl mit 1 cm für 1, einen zweiten mit 1 cm für 2 und einen dritten mit 1 cm für 5.
Trage jeweils die Zahlen 5, 8, 10 und 15 ein.

10
Übertrage den Ausschnitt des Zahlenstrahls in dein Heft. Setze ihn um 10 Kästchen nach rechts fort und schreibe die richtigen Zahlen dazu.

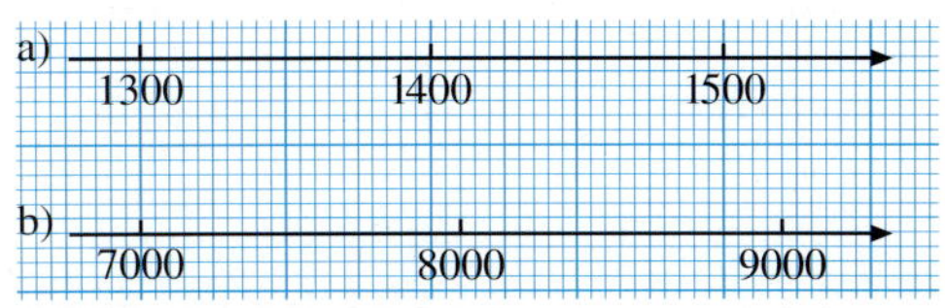

11
Zeichne einen Zahlenstrahl in dein Heft und trage die genannten Zahlen ein. Wähle jeweils eine passende Einteilung, wenn dein Zahlenstrahl etwa 10 cm lang werden soll.
a) 150; 220; 425; 570; 690; 1 130; 1 195
b) 800; 3 000; 4 500; 7 650; 9 950; 11 200

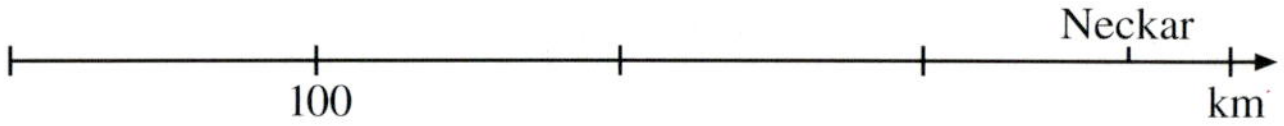

12
a) Wie viele cm wurden in der Figur für 100 km gewählt?
b) Wie lang ungefähr ist der Neckar?
c) Wie weit müsste man den Zahlenstrahl verlängern, damit der etwa 6 700 km lange Nil noch eingezeichnet werden kann?

Anordnen

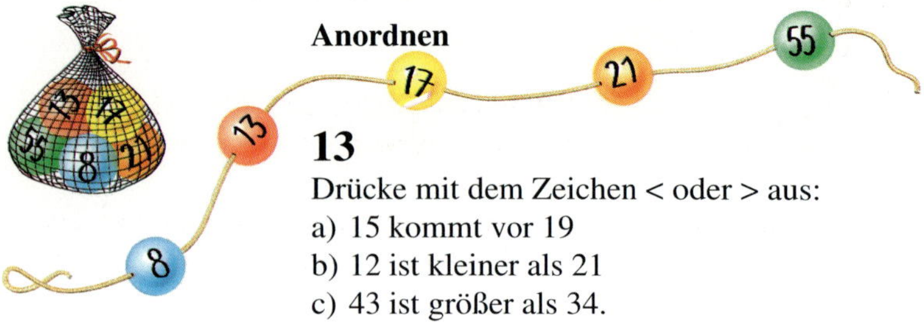

13
Drücke mit dem Zeichen < oder > aus:
a) 15 kommt vor 19
b) 12 ist kleiner als 21
c) 43 ist größer als 34.

14
Übertrage in dein Heft und setze für Δ das Zeichen < oder >.
a) 14 Δ 17; 37 Δ 41; 67 Δ 69; 82 Δ 79
b) 31 Δ 13; 52 Δ 25; 45 Δ 54; 74 Δ 47
c) 235 Δ 205; 350 Δ 503; 989 Δ 1 210

15
Drücke mit zwei Kleinerzeichen (mit zwei Größerzeichen) aus, dass
a) 6 zwischen 3 und 10 liegt
b) 47 zwischen 40 und 50 liegt
c) 137 zwischen 100 und 200 liegt.

16
Drücke in Worten aus:
a) 82 < 90 b) 38 > 29
c) 2 < 6 < 10 d) 11 > 9 > 4.

17
Schreibe alle natürlichen Zahlen auf,
a) die zwischen 74 und 81 liegen
b) die zwischen 997 und 1 005 liegen.

18
Wie viele Zahlen sind auf dem Band verdeckt?

19
Ordne der Größe nach. Schreibe das Ergebnis mit Kleinerzeichen.
a) 43; 34; 430; 403; 304; 340
b) 567 801; 587 610; 608 715; 870 561
c) 99 909; 90 990; 99 099; 90 099; 99 990

20
Für „11 < 15 und 15 < 20" schreibt man kürzer: 11 < 15 < 20. Schreibe ebenso:
a) 37 < 70 und 70 < 77
b) 20 < 21 und 40 > 21
c) 38 > 19 und 41 > 38
d) 84 > 74 und 10 < 74.

21
Schreibe zwei natürliche Zahlen auf, die du passend für x setzen kannst.
a) x < 5 b) x < 2
c) x > 17 d) x > 99
e) 9 > x > 6 f) 19 < x < 23

22
Es gibt sechs dreistellige natürliche Zahlen, in denen jede der drei Ziffern 1, 2 und 3 vorkommen. Notiere alle diese Zahlen.

1	2	3
1	3	2
⋮		

Ordne die Zahlen der Größe nach und gib das Ergebnis mit Kleinerzeichen an.

23

Bringe die Wörter in die Reihenfolge, wie sie im Lexikon auftreten würden.

24
Bei einem Tennisturnier gewinnt Adrian gegen Axel und Axel gegen Sigi. Zuletzt spielt Adrian gegen Sigi. Wer müsste gewinnen, damit eine Reihenfolge entsteht?

2 Stellenschreibweise der Zahlen

1

a) Warum hat der abgebildete Fahrradtachometer zwei verschiedene Kilometerzähler?
b) Lies beide Kilometerstände.
c) Welches sind die größten Kilometerstände, die der Tacho anzeigen kann?

2

Schreib die Zahl neunhundertundzweitausendsechshundertundvier in Ziffern.

Auf dem „Rechenbrett" ist mit Plättchen die Zahl eintausenddreiundzwanzig notiert. Die Bedeutung eines Plättchens richtet sich nach der Stelle, an der es liegt; man nennt deshalb diese Darstellung von Zahlen eine **Stellenschreibweise**.

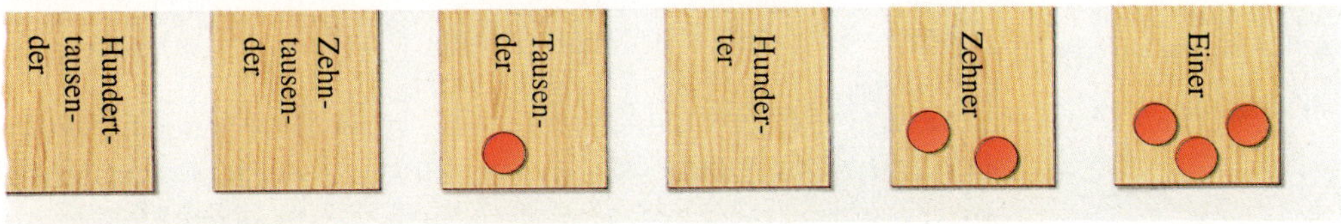

Eine Stelle ist höchstens mit neun Plättchen besetzt. Wir können mit den **Ziffern** 1, 2, 3, 4, 5, 6, 7, 8, 9 angeben, wie viel Plättchen an jeder Stelle sind.

Das Rechenbrett brauchen wir dann nicht zu zeichnen, wenn wir deutlich machen, dass die 3. Stelle nicht besetzt ist. Wir schreiben an dieser Stelle das Zeichen 0 (null).

1 0 2 3

Million	*6 Nullen*
Milliarde	*9 Nullen*
Billion	*12 Nullen*
Billiarde	*15 Nullen*
Trillion	*18 Nullen*
Trilliarde	*21 Nullen*
Quadrillion	*24 Nullen*
Quadrilliarde	*27 Nullen*

Übersicht über die Bedeutung der Stellen im **Zehnersystem (Dezimalsystem)**

…	H	Z	E	H	Z	E	H	Z	E	H	Z	E	H	Z	E
…	Billionen			Milliarden			Millionen			Tausender					

Bemerkung: In Worten geschriebene Zahlen, die unter einer Million liegen, schreibt man klein und zusammen; Zahlen über einer Million schreibt man dagegen getrennt.

decem *(lat.): zehn*

Beispiele:
a) 5 ZT 3 T 8 Z = $5 \cdot 10000 + 3 \cdot 1000 + 8 \cdot 10 = 53080$
b) In Ziffern: 80 511 284;
in Worten: achtzig Millionen fünfhundertelftausendzweihundertvierundachtzig.

Zahlen lesen und schreiben

3
Auf Formularen muss man häufig den Geldbetrag auch in Buchstaben angeben. Warum? Schreibe die Beträge in Ziffern.

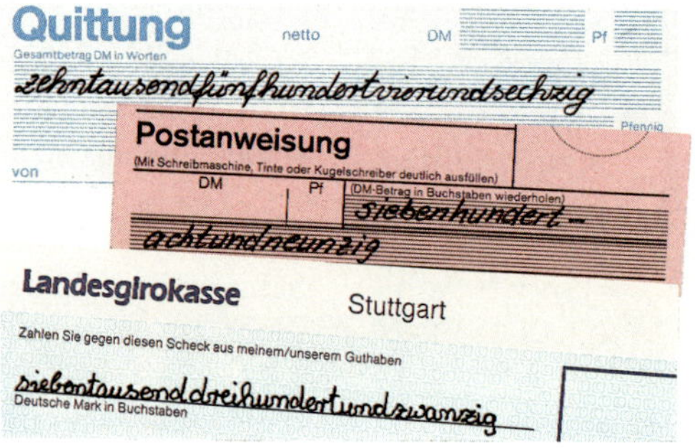

Lies die Meldung: Im Jahre 1991 legte jeder Deutsche durchschnittlich 1 910 km mit dem Bus oder mit der Bahn zurück. Was fällt dir auf?

4
Lies und schreibe in Worten:
a) 4 385; 706; 760; 76; 7 600; 8 950
b) 600 000; 70 000 000; 8 000 000 000
c) 345 678 123; 205 309 405 605
d) 209 570 000 000 000.

5
$4378 = 4 \cdot 1000 + 3 \cdot 100 + 7 \cdot 10 + 8$
Schreibe entsprechend:
a) 3 185 629
b) 24 045 376
c) 6 030 000 058
d) 400 050 000 000 000.

6
$3 \cdot 10\,000 + 8 \cdot 100 + 9 = 30\,809$
Schreibe entsprechend:
a) $4 \cdot 100\,000 + 3 \cdot 10\,000 + 7 \cdot 100 + 5$
b) $8 \cdot 1\,000\,000 + 7 \cdot 10\,000 + 3 \cdot 10 + 2$
c) $5 \cdot 100\,000\,000 + 3 \cdot 1\,000 + 9 \cdot 100$
d) $9 \cdot 1\,000\,000\,000\,000 + 7 \cdot 1\,000\,000$.

Wie schreibt man Elftausend-elfhundertelf mit Ziffern?

7
Schreibe mit Ziffern:
a) vierunddreißigtausendundachtzig
b) dreiundachtzig Millionen achtzehntausendunddrei
c) zwei Milliarden zehn Millionen
d) neun Billionen zwei Millionen
e) elf Billionen drei Millionen fünfundsechzigtausend.

8
Gib einfacher an:
a) tausend Tausender
b) tausend Millionen
c) eine Million Tausender
d) eine Million Millionen.

9
Gib den Vorgänger und den Nachfolger an.
a) 500 900 b) 10 099
c) 9 990 000 d) 37 909 999
e) 99 999 f) 999 899 999
g) 10 000 000 000 h) 1 001 000 000

10
Wie viele Nullen hat die Zahl?
a) achthundert Millionen
b) zwanzig Milliarden
c) vier Billionen
d) zweihundertachtzig Milliarden

11
Wie lauten die größte und die kleinste Zahl mit 9 Ziffern, darunter
a) acht Nullen b) sieben Nullen?

Große Zahlen im Alltag

12
Im Blut eines Erwachsenen sind ungefähr 25 000 000 000 000 Blutkörperchen. Lies die Zahl. Wie viele Millionen sind es?

13
Der Mond ist von der Erde etwa 400 000 km entfernt, die Sonne etwa 150 Millionen km. Zum Vergleich sollen die Entfernungen durch Papierstreifen veranschaulicht werden. Wie lang sind die Streifen zu machen, wenn 100 000 km einer Streifenlänge von 1 mm entsprechen?

14
a) Am 20. 10. 1990 betrug im Zahlenlotto der Gewinn für 6 Richtige fast 7 500 000 DM. Wie viele 100-DM-Scheine wären bei einer Barauszahlung notwendig?
b) Zehn 100-DM-Scheine fest aufeinander gelegt sind ungefähr 1 mm hoch. Wie hoch ist der ganze Geldscheinstapel?

3 Runden

1
Welche Zahlenangaben in der Zeitungsmeldung sind genau, welche stimmen nur ungefähr?

2
Bei welchen der folgenden Zahlenangaben ist es sinnvoll, statt des genauen Wertes eine in der Nähe gelegene, leicht merkbare Zahl anzugeben?
a) Ein Rockkonzert wurde von 83 736 Zuschauern besucht.
b) Die Telefonnummer von Ute ist 60498.
c) Die Entfernung Stuttgart – Hamburg beträgt 668,3 km.

8000 beim FV

(Eigener Bericht) Zehntausende wollten das Freundschaftsspiel des FV von 1870 gegen den 1. FC sehen, aber nur 8 000 fanden im Stadion Platz. 22 Mann zeigten ein spannendes Spiel mit fast 10 Toren, es endete 4:5.
Der Schatzmeister von 1870 war trotzdem sehr glücklich. Von seinen rund 120 000 DM Einnahmen stiftete der Verein 5 000 DM für soziale ...

≈
ungefähr gleich

Bei Zahlenangaben ist es manchmal nicht wichtig, dass sie ganz genau sind. So ergab die Volkszählung von 1987 für Stuttgart 551 904 Einwohner. Da wir uns nur für eine einprägsame „runde" Zahl interessieren, schreiben wir: 551 904 ≈ 550 000 (lies: ungefähr gleich). Dies nennt man Runden.

Beim **Runden** einer Zahl auf Zehner (Hunderter, Tausender, ...) betrachtet man die rechts von dieser Stelle stehende Ziffer:
Ist diese Ziffer eine 0, 1, 2, 3 oder 4, so wird **ab**gerundet.
Ist diese Ziffer eine 5, 6, 7, 8 oder 9, so wird **auf**gerundet.

Beispiele:
a) Abrunden
56 782 sei auf Zehner zu runden:
56 782 ≈ 56 780.

b) Aufrunden
56 782 sei auf Hunderter zu runden:
56 782 ≈ 56 800.

c) 3 705 ergibt
auf Zehner gerundet 3 710,
auf Hunderter gerundet 3 700
auf Tausender gerundet 4 000.

d) Runden im Alltag
„Eine Tüte enthält 2 489 g Mehl".
Hier ist als gerundete Gewichtsangabe 2 500 g sinnvoll (gerundet auf 100 g).

Runden von Zahlen

3
Runde auf Zehner:

a) 108	b) 204	c) 865
d) 891	e) 995	f) 1 909
g) 9 985	h) 10 050	i) 10 499
k) 12 997	l) 99 500	m) 86 987.

„Die Fabriknummer meines Fahrrades ist 172 982."
Warum darf man hier nicht runden?

4
Runde auf Hunderter:

a) 709	b) 351	c) 478
d) 2 809	e) 4 992	f) 6 999
g) 8 765	h) 20 370	i) 3 498
j) 27 856	k) 85 300	l) 21 090
m) 10 488	n) 62 958	o) 19 997
p) 582 358	q) 799 865	r) 399 978.

3745 ≈ 3750
≈ 3800 *f*
Wo steckt der Fehler?

5
Runde auf Tausender:
a) 32560; 123589; 192234; 166006
b) 12499; 201510; 255455; 45050
c) 299987; 300099; 370500; 589931
d) 2345438; 6000500; 71071071.

6
Runde auf Zehntausender:
a) 28470; 49500; 35450; 99870
b) 1295509; 235499; 7382899
c) 7399987; 4599009; 2359882.

7
a) Runde auf Hunderter:
2345; 745; 756; 29505; 24242; 48997.
b) Runde auf Zehntausender:
1234569; 5670678; 3555000.
c) Runde auf Hunderttausender:
23598567; 45625456; 67049785.

8
Welche Zahl ist die größte und welche die kleinste, die auf Tausender gerundet
a) 3000 b) 7000 c) 10000
d) 56000 e) 100000 f) 270000
ergibt?

9
3755 soll auf Hunderter gerundet werden. Rolf rundet zunächst auf Zehner, danach rundet er die erhaltene Zahl auf Hunderter. Zeige Rolf durch ein Beispiel, dass sein Vorgehen auch zu falschen Ergebnissen führen kann.

Runden im Alltag

10
Runde die Angaben auf Tausender.

Land	Länge des Eisenbahnnetzes im Jahre 1900
Deutschland	51391 km
England	35186 km
Frankreich	42827 km
Italien	15787 km
USA	311094 km
Kanada	28697 km
Japan	5892 km
China	646 km

11
a) Runde auf 1 DM:
3,43 DM; 5,95 DM; 7,41 DM; 12,18 DM.
b) Runde auf 10 DM:
19,80 DM; 89,70 DM; 59,50 DM; 189 DM.
c) Runde auf 100 DM:
8954,50 DM; 2734,80 DM; 9567,20 DM.
d) Runde auf 1000 DM:
12398 DM; 17498 DM; 14950 DM; 25089 DM
e) Runde auf 100000 DM:
349500 DM; 2589450 DM; 12045000 DM.

12
a) Runde die Flusslängen auf 100 km:

Donau	2850 km;	Mosel	545 km;
Rhein	1320 km;	Main	524 km;
Elbe	1165 km;	Inn	510 km;
Oder	860 km;	Weser	440 km.

b) Welche der Flüsse sind rund 500 km lang, welcher ist rund 1200 km lang?

13
a) Runde die Einwohnerzahlen sinnvoll.

Einwohnerzahlen (Stand 1. 1. 1991) der 10 größten Städte in Baden-Württemberg

Stadt	Einwohner
Freiburg	191029
Heidelberg	136796
Heilbronn	115843
Karlsruhe	275061
Mannheim	310411
Pforzheim	112944
Reutlingen	103687
Singen	109174
Stuttgart	579988
Ulm	110529

b) Welche Städte in Baden-Württemberg haben rund 300000 Einwohner?

14
Frau Mang erzählt: „Ich habe noch rund 160 DM in der Tasche“. Wie hoch kann der Betrag sein, wenn sie auf 10 DM gerundet hat?

15
Rainer verlässt mit rund 400 DM das Haus. Er kauft für rund 200 DM eine Hose und für rund 300 DM eine Jacke. Wie ist das möglich? Schreibe 2 Beispiele dazu auf.

4 Zeichnerische Darstellung von Zahlen

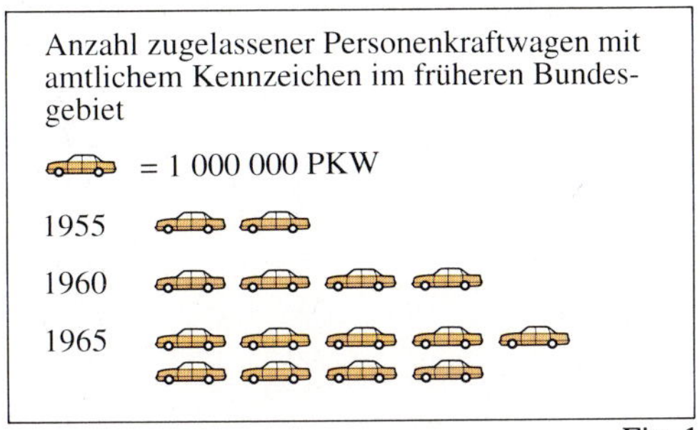

Fig. 1

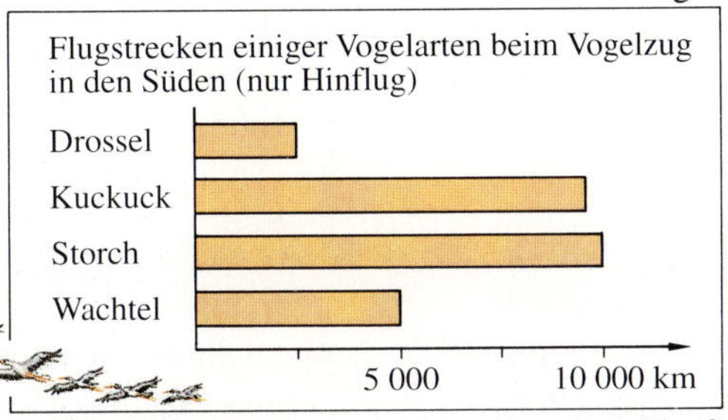

Fig. 2

1

a) Wie viele Personenkraftwagen waren 1955, 1960 und 1965 jeweils ungefähr zugelassen?

b) In den Jahren 1975 und 1985 waren 16 517 700 bzw. 25 844 500 zugelassen. Im Jahre 1990 waren sogar 30 684 800 PKWs zugelassen.
Wie vielen Autos entspricht dies in den einzelnen Jahren?

2

a) Welcher der angegebenen Vögel fliegt am weitesten in den Süden? Wie viele Kilometer fliegt er pro Jahr, bis er wieder in unserer Gegend ist?

b) Welche Vorteile und welche Nachteile hat die Figur gegenüber einer Tabelle mit km-Angaben?

Große Zahlen kann man sich schlecht vorstellen. Sie werden deshalb (z. B. in Zeitungen) oft zeichnerisch veranschaulicht. Auf diese Weise erhält man schneller einen Überblick. Allerdings müssen die Zahlen vor dem Zeichnen meistens noch gerundet werden.

Um große Zahlen leichter vergleichen zu können, werden sie oft wie in Fig. 1/2 veranschaulicht.
Fig. 1 nennt man ein **Bilddiagramm**, Fig. 2 ein **Stabdiagramm**.

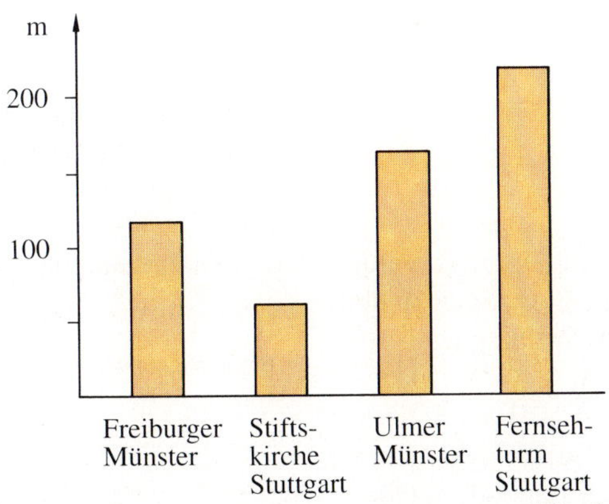

Fig. 3

Beispiel 1:
Die folgende Tabelle enthält die Höhen einiger Gebäude in Baden-Württemberg.

Gebäude	Höhe
Freiburger Münster	115 m
Stiftskirche Stuttgart	61 m
Ulmer Münster	163 m
Stuttgarter Fernsehturm	217 m

Beim Stabdiagramm in Fig. 3 wurden im Unterschied zu Fig. 2 die Zahlenangaben auf der Hochachse abgetragen. Dies ist nahe liegend, da es sich um Höhenangaben handelt. Wir hätten auch eine Darstellung wie in Fig. 2 wählen können.

Beispiel 2:

Produktion von Fernsehgeräten (1989)			
Deutschland	4 111 000	≈	4 Millionen
USA	14 718 000	≈	15 Millionen
Japan	12 578 000	≈	13 Millionen
Korea	15 178 000	≈	15 Millionen
Taiwan	5 172 000	≈	5 Millionen

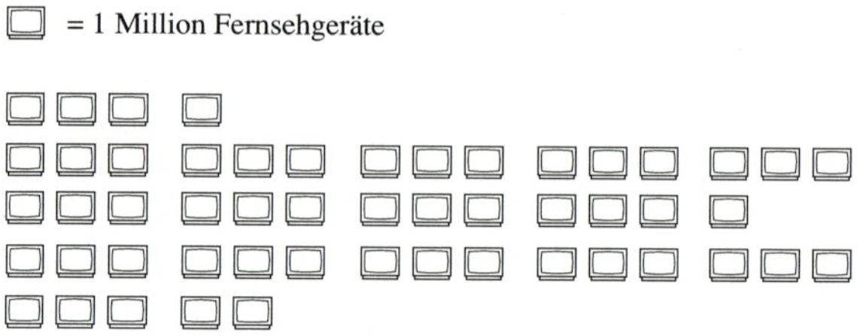

Bilddiagramme

3

a) Die folgende Tabelle zeigt, wie viele Fernsehgeräte in den angegebenen Ländern 1989 hergestellt wurden. Zeichne ein Bilddiagramm wie in Beispiel 2.

Frankreich	2 429 000
Großbritannien und Nordirland	2 733 000
Italien	2 391 000
Polen	772 000
Tschechoslowakei	524 000

b) China ist der größte Hersteller von Fernsehgeräten. 1989 wurden in dort 27 665 000 Fernseher gebaut. Wie viele kleine Fernseher müsstest du hierfür zeichnen?

4

Anzahl der Seehunde an der deutschen Nordseeküste

1987:	6 350
1988:	6 700
1989:	3 150
1990:	3 600

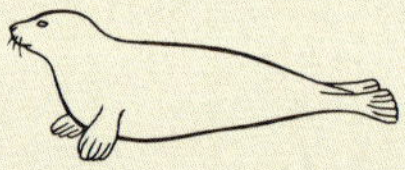

Runde die Anzahlen auf Zehntausender und zeichne ein Bilddiagramm.

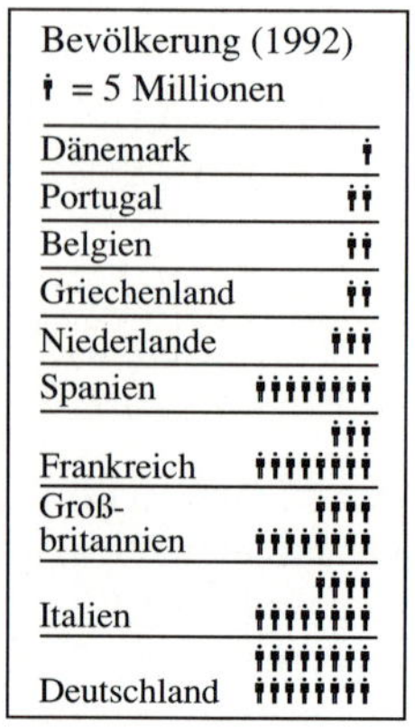

5

a) Das nebenstehende Bilddiagramm veranschaulicht die Anzahl der Einwohner in den angegebenen Ländern. Schreibe jeweils die dargestellten Anzahlen auf.

b) 1990 hatte Norwegen 4 212 000, Schweden 8 444 000 und Finnland 4 975 000 Einwohner. Zeichne für diese Länder ein Bilddiagramm, wobei wieder für 5 Millionen Einwohner 1 Männchen gezeichnet werden soll.

6

Die folgende Tabelle zeigt, wie die Weltbevölkerung im Laufe der Jahrhunderte gewachsen ist bzw. nach Schätzungen noch wachsen wird.

1750:	700 Millionen
1800:	900 Millionen
1850:	1 300 Millionen
1900:	1 600 Millionen
1950:	2 500 Millionen
2000:	6 300 Millionen

Stelle diese Entwicklung in einem Bilddiagramm dar; überlege dazu, wie man runden sollte, um nicht zu viele Männchen zeichnen zu müssen.

7

Telefonanschlüsse in der Bundesrepublik Deutschland

1960:	3 221 000
1965:	4 927 000
1970:	8 700 000
1975:	12 982000

a) Stelle die Entwicklung in einem Bilddiagramm dar.

b) 1980, 1985 und 1990 gab es 20 695 000, 25 750 000 bzw. 30 348 000 Telefonanschlüsse. Wie viele kleine Telefone müsstest du hierfür zeichnen?

8

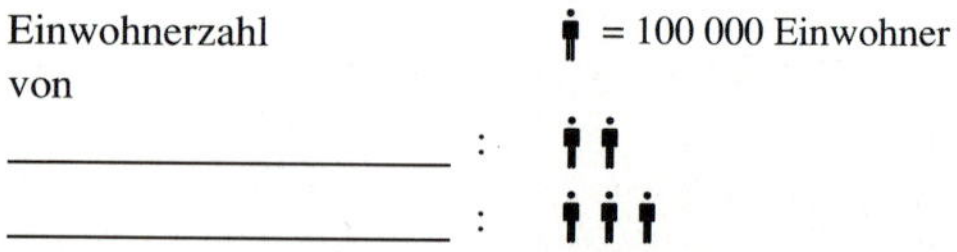

Welche Städte aus Baden-Württemberg könnten hier beschrieben sein? Benutze die Angaben von Seite 12, Aufgabe 13.

Stabdiagramme

9

Die folgende Tabelle enthält für die wichtigsten Sportarten die Zahl der Vereinsmitglieder (Stand: 1991).

Fußball	5 245 535
Handball	826 873
Leichtathletik	848 732
Reiten	601 815
Schwimmen	610 771
Tennis	2 249 528
Tischtennis	769 024
Turnen	4 244 849

Runde die Angaben auf 100 000 Mitglieder und zeichne ein Stabdiagramm. Wähle 2 Karolängen für 1 Million.

10

a) Lies ab, wie alt die einzelnen Tierarten werden können.

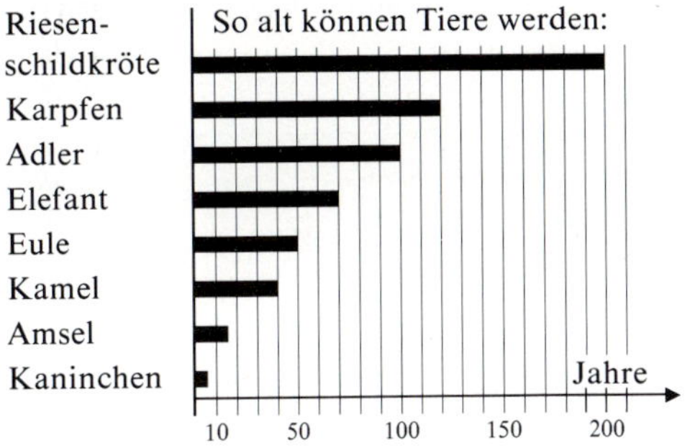

b) Zeichne ein entsprechendes Stabdiagramm für die folgenden Tierarten. Wähle dazu 1 cm für 5 Jahre.

Krokodil	40 Jahre
Flusskrebs	30 Jahre
Vogelspinne	15 Jahre
Regenwurm	10 Jahre
Hering	2 Jahre

11

Veranschauliche die Höhen der folgenden Berge durch ein Stabdiagramm.

Brocken	1 142 m
Feldberg (Schwarzwald)	1 493 m
Feldberg (Taunus)	880 m
Fichtelberg	1 214 m
Schauinsland	1 284 m
Wasserkuppe	950 m

12

Zeichne ein Stabdiagramm für den Güterumschlag der größten deutschen Häfen im Jahre 1990.

Hamburg	56 760 000 Tonnen
Bremen und Bremerhaven	27 710 000 Tonnen
Wilhelmshaven	15 930 000 Tonnen
Rostock	13 200 000 Tonnen

13

Veranschauliche die Angaben der folgenden Grafik in einem Stabdiagramm.

14

Die Tabelle enthält die Verkaufszahlen von Langspielplatten und Compact Discs.

Jahr	LPs	CDs
1985	74 000 000	6 800 000
1986	68 800 000	13 300 000
1987	66 300 000	22 800 000
1988	57 600 000	39 200 000
1989	48 300 000	56 900 000
1990	44 700 000	76 200 000
1991	23 400 000	102 200 000

Zeichne in einem Stabdiagramm für jedes Jahr nebeneinander Stäbe für die Verkaufszahlen der LPs und der CDs. Schraffiere die Stäbe für die LPs mit einer anderen Farbe als die Stäbe für die CDs. Vergleiche.

5 Anordnen

1
Bringe die sechs Bilder in die richtige Reihenfolge.

2
Stelle die Buchstaben so um, wie es die darunter stehende Nummerierung angibt.
Welche Worte entstehen dabei?

FLUT	GEIER	NOTLAGER	REITTIER
3124	45231	17852346	87654321

3
In manchen Arztpraxen erhält jeder Patient, ehe er ins Wartezimmer geht, eine Nummer. Was erreicht man damit?

Werden Personen oder Dinge mit den natürlichen Zahlen 0, 1, 2, 3, ... durchnummeriert, so wird eine Reihenfolge festgelegt. Wir können dadurch stets unterscheiden, wer früher und wer später in der Reihenfolge auftritt.

> Mit Hilfe der natürlichen Zahlen 0, 1, 2, 3, ... können wir Personen oder Dinge durch Nummerierung in eine **Reihenfolge** bringen.

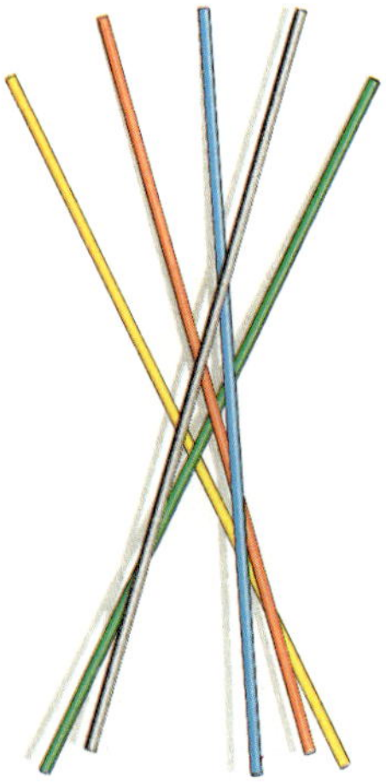

Beispiel 1:
Beim Mikado-Spiel werden mehrere Stäbchen lose übereinander geworfen. Danach müssen die Stäbchen nacheinander so weggenommen werden, dass sich keines der übrigen Stäbchen bewegt.
In der nebenstehenden Figur muss man die Stäbchen also in der Reihenfolge

1: schwarz, 2: blau, 3: rot, 4: grün, 5: gelb

wegnehmen.

Wenn wir zählen, nennen wir die Zahlen in ihrer natürlichen Reihenfolge:

0, 1, 2, 3, 4, ...

Oft nennen wir Zahlen aber auch in einer anderen Reihenfolge, z. B.

0, 2, 1, 4, 3, 6, 8, 5, ...

In dieser Reihenfolge ist z. B. 1 die dritte und 3 die fünfte Zahl. Jede solche Reihenfolge von Zahlen nennen wir kurz eine **Zahlenfolge**. In einer Zahlenfolge müssen nicht alle natürlichen Zahlen vorkommen.

Beispiel 2:
Mareike faltet ein großes Blatt Papier; jetzt hat sie 2 Lagen. Dann faltet sie erneut und hat 4 Lagen. Beim nächsten Schritt ergeben sich 8 Lagen usw.
Man erhält also die Zahlenfolge

1, 2, 4, 8, 16, 32, ...

Reihenfolgen

4
In welcher Reihenfolge hat der Mann die in seinen Kofferaufklebern genannten Städte besucht?

5
Beim Bau eines Hauses braucht man Dachdecker, Elektriker, Architekten, Zimmerleute, Maler und Maurer.
Bringe die Handwerker durch Nummerieren in eine sinnvolle Reihenfolge.

Jochen	*11. 06.*
Max	*06. 11.*
Egon	*18. 04.*
Maria	*11. 10.*
Chris	*27. 03.*
Irma	*18. 12.*
Else	*03. 10.*

6
Frau Kurz hat auf der letzten Seite ihres Taschenkalenders die Geburtstage von Verwandten notiert. In welcher Reihenfolge werden die Geburtstage im Laufe eines Jahres gefeiert? Nummeriere.

7
Iris hat Freundinnen eingeladen. Es kommt Franziska vor Lena, Heide nach Ute, Lena vor Ute, Ilse nach Heide. In welcher Reihenfolge treffen die Freundinnen bei Iris ein. Nummeriere die Namen.

8
Ordne wie im Wörterbuch: Gans, Pferd, Hund, Katze, Affe, Biber, Kuh, Kamel.

9
Ordne die Namen Hans, Edi, Elisabeth, Dorothee, Horst, Gerhard, Isabel an
a) wie im Lexikon
b) nach der Anzahl der Buchstaben.

Schülerliste

Lfd. Nr.	*Name, Vorname*
1	
2	
3	
4	
5	

10

Name	Geburtstag	Größe
Rolf Kern	05. 10. 81	1,40 m
Ines Karg	08. 03. 82	1,35 m
Tom Berg	04. 06. 83	1,30 m
Anton Ball	02. 01. 82	1,37 m
Karin Roth	18. 08. 82	1,33 m

Ordne die Schülerinnen und Schüler
a) wie im Klassenbuch
b) nach zunehmendem Alter
c) der Größe nach.

11
Peer, Inge, Eva und Kai spielen ein Brettspiel. Zu Beginn darf jeder einen Würfel 3-mal werfen. Peer wirft 5, 1, 3; Inge wirft 6, 6, 1; Eva wirft 4, 4, 6; Kai wirft 1, 6, 5.
a) Jeder Spieler darf mit seinem Stein so viele Felder vorrücken, wie er insgesamt geworfen hat. Wer ist danach auf dem Brett der Erste, der Zweite, der Dritte, der Vierte?
b) Ändert sich diese Reihenfolge, wenn jeweils der erste Wurf doppelt zählt?
c) Welche Reihenfolge ergibt sich, wenn die ersten beiden Würfe doppelt zählen?

12
Auf einer Schreibmaschinen- oder Computertastatur sind die Buchstaben wie folgt angeordnet:

a) Setze die Reihenfolge Q, W, E, R, . . . der Buchstaben fort, wenn du diese von links nach rechts abliest.
b) Wie lautet der zehnte Buchstabe in dieser Reihenfolge? Welches ist der zehnte Buchstabe in der Reihenfolge des Alphabets?
c) Welcher Buchstabe ist bei der Reihenfolge von a) Nachfolger von L, welcher ist Vorgänger von L?
Wie lauten die Vorgänger und Nachfolger von L im Alphabet?

13
Peter verschlüsselt Texte, indem er für jeden Buchstaben (ß = ss, ä = ae, ü = ue, usw.) die entsprechende Nummer im Alphabet schreibt. Für ADAM erhält er also 1/4/1/13.
a) Verschlüssle die Wörter MATHEMATIK, EISENBAHN und BLUMENSTRAUSS.
b) Entschlüssle die „Wörter" 19/3/8/23/9/13/13/2/1/4, 26/1/21/2/5/18/19/20/1/2 und 19/3/8/15/11/15/12/1/4/5.

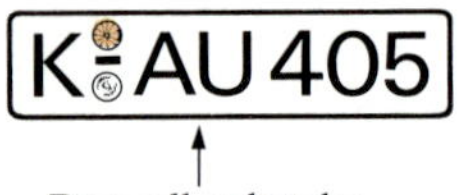

Doppelbuchstabe

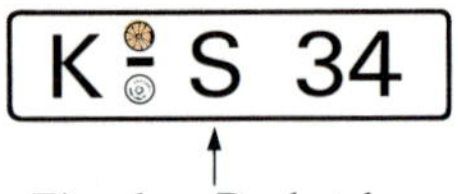

Einzelner Buchstabe

14
Autokennzeichen einer Stadt ordnet man erst nach den Buchstaben, dann nach der Zahl. Einzelne Buchstaben kommen vor den Doppelbuchstaben. Bringe in die richtige Reihenfolge:
K–AU 405; K–S 34; K–RT 530;
K–M 120; K–S 280; K–A 405;
K–ST 530; K–U 34.

15
Die Tabelle zeigt für einige Länder den Medaillenstand bei den Olympischen Sommerspielen 1992 in Barcelona.

	Gold	Silber	Bronze
Deutschland	33	21	28
Frankreich	8	6	16
GUS	45	38	29
Italien	6	5	8
Japan	3	8	11
Kuba	14	6	11
Polen	3	6	10
USA	37	34	37

Von zwei Mannschaften gilt diejenige als erfolgreicher, die mehr Goldmedaillen hat; bei gleich vielen Goldmedaillen diejenige mit mehr Silbermedaillen; bei gleich vielen Gold- und gleich vielen Silbermedaillen diejenige mit mehr Bronzemedaillen.
a) Ordne die Mannschaften nach Erfolg.
b) Welche Reihenfolge würde sich bei folgender Bewertung ergeben: Eine Goldmedaille fünf Punkte, eine Silbermedaille drei Punkte, eine Bronzemedaille einen Punkt?

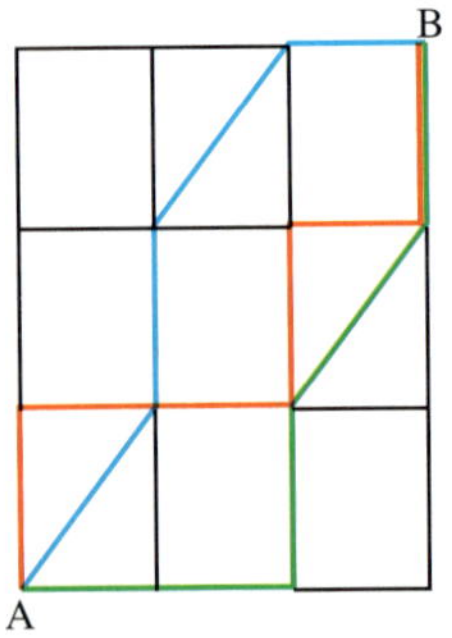

16
Welcher der drei eingezeichneten Wege von A nach B ist der kürzeste, welcher der längste?

Zahlenfolgen

17
Wie heißen die nächsten zehn Zahlen?
a) 1, 3, 5, 7, 9, ...
b) 4, 7, 10, 13, 16, ...
c) 2, 3, 5, 8, 12, 17, ...
d) 50, 48, 47, 45, 44, 42, 41, ...
e) 7, 10, 14, 17, 21, 24, ...
f) 1, 4, 9, 16, 25, ...

18
Setze die Zahlenfolgen nach vorwärts und rückwärts jeweils um 5 Zahlen fort.
a) ..., 26, 29, 32, 35, 38, ...
b) ..., 18, 24, 31, 39, 48, ...
c) ..., 10, 12, 11, 13, 12, ...
d) ..., 9, 18, 17, 34, 33, 66, ...
e) ..., 18, 36, 38, 76, 78, ...

19
Eine Zahlenfolge beginnt mit 3. Jede Zahl der Folge ist
a) um 2 größer als der Vorgänger
b) 3-mal so groß wie der Vorgänger
c) um 1 größer als das Doppelte des Vorgängers
d) um 1 kleiner als die Hälfte des Nachfolgers. (Schreibe von jeder Folge die ersten zehn Zahlen auf).

20
a) Untersuche, ob die Zahl 90 in der Zahlenfolge 1, 2, 4, 7, 11, 16, ... vorkommt.
b) Wie lautet die zwölfte Zahl der Folge?
c) Wie viele Zahlen der Folge sind kleiner als 100?

21
Eine Zahlenfolge beginnt 2, 6, ... Jede weitere Zahl ist halb so groß wie ihr Vorgänger und ihr Nachfolger zusammen. Gib die ersten zehn Zahlen der Folge an. Gehört 62 zu dieser Folge?

22
a) Prüfe, ob man 50 Dosen wie unten stapeln kann, so dass also in der obersten Schicht nur eine einzige Dose steht.
b) 4 Dosen kann man wie unten stapeln, auch 9 Dosen kann man so stapeln. Gib fünf weitere Anzahlen von Dosen an, bei welchen dies auch gelingt.

6 Auszählen von Listen

VERKEHRSZÄHLUNG Datum: 15. 05. 1993
Zähler: *Müller* Zählstelle: *Talweg*

Uhrzeit	Pkw	Lkw	Bus	Motorrad	Sonstige Kfz
7.00–7.15	卌 卌 卌 ǀǀ	卌 ǀǀǀ	ǀǀǀ	ǀǀǀ	卌 ǀǀ
7.15–7.30					

1
Bei einer Verkehrszählung wurde die nebenstehende Strichliste erstellt.
a) Wie viele Pkw (Lkw, Busse, Motorräder und sonstige Kraftfahrzeuge) wurden in der Zeit von 7.00 Uhr bis 7.15 Uhr gezählt?
b) Wie viele Fahrzeuge waren es insgesamt?

Ein Klassenlehrer möchte wissen, wie sich seine Klasse dem Alter nach zusammensetzt. Den Personalbögen entnimmt er das Alter jedes Schülers:

11, 10, 11, 11, 12, 11, 10, 10, 10, 11, 11, 12, 11, 11, 11, 10, 11, 11, 10, 11, 11, 11, 12, 11, 10, 12, 11, 11, 10, 11.

Eine solche Zusammenstellung nennt man eine **Liste**. In der angegebenen Liste kommen nur drei verschiedene Altersangaben vor (10 J., 11 J., 12 J.); man nennt sie die **Ergebnisse** der Liste. Um eine bessere Übersicht zu erhalten, zählt der Klassenlehrer, wie oft jedes Alter vorkommt. Das Alter 10 Jahre z. B. kommt 8-mal vor. Man nennt 8 auch die **Häufigkeit** des Ergebnisses 10 Jahre. Eine Tabelle, in der zu jedem Ergebnis dessen Häufigkeit angegeben ist, heißt **Häufigkeitstabelle**.

Alter	10 J.	11 J.	12 J.
Häufigkeit	8	18	4

Einer solchen Tabelle kann man nicht nur entnehmen, wie oft jedes Ergebnis in einer Liste auftritt; sie gibt auch weitere Auskünfte.

> Einer Häufigkeitstabelle kann man auch entnehmen
> a) wie viele Eintragungen die Liste insgesamt enthält,
> b) wie oft in der Liste eines von mehreren Ergebnissen (z. B. ein Alter über 10 Jahre) auftritt.

Klasse: 5a	*Mathe.*
Aberle	*3*
Bock	*2*
Braun	*4*
Falk	*3*
Gerdes	*4*
Hang	*1*

Beispiel:
Liste von Zeugnisnoten in Mathematik:
3, 2, 4, 3, 4, 1, 2, 5, 3, 4, 1, 3, 3, 2, 4, 1, 3, 6, 3, 2, 2, 3, 4, 3, 2, 3, 3, 4, 4, 3.

Häufigkeitstabelle der Zeugnisnoten

Note	1	2	3	4	5	6
Häufigkeit	3	6	12	7	1	1

Der Häufigkeitstabelle entnehmen wir:
a) Alle Häufigkeiten zusammen ergeben 30; die Liste enthält also 30 Eintragungen.
b) Wie viele Schüler haben eine Note besser als 3? Die Note 1 kommt 3-mal, die Note 2 kommt 6-mal vor; also tritt 9-mal eine Note besser als 3 auf.
c) Die Note 3 tritt 12-mal auf. Da es insgesamt 30 Eintragungen sind, muss 18-mal eine Note auftreten, die keine 3 ist.

Augenzahl	*Strichliste*
1	𝍸 𝍸 |
2	𝍸 ||||
3	𝍸 𝍸 ||
4	𝍸 𝍸
5	𝍸 𝍸 |||
6	𝍸 𝍸

Nr. des Tages	*Verkaufs-zahl*
1	4
2	5
3	4
4	7
5	5
6	7
7	8
8	4
9	7
10	6
11	5
12	6

Auswerten von Häufigkeitstabellen

2

Petra hat wiederholt einen Würfel geworfen und dabei die nebenstehende Strichliste ausgefüllt.

a) Lege eine Häufigkeitstabelle an.
b) Wie oft wurde der Würfel geworfen?
c) Wie oft wurde eine Augenzahl größer als 3 geworfen?

3

Auf die Frage nach der Anzahl der Geschwister antworteten die Schüler einer Klasse:
2, 1, 0, 0, 2, 1, 0, 3, 1, 1, 1, 2, 1, 0, 0, 1, 1, 0, 3, 1, 1, 0, 0, 0, 2, 0, 1, 1, 0, 1, 1.

a) Welche Ergebnisse kommen in der Liste vor? Lege eine Häufigkeitstabelle an.
b) Wie viele Schüler hat die Klasse?
c) Wie viele Schüler haben höchstens zwei Geschwister?

4

Nachdem eine neue Zeitung auf den Markt gekommen ist, notiert die Besitzerin eines Zeitschriftenladens die Verkaufszahlen in den ersten Tagen nach Erscheinen der Zeitung (vgl. nebenstehende Tabelle).

a) Welche Verkaufszahlen kommen in der Liste vor? Lege eine Häufigkeitstabelle an.
b) Wie viele Ergebnisse enthält die Liste insgesamt?
c) An wie vielen Tagen wurden mehr als sieben Zeitungen verkauft?

5

Bei den Bundesjugendspielen im Geräteturnen erzielten 11-jährige Schüler einer Schule die Punktzahlen: 15, 11, 11, 10, 19, 21, 13, 18, 20, 10, 13, 16, 14, 9, 11, 9, 19, 20, 9, 22, 11, 24, 14, 21, 19, 10.
Ab 13 Punkten erhält man eine Sieger-, ab 20 Punkten eine Ehrenurkunde.

a) Lege eine Häufigkeitstabelle an.
b) Wie viele Schüler haben teilgenommen?
c) Wie viele Schüler erhalten eine Ehren-, wie viele eine Siegerurkunde? Wie viele Schüler gehen leer aus?

6

In der folgenden Liste sind die Längen der Schulwege (in km) von Schülern einer Klasse angegeben:
5, 4, 3, 3, 2, 5, 2, 2, 4, 1, 4, 3, 1, 0, 2, 5, 1, 1, 3, 2, 2, 2, 2, 1, 3, 4, 3, 4, 4, 4, 2, 1, 1, 2.

a) Lege eine Häufigkeitstabelle an.
b) Wie viele Schüler haben einen mindestens 3 km langen Schulweg?
c) Bei wie vielen Schülern ist der Schulweg kürzer als 2 km?

7

Bei Menschen wird das Blut in vier Blutgruppen eingeteilt: A, B, AB und Null. In verschiedenen Rassen kommen diese Gruppen unterschiedlich häufig vor. Bei einer Blutspendeaktion in Stuttgart hatten die Spender folgende Blutgruppen:
A, A, 0, AB, B, A, A, 0, 0, 0, A, 0, A, 0, 0, B, AB, A, 0, A, A, 0, 0, A, B, 0, B, B, A, A, A, 0, A, A.
Die selbe Aktion bei den Pueblo-Indianern (USA) hatte folgendes Ergebnis:
0, A, A, 0, 0, 0, 0, A, 0, 0, 0, A, 0, 0, 0, 0, 0, 0, B, 0, 0, A, 0, 0, 0, A, 0, 0, 0, A, 0, 0, 0, 0.

a) Lege für jede Spendenaktion eine Häufigkeitstabelle an. Welche Blutgruppe kam bei den Pueblo-Indianern nicht vor?
b) Welche Blutgruppe kam in Stuttgart, welche bei den Pueblo-Indianern am häufigsten vor?
c) Welche der Blutgruppen A und 0 kam in Stuttgart (bei den Pueblo-Indianern) häufiger vor?

Gewichtsklasse	*Gewicht (in g)*
1	*70 und mehr*
2	*65–69*
3	*60–64*
4	*55–59*
5	*50–54*
6	*45–49*
7	*44 und weniger*

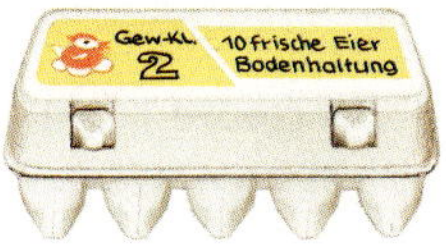

8

Eier werden nach der angegebenen Vorschrift in 7 Gewichtsklassen eingeteilt. Auf einer Hühnerfarm ergab das Auswiegen frisch gelegter Eier folgende Werte in g:
57, 62, 69, 54, 60, 63, 66, 65, 41, 54, 63, 52, 53, 59, 45, 44, 56, 57, 59, 39, 64, 61, 58, 54, 55, 58, 57, 58, 56, 61, 53, 42, 49, 67, 53, 60, 58, 62, 44, 42, 38, 57, 55, 56, 59, 59, 56, 50, 51, 45, 60, 63, 62, 63, 64, 58, 57, 51, 56, 57.

a) Lege eine Häufigkeitstabelle an, aus der man ablesen kann, wie viele Eier zu jeder Klasse gehören.

b) Wie viele Eier gehören zu den Gewichtsklassen 3 bis 7?

9

Bei einer Verkehrskontrolle wurde untersucht, ob Bremsen (B), Licht (L) und Reifen (R) an Autos in Ordnung sind. Bei jeder Beanstandung stellt die Polizei einen Zettel aus, auf dem die Art der Beanstandung vermerkt ist, z. B. L: Licht, LR: Licht und Reifen. Die Kontrolle hatte folgendes Ergebnis:
BL, B, L, BR, R, R, BLR, BL, R, R, L, B, BL, BLR, LR, R, L, B, L, BR, LR, B, BL, B, BL, R, R, BR, B, L, R, BL, LR, BLR, R, L, R, BL, LR, R, R, BL, LR, R, B, BLR, L, R, BR.

a) Lege eine Häufigkeitstabelle an.

b) Bei wie vielen Autos wurde nur das Licht beanstandet?

c) Bei wie vielen Autos war die Bereifung nicht in Ordnung?

d) Wie viele Autos wurden beanstandet? Wie viele davon hatten einwandfreie Reifen?

Erstellen von Häufigkeitstabellen

10

Bestimme im Text von Aufgabe 2 die Häufigkeit

a) des Buchstabens „e"

b) der Selbstlaute c) der Mitlaute.

11

Lass einen Reißnagel 60-mal auf eine Platte fallen. Schreibe jeweils 1, wenn er „auf dem Kopf liegt", und 0, wenn er „umkippt".

1  0

a) Wie häufig ist jede der beiden Lagen aufgetreten?

b) Wie häufig etwa würden die beiden Lagen vermutlich auftreten, wenn man den Reißnagel 120-mal (600-mal) wirft?

12

Stelle aus einem quadratischen Stückchen Pappe und einem angespitzten Streichholz einen Kreisel wie in der Figur her. Drehe den Kreisel 60-mal; notiere jedes Mal das Ergebnis (die Figur zeigt das Ergebnis 2). Lege danach eine Häufigkeitstabelle an. Entsprechen die darin auftretenden Häufigkeiten ungefähr deinen Erwartungen?

13

Nimm zwei Würfel und wirf sie 70-mal. Ziehe nach jedem Wurf die kleinere Augenzahl von der größeren ab; schreibe das Ergebnis in eine Liste. Notiere 0, falls beide Augenzahlen gleich sind. Treten in der Liste die möglichen Ergebnisse ungefähr gleich auf oder sind deutliche Unterschiede erkennbar?

7 Stellenwertsysteme

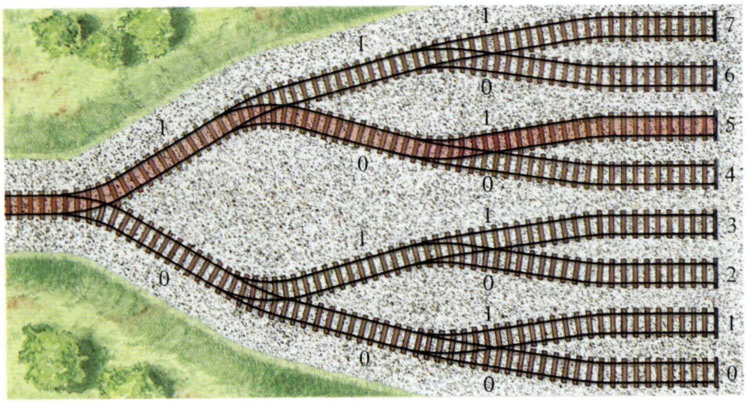

1
Werner baut in seine Modelleisenbahn Weichen ein. Die Stellung einer Weiche beschreibt er mit den Ziffern 1 und 0.
Die Ziffer 1 bedeutet „links", die Ziffer 0 bedeutet „rechts".
Bei der Ziffernfolge 101 fährt der Zug also zum Gleis 5, bei der Ziffernfolge 010 zum Gleis 2.
a) Welche Ziffernfolge führt zum Gleis 3, welche zum Gleis 6?
b) Vergleiche die einzelnen Ziffernfolgen mit den Gleisnummern.

Im Zehnersystem sind 1; 10; 100; 1000; 10000; ... die Stellenwerte. Sie bauen auf der Grundzahl 10 auf. Wir könnten auch eine andere Grundzahl wählen. Gehen wir z. B. von der Zahl 5 aus, erhalten wir als Stellenwerte 1; 5; $5 \cdot 5 = 25$; $5 \cdot 5 \cdot 5 = 125$; ...
Mit 2 als Grundzahl erhalten wir die Stellenwerte 1; 2; $2 \cdot 2 = 4$; $2 \cdot 2 \cdot 2 = 8$; ...

Fünfersystem

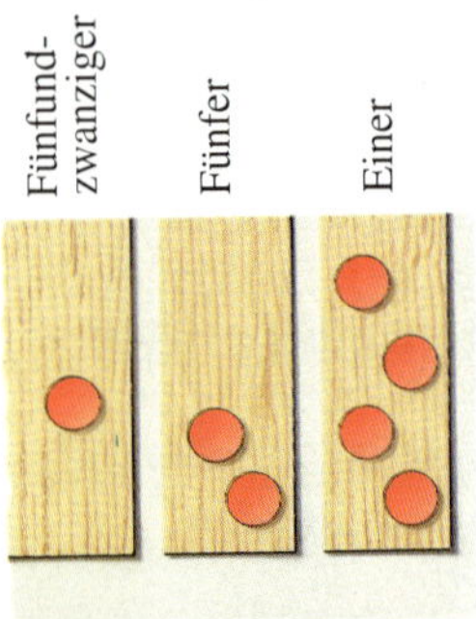

$(1\ 2\ 4)_5$
$= 39$

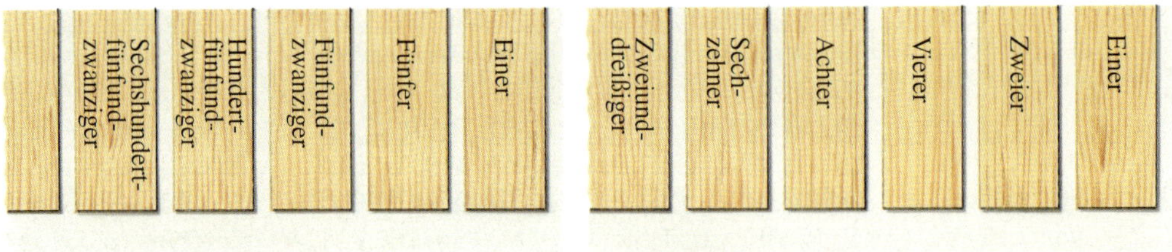

Übersicht über die Bedeutung der Stellen

im **Fünfersystem**	im **Zweiersystem**
...; 625; 125; 25; 5; 1	...; 8; 4; 2; 1

Zweiersystem

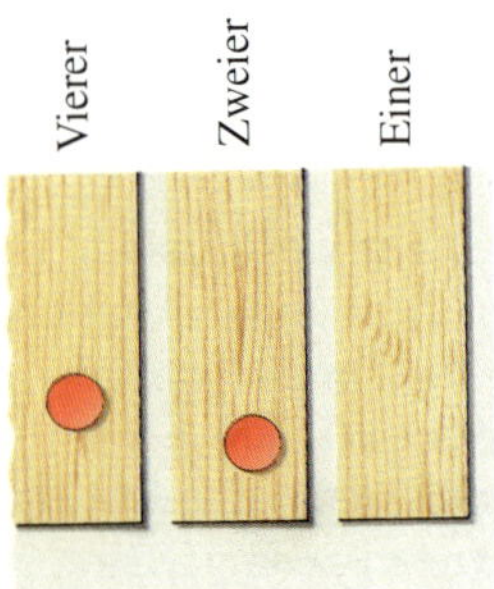

$(1\ 1\ 0)_2$
$= 6$

Im **Fünfersystem** ist jede Stelle höchstens mit 4 Plättchen besetzt. Wir brauchen also nur die Ziffern 0, 1, 2, 3, 4. In der Figur zum Fünfersystem ist die Zahl neununddreißig „gelegt"; zur Unterscheidung vom Zehnersystem schreiben wir $(124)_5$.

Im **Zweiersystem** ist jede Stelle höchstens mit 1 Plättchen besetzt. Wir brauchen hier also nur die Ziffern 0 und 1. In der Figur zum Zweiersystem ist die Zahl sechs „gelegt"; im Zweiersystem schreiben wir sie $(110)_2$.

Beispiel 1:
a) Übertragen einer Zahl vom Fünfersystem ins Zehnersystem

$(3042)_5 = 3 \cdot 125 + 0 \cdot 25 + 4 \cdot 5 + 2 \cdot 1$
$= 375 + 20 + 2 = 397$

b) Übertragen einer Zahl vom Zweiersystem ins Zehnersystem

$(10011)_2 = 1 \cdot 16 + 0 \cdot 8 + 0 \cdot 4 + 1 \cdot 2 + 1 \cdot 1$
$= 16 + 2 + 1 = 19$

Beispiel 2:
Übertragen einer Zahl vom Zehnersystem ins Fünfersystem

148 =
$= 1 \cdot 125 + 23$
$= 1 \cdot 125 + 4 \cdot 5 + 3 \cdot 1$
$= (1\,043)_5$

…	125	25	5	1
				148
	1			23
	1		4	3
	1	0	4	3

Zweiersystem

$(\ldots)_2$	
0	0
1	1
10	2
11	3
100	4
101	5
110	6
111	7
1 000	8
1 001	9
1 010	10
1 011	11
1 100	12
1 101	13
…	…

2
Welche Stellenwerte haben die ersten zwölf Stellen im Zweiersystem?

3
Übertrage ins Zehnersystem.
a) $(1\,000)_2$; $(1\,100)_2$; $(1\,010)_2$; $(1\,110)_2$
b) $(11)_2$; $(110)_2$; $(101)_2$; $(100)_2$; $(1\,001)_2$
c) $(10)_2$; $(111)_2$; $(1\,101)_2$; $(10\,110)_2$
d) $(1\,011)_2$; $(1\,111)_2$; $(10\,011)_2$; $(11\,001)_2$
e) $(1\,010\,101)_2$; $(1\,100\,110)_2$; $(1\,000\,100)_2$

4
a) Zähle im Zweiersystem von $(1\,011)_2$ aus um zehn Schritte weiter. Schreibe die Zahlen im Zweiersystem nacheinander auf.
b) Zähle von $(11\,110)_2$ aus fünf Schritte zurück.

5
Gib jeweils den Vorgänger und den Nachfolger an.
a) $(11)_2$; $(100)_2$; $(101)_2$; $(111)_2$
b) $(1\,110)_2$; $(10\,000)_2$; $(10\,111)_2$; $(11\,011)_2$
c) $(11\,000)_2$; $(11\,011)_2$; $(11\,111)_2$
d) $(110\,010)_2$; $(110\,111)_2$; $(111\,111)_2$
e) $(101\,010\,111)_2$; $(10\,011\,111)_2$

6
Schreibe im Zweiersystem.
a) 5; 10; 12; 27; 29; 35; 38; 42
b) 13; 15; 17; 21; 31; 48; 50; 55
c) 36; 81; 103; 120; 127; 131; 135; 140
d) 64; 70; 75; 80; 89; 128; 147; 153; 160

7
a) Welche Zahl ist im Zweiersystem die größte vierstellige Zahl?
b) Welche Zahl ist im Zweiersystem die kleinste fünfstellige Zahl?
c) Wie viele dreistellige Zahlen gibt es im Zweiersystem?

8
Wie viele Stellen haben die folgenden Zahlen im Zweiersystem?
a) 1 000 b) 2 000 c) 3 000
d) 4 000 e) 5 000 f) 10 000

9
Gib mit Hilfe des Kleinerzeichens an, welche Zahl die größere ist.
a) $(101\,101)_2$; $(11\,011)_2$
b) $(11\,101)_2$; $(11\,110)_2$
c) $(110\,111)_2$; $(101\,111)_2$
d) $(1\,101\,110)_2$; $(1\,111\,110)_2$

10
In einem Schlossgarten des englischen Königs Wilhelm III. (1688 – 1702) befand sich der abgebildete Irrgarten aus Hecken und Bäumen.
a) Suche den kürzesten Weg zur Mitte des Irrgartens.
b) Es bedeute 0: links abbiegen, 1: rechts abbiegen. Beschreibe den kürzesten Weg vom Eingang bis zur Mitte mit Hilfe von Nullen und Einsen.

$(\ldots)_5$	
0	0
1	1
2	2
3	3
4	4
10	5
11	6
12	7
13	8
14	9
20	10
21	11
22	12
23	13
...	...

In welchem Stellenwertsystem würde das „Äffle" wohl rechnen?

Fünfersystem

11
Welche Stellenwerte haben die ersten acht Stellen im Fünfersystem?

12
Übertrage ins Zehnersystem.
a) $(12)_5$; $(30)_5$; $(123)_5$; $(210)_5$; $(402)_5$
b) $(14)_5$; $(40)_5$; $(200)_5$; $(231)_5$; $(444)_5$
c) $(2020)_5$; $(2\,143)_5$; $(3\,120)_5$; $(4\,321)_5$
d) $(10\,030)_5$; $(11\,214)_5$; $(21\,320)_5$;

13
Schreibe im Fünfersystem.
a) 7; 10; 13; 18; 29; 37; 50; 65; 89
b) 75; 93; 105; 112; 115; 125; 250
c) 17; 100; 231; 255; 325
d) 64; 126; 343; 500; 555

14
Zähle von der Zahl $(32)_5$ aus im Fünfersystem um zehn Schritte weiter; schreibe die Zahlen nacheinander auf.

15
Gib jeweils den Vorgänger und den Nachfolger an.
a) $(33)_5$; $(44)_5$; $(304)_5$; $(424)_5$; $(444)_5$
b) $(24)_5$; $(34)_5$; $(424)_5$; $(1\,444)_5$; $(14\,444)_5$

16
a) Welches ist im Fünfersystem die größte dreistellige Zahl? Gib die Zahl im Zehnersystem an.
b) Welche Zahl ist im Fünfersystem die kleinste vierstellige Zahl?
c) Wie viele vierstellige Zahlen gibt es im Fünfersystem?

17
Ordne der Größe nach.
a) $(423)_5$; $(314)_5$; $(431)_5$; $(404)_5$
b) $(342)_5$; $(1\,333)_5$; $(1\,323)_5$; $(1\,044)_5$
c) $(3\,203)_5$; $(3\,104)_5$; $(2\,444)_5$; $(3\,300)_5$

18
Welche Zahl liegt zwischen
a) $(241)_5$ und $(234)_5$
b) $(4\,144)_5$ und $(4\,201)_5$?

Weitere Stellenwertsysteme

19
a) Welche Stellenwerte haben die ersten sechs Stellen im Dreiersystem?
b) Welche (wie viele) Ziffern braucht man im Dreiersystem?

20
Übertrage ins Zehnersystem.
a) $(10)_3$; $(20)_3$; $(22)_3$
b) $(101)_3$; $(211)_3$; $(220)_3$; $(222)_3$
c) $(1\,001)_3$; $(1\,210)_3$; $(2\,021)_3$; $(2\,202)_3$

21
Schreibe im Dreiersystem.
a) 17; 21; 28; 35; 50
b) 52; 83; 110; 117; 120
c) 130; 245; 500; 520; 531

22
Gib jeweils den Vorgänger und den Nachfolger an.
a) $(21)_3$; $(12)_3$; $(102)_3$; $(122)_3$; $(222)_3$
b) $(210)_3$; $(2\,021)_3$; $(2\,102)_3$; $(2\,200)_3$
c) $(11\,001)_3$; $(12\,110)_3$; $(12\,222)_3$

23
Früher kaufte man z. B. Schrauben im Dutzend (= 12 Stück) und Gros (= 12 Dutzend).
a) Wie viel sind 2 Gros 7 Dutzend 2 Stück?
b) Wie viel Gros, Dutzend und Stück müssen bestellt werden, wenn man 1 000 Schrauben braucht?
c) Was für ein Stellenwertsystem liegt zugrunde? Entwirf eine Stellentafel.

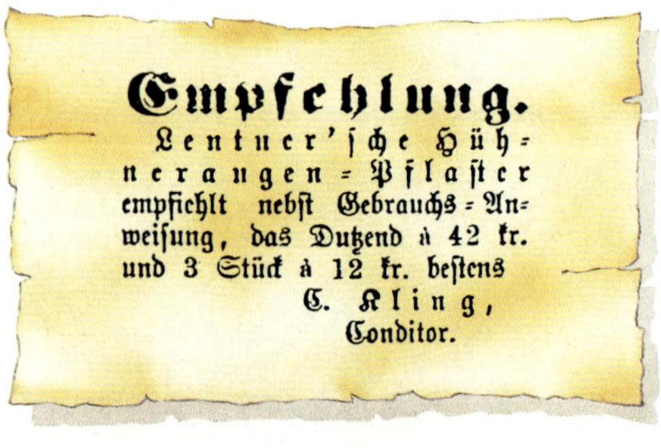

Empfehlung.
Lentner'sche Hühneraugen-Pflaster empfiehlt nebst Gebrauchs-Anweisung, das Dutzend à 42 kr. und 3 Stück à 12 kr. bestens
C. Kling,
Conditor.

Anzeige aus der „Tübinger Chronik" vom 11. Februar 1871 (kr.: Kreuzer; alte Münze).

8 Römische Zahlzeichen

1
Alte Uhren haben oft ein Ziffernblatt mit römischen Zahlzeichen.
a) Was bedeuten hierbei die Zeichen I, V und X?
Mit welchen Zeichen werden die Zahlen 1 bis 12 dargestellt?
b) Vergleiche das römische Zahlzeichen VII mit 511 im Zehnersystem. Was ist der wesentliche Unterschied zwischen den römischen Zahlzeichen und einer Zahldarstellung in einem Stellenwertsystem?

VONATORIX
DVCONIS F(ILIVS)
EQVES ALA
LONGINIANA
ANNORVM XLV
STIPENDIORVM
XVII H(IC)
S(EPVLTVS) E(ST)

Vonatorix, Sohn des Duco, Reiter der Ala Longiniana, 45 Jahre alt, 17 Jahre Dienst, ist hier begraben

Bis vor 500 Jahren wurden bei uns die Zahlen mit römischen Zahlzeichen geschrieben. Sie werden heute noch gelegentlich benutzt. Dabei bedeutet:

M = 1 000, wie (lat.) mille
D = 500, die „Hälfte" von ↀ (= M)
C = 100, wie (lat.) centum
L = 50, die „Hälfte" von C
X = 10, das „Doppelte" von V
V = 5, als Zeichen einer Hand (mit abgespreiztem Daumen)
I = 1, als Zeichen des Fingers.

Weitere Zahlen schreibt man durch Aneinandersetzen der oben genannten Zeichen:
VII heißt z. B. $5 + 1 + 1 = 7$; IV heißt $5 - 1 = 4$. Entsprechend gilt IX = 9 und XI = 11.
In XXX – also in 30 – hat jedes X dieselbe Bedeutung 10, unabhängig von der Stelle, an der es steht. Die römische Zahlschreibweise bildet also kein Stellenwertsystem. Es gilt statt dessen:

Regeln für die römische Zahlschreibweise:
1. Steht ein Zeichen M, C, X und I rechts neben einem gleichen oder höheren, so wird sein Wert addiert.
2. Steht ein Zahlzeichen links neben einem höheren, so wird sein Wert subtrahiert, dies gilt allerdings nur für IV, IX, XL, XC, CD und CM.

Die Zahlzeichen M, C, X und I kommen in einer römischen Zahldarstellung höchstens dreimal vor, die Zahlzeichen D, L und V höchstens einmal.

Beispiele zu Regel 1:
a) CXVII = C + X + V + I + I
= 100 + 10 + 5 + 1 + 1
= 117

b) MLV = M + L + V
= 1 000 + 50 + 5
= 1 055

Beispiele zu Regel 2:
a) XXIX = X + X + X – I
= 10 + 10 + 10 – 1
= 29

b) XCVI = C – X + V + I
= 100 – 10 + 5 + 1
= 96

2

Schreibe im Zehnersystem.

a) D; V; I; II; XXX; CC; DC; MC; L
b) LX; LXX; LII; LV; DIII; XVIII
c) IV; XL; XC; CD; CM
d) MCM; MMCM; CCI; CXL; CMX
e) CMII; XIX; XIV; CXC; CCXC; MMXL
f) MMMCCVI; MMMDVII; MMMDCCI
g) MMDCC; MMMDCCC; MMMDCCX
h) MMMDCCCLXXXVIII; MMMCXC

3

An einem alten Haus steht die folgende Inschrift. Wann wurde das Haus gebaut?

4

In einem Fahrplan der Deutschen Bahn stehen die folgenden Fußnoten, die angeben, an welchen Tagen bestimmte Züge verkehren oder nicht. Erläutere diese Fußnoten

1 = nicht 24., 31. XII.
2 = auch 3. X., 26. XII., 1. V., nicht 24., 31. XII.
3 = nicht 18. VI., 24., 31. XII.
4 = auch 15./16. VIII., 3./4. X., 26./27. XII., 1./2. V., nicht 24./25. XII., 31. XII., 1. I.
5 = auch 15. VIII., 3. X., 26. XII., 1. V., nicht 24., 31. XII.

Vorgesagt wird nicht!

5

Warum sind die folgenden Zusammenstellungen nicht als Schreibweise mit römischen Zahlzeichen zugelassen?

MMMM; DMCLC; MDXXC; VVII; MMMCCIIX; MMDCLC; MMLL

6

Schreibe mit römischen Zahlzeichen.

a) 12; 14; 15; 110; 130; 150; 350; 600; 1 200; 3 228
b) 4; 40; 400; 9; 90; 900; 999; 923; 933; 939; 992; 998; 909
c) 1 583; 1 605; 1 732; 1 756; 1 812; 1 895; 1 899; 1 901; 1 932; 1 990

7

a) Lies die Umschrift zu dem Porträt des „Rechenmeisters“ Adam Ries.
b) Wann wurde er geboren? Schreibe das Geburtsjahr mit römischen Zahlzeichen.
c) Ries starb im Jahre MDLIX. Schreibe das Todesjahr in arabischen Ziffern.

8

Im 16. Jahrhundert verfügte der Rat der Stadt Augsburg, dass künftig nur noch evangelisch gepredigt werden dürfe. Unter der Niederschrift dieser Verfügung steht das folgende Datum:

a) Übersetze dieses Datum.
b) Was wurde nicht in üblicher Form geschrieben?

9 Vermischte Aufgaben

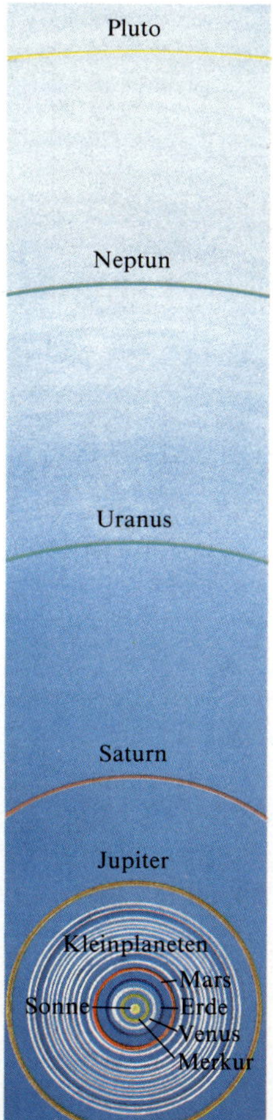

1

Ordne der Größe nach.

a) 19, 7, 22, 35, 9, 23, 48, 8, 14, 27
b) 26, 62, 22, 2, 6, 66, 262, 626
c) 212, 121, 122, 111, 221, 211, 222
d) 9889, 9899, 8998, 8899, 9898, 8999
e) 45544, 54455, 55444, 54545, 45545

2

Drücke mit den Zeichen < und > aus:

a) 12 ist kleiner als 20.
b) 18 ist größer als 10.
c) 112 ist kleiner als 121.
d) 5 liegt zwischen 3 und 6.
e) 25 liegt zwischen 30 und 20.
f) 323 liegt zwischen 332 und 233.

3

Schreib alle natürlichen Zahlen auf, die du für x setzen kannst.

a) $5 < x < 9$ b) $7 > x > 2$
c) $32 > x > 23$ d) $189 < x < 198$
e) $99 > x > 98$ f) $990 > x > 980$

4

Außer der Erde umkreisen noch weitere Planeten die Sonne, z. B.:

Erde	150 Millionen km
Merkur	58 Millionen km
Venus	108 Millionen km
Mars	228 Millionen km.

Die Entfernungen dieser Planeten sollen am Zahlenstrahl verdeutlicht werden.

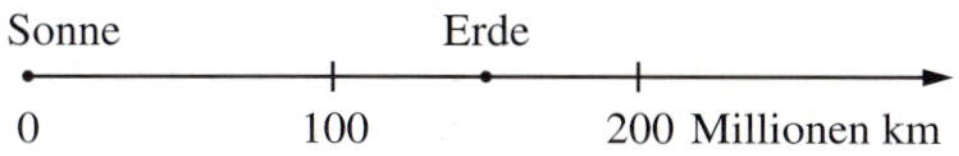

a) Wie viele cm wurden in der Figur für 100 Millionen km gewählt? Zeichne in dein Heft einen Zahlenstrahl mit dieser Einteilung. Markiere die Planeten Merkur, Venus, Erde und Mars.
b) Wie weit müsste man den Zahlenstrahl verlängern, damit der rund 6000 Millionen km entfernte Planet Pluto noch eingezeichnet werden könnte?

5

a) Runde auf Zehner (auf Hunderter).
108; 204; 865; 1909; 3394; 9985; 10499; 11500; 86987; 99500
b) Runde auf Tausender (Zehntausender).
28470; 49500; 35450; 304600; 450500; 1295509; 2235499

6

Schreibe in Ziffern und runde danach auf Tausender:

a) viertausendsiebenhundertundzwölf
b) hundertelftausendhundertelf
c) zwei Millionen sechstausendeins
d) drei Milliarden vierhundert
e) vier Billionen siebenundachtzig
f) elf Milliarden dreitausendzwanzig
g) neunzehn Billionen dreihundertzwei
h) sechs Billionen sechs Milliarden
i) drei Milliarden vierhundertzwei
j) drei Millionen zweitausendeins.

7

Stelle die Höhe der Gebäude in einem Stabdiagramm dar. Wähle 1 cm für 100 m. Falls nötig, runde die Höhen auf 10 m.

Eiffelturm in Paris	300 m
Kölner Dom	160 m
Fernsehturm in Berlin	365 m
Petrikirche in Rostock	127 m
Olympiaturm in München	290 m

8

Produzierte Fahrräder in Deutschland (alte Länder)

Wie viele Fahrräder wurden in den einzelnen Jahren ungefähr produziert? Vergleiche mit der Pkw-Produktion im Jahr 1990 in den alten Ländern:

4200000 Fahrzeuge.

9

Zeichne ein Stabdiagramm für den Papierverbrauch je Einwohner.

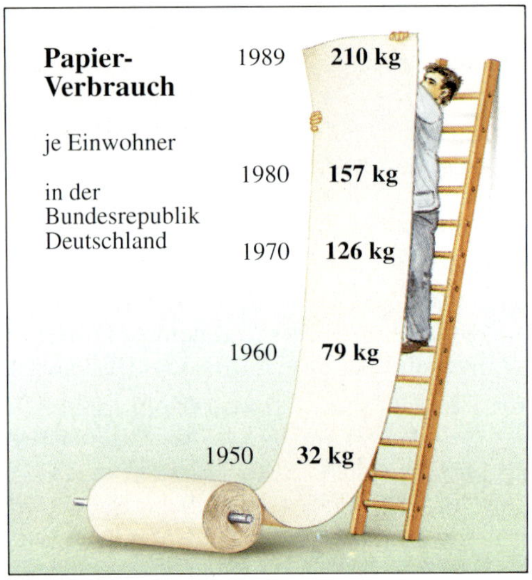

10

Bei der Herstellung von Behälterglas (z. B. Flaschen und Konservengläser) wird immer mehr Altglas verwendet. Die folgende Tabelle zeigt diese Entwicklung.

Jahr	Behälterglas	
	Absatz (in t)	Altglasverwertung (in t)
1978	2 781 922	408 672
1980	2 844 620	566 474
1982	2 707 821	749 728
1984	2 817 672	883 489
1986	3 130 000	1 139 796
1988	3 251 398	1 312 463
1990	3 966 654	1 791 124

Zeichne in einem Stabdiagramm für jedes angegebene Jahr nebeneinander Stäbe für den Absatz und die Altglasverwertung.

11

Im Folgenden sind die Namen einiger Jugendbuchautoren in alphabetischer Reihenfolge angeordnet.

Enid Blyton	(1896–1968)
Erich Kästner	(1899–1974)
Selma Lagerlöf	(1858–1940)
Jack London	(1876–1916)
Karl May	(1842–1912)
Johanna Spyri	(1827–1901)

a) In welcher Reihenfolge wurden die Autoren geboren?

b) Ordne die Autoren nach dem Alter.

12

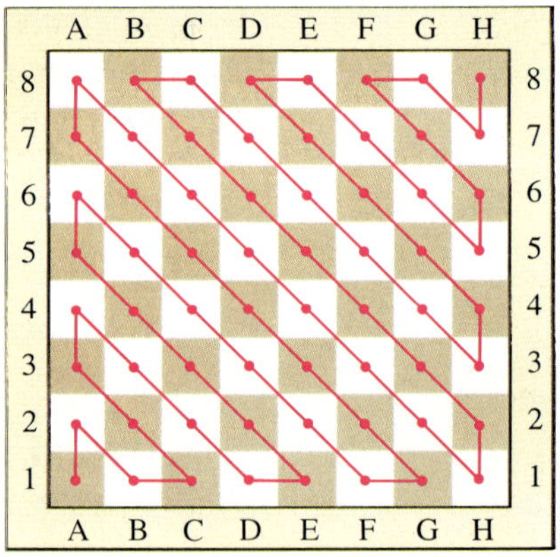

Bei einem Schachbrett kann man die Felder wie angegeben ordnen.

a) Gib die ersten zehn Felder A1, A2, B1, ... an.

b) In welcher Reihenfolge werden die Punkte E7, F5 und D7 durchlaufen?

c) Welches Feld ist Vorgänger, welches ist Nachfolger von C8?

e) Welche Nummer hat das Feld G4, wenn man die Felder durchnummeriert?

13

Ein Klassenlehrerin hat sich für ihre Klasse die folgende Übersicht angefertigt:

	auswärtig	ortsansässig
Jungen	9	18
Mädchen	4	7

a) Wie viele Jungen sind in der Klasse?

b) Wie viele Schüler sind Auswärtige?

c) Wie viele Schüler hat die Klasse?

Blätterzahl	*Häufigkeit*
18 und weniger	*3*
19	*5*
20	*8*
21	*12*
22	*10*
23	*7*
24 und mehr	*5*

14
Anja stellt überrascht fest, dass Blüten derselben Margeritenart unterschiedlich viele Blütenblätter haben können. Sie zählt deshalb auf einer Wiese die Blätter mehrerer Blüten aus.
a) Wie viele Blüten hat Anja ausgezählt?
b) Welche Anzahl an Blütenblättern kommt am häufigsten vor?
c) Wie viele Blüten haben 21 und mehr Blätter?

15
Bei einer schulärztlichen Untersuchung werden die Schüler befragt, ob sie gegen Tetanus oder Kinderlähmung (oder beides) geimpft worden sind. Die Angaben werden in einer Tabelle zusammengestellt.
a) Stelle eine Häufigkeitstabelle auf.

	Arndt	Birgit	Else	Franz	Gabi	Gerd	Hans	Klaus	Maike	Maria	Petra	Rita	Rolf	Steffi	Timo	Udo	Wilma
Tetanus	x	x	x	x	x		x	x		x	x	x	x		x	x	x
Kinderlähmung	x	x	x			x		x				x	x	x		x	

b) Wie viele Schüler sind noch nicht gegen Tetanus (noch nicht gegen Kinderlähmung) geimpft?
c) Wie viele Schüler sind wenigstens gegen eine der beiden Krankheiten geimpft worden?

Die Rechnung wird richtig, wenn du jeweils ein einziges Streichholz umlegst.

Bei der zweiten Aufgabe gibt es zwei Lösungen. Findest du beide?

16
Ordne der Größe nach ohne umzurechnen.
a) $(1\,101)_2$; $(10\,111)_2$; $(10\,101)_2$; $(1\,110)_2$
b) $(11\,011)_2$; $(10\,111)_2$; $(100\,000)_2$; $(111\,001)_2$; $(11\,100)_2$; $(110\,011)_2$

17
Wie viele Zahlen liegen zwischen
a) $(101)_2$ und $(1\,000)_2$
b) $(111)_2$ und $(1\,111)_2$
c) $(10\,111)_2$ und $(11\,101)_2$?

18
Manche Völker verwendeten statt der Finger die Knöchel der Faust und kamen so zu einem Vierersystem.
a) Welche Stellenwerte haben die ersten fünf Stellen im Vierersystem?
b) Übertrage ins Zehnersystem:
$(10)_4$; $(13)_4$; $(21)_4$; $(23)_4$; $(301)_4$; $(321)_4$.
c) Schreibe im Vierersystem: 8; 15; 16; 28; 32; 44; 56; 59; 73; 99; 100; 126; 169.

19
Gib zu folgenden Zahlen jeweils die um 1 größere und die um 1 kleinere an.
a) $(421)_5$; $(444)_5$; $(400)_5$; $(231)_5$; $(1\,444)_5$
b) $(320)_4$; $(333)_4$; $(300)_4$; $(230)_4$
c) V; X; IX; VIII; CIC; D; C; CCC
d) M; L; CD; DC; XC; CX; CXC; CCX

20
a) Schreibe mit unseren Ziffern:
VII; XXIII; LXXX; CII; CXX; MCCC; DL; MDCC; MDLX; MCLVII; CI; XC; CM; XD; XL; CD; XIX; LIX; MIC; DXC; MCM; MXXVII; MCCCIV; MCDXL; MDCCCLI; MCMLXXIX.
b) Schreibe mit römischen Zahlzeichen:
17; 23; 37; 112; 135; 363; 531; 783; 865; 1 026; 1 237; 1 632; 1 714.
c) Die Römer schrieben das Zeichen CIↃ für 1 000, CCIↃↃ für 10 000 und CCCIↃↃↃ für 100 000.
Schreibe damit 10 486; 111 111; 1 234; 23 475; 32 892; 332 444; 122 959; 9 999.

21
Über dem Eingang der Universität Tübingen stehen der Wahlspruch ATTEMPTO (Ich wage es!) und zwei Jahreszahlen: Gründung der Universität und Fertigstellung des Neubaus.
a) Wann wurde die Universität gegründet und wann wurde der Neubau fertiggestellt?
b) Was wurde nicht in üblicher Form geschrieben?

Mathematische Exkursionen

Woher kommen die Ziffern 1, 2, 3, 4, 5, 6, 7, 8, 9, 0?

Die indischen Ziffern machten auf die Araber großen Eindruck. Es waren jedoch nicht die neuen Ziffern allein. Die Araber waren überrascht, dass man mit nur zehn verschiedenen Zeichen beliebig große Zahlen aufschreiben kann. Das konnten sie bisher nicht. Die Inder konnten das, weil sie die **Stellenschreibweise** benutzten. Ihre Händler waren deshalb beim **Rechnen** flinker als die Araber. Und das war diesen natürlich nicht gleichgültig.

Mathematische Exkursionen

Beim Zählen braucht man keine **Null**. Deshalb hatten die alten Inder zunächst auch kein Zeichen dafür. Als sie dann begannen, die Zahlen in Stellenschreibweise aufzuschreiben, schrieben sie z. B.
für dreiundzwanzig 23
für zweihundertdrei 2 3
Das konnte man natürlich leicht verwechseln. Und wie sollte man dann zweihundertdrei von zweitausenddrei unterscheiden, etwa so:

2 3 (zweihundertdrei) 2 3 ? (zweitausenddrei)

Oder woher sollte man wissen, ob mit 23 nicht vielleicht die Zahl zweihundertdreißig gemeint ist? Das konnte nicht gut gehen, denn die alten Inder schrieben auch nicht sehr viel sorgfältiger als wir. Wollten sie Klarheit schaffen, dann mussten sie deutlich machen, dass in 2 3 eine Stelle, in 2 3 dagegen zwei Stellen leer sind. Sie schrieben deshalb schon bald
2.3 oder 2⊚3
bzw. 2..3 oder 2⊚⊚3 .
Später wurde aus • oder ⊚ einfach ○ .
So entstand als letzte der Ziffern die Null.

Der Araber Muhammed Alchwarazmi schreibt um das Jahr 820 dazu:

Wenn nichts übrig bleibt, so setze das Kreislein, damit die Stelle nicht leer ist, sondern das Kreislein muss sie einnehmen, damit nicht, wenn sie leer bleibt, die Stellen vermindert werden und etwa die zweite für die erste gehalten wird.

Heutzutage wird die Null in arabischen Ländern meist als ◆ gedruckt. Auf der abgebildeten ägyptischen Briefmarke ist das deutlich zu sehen. Der Wert der Briefmarke ist sowohl in unserer Schreibweise als auch in der heutigen arabischen Schreibweise angegeben. Die Abkürzung „P." steht für Piaster, eine ägyptische Geldeinheit. Das Zeichen ist die entsprechende arabische Abkürzung.

1
Weshalb nennen wir die Ziffern
1, 2, 3, 4, 5, 6, 7, 8, 9, 0
„arabische Ziffern", obwohl sie aus Indien stammen?

2
Weshalb haben die Inder wohl gerade die Zahl zehn als Grundzahl für die Stellenschreibweise gewählt?

3

Sind die Zahlangaben indisch oder arabisch geschrieben? Handelt es sich beide Mal um dieselbe Zahl?

4
Wie haben die alten Inder die Zahl viertausendachthundertsechsundsiebzig geschrieben? Wie schrieben die alten Araber diese Zahl?

5
Die folgende Jahreszahl ist am Chorgestühl in der Stiftskirche von Bad Urach zu sehen.

Wie schreiben wir sie heute? Wie hätten die alten Inder diese Zahl geschrieben?

6
Die alten Ägypter kannten die Stellenschreibweise noch nicht. Sie schrieben für
1 10 100 1 000
die Zeichen

Jedes dieser Zeichen hatte, gleichgültig wo es stand, stets denselben Wert. So bedeutet z. B.

stets die Zahl einundzwanzig.
Wie viel Zahlzeichen brauchten die Ägypter, um die Zahl 1994 anzugeben?

Mathematische Exkursionen

Andere Länder, andere Sitten

Um große Zahlen übersichtlich zu schreiben, fassen wir meist die Einer, Tausender, Millionen usw. zu „Dreierpäckchen“ zusammen und trennen diese durch einen kleinen Zwischenraum:

37 016.

Manchmal findet man statt des Zwischenraums auch einen Punkt:

37.016.

Bei Geldbeträgen trennen wir DM- und Pf-Beträge mit Komma:

37.016,45.

In englischsprachigen Ländern wird der genannte Geldbetrag

37,016.45

geschrieben: Hier steht ein Punkt, wo wir ein Komma schreiben und ein Komma, wo wir einen Punkt setzen.

Auch bei den Namen für große Zahlen gibt es Unterschiede zwischen deutsch- und englischsprachigen Ländern.

	deutsch	englisch
6 Nullen	Million (Mio.)	million (m)
9 Nullen	Milliarde (Mrd.)	billion (b)
12 Nullen	Billion (Bio.)	trillion
15 Nullen	Billiarde	quadrillion
18 Nullen	Trillion	quintillion

In einer englischen Zeitung lesen wir:
There were more than 200,000 people at yesterday's rock concert at Wembley. The cheapest ticket cost £ 16.50.
Im Deutschen schreiben wir hierfür:
Zu dem gestrigen Rockkonzert im Wembley-Stadion kamen mehr als 200 000 Besucher. Die billigste Karte kostete 16,50 Pfund.

Aus einer deutschen Zeitung:
WASHINGTON. Das von US-Präsident Bill Clinton zur Konjunkturankurbelung vorgesehene Programm soll ein Volumen von 15 bis 20 Mrd. Dollar haben …
Über den gleichen Sachverhalt lesen wir in einer amerikanischen Zeitung:
In order to stimulate the U.S.growth rate, President Bill Clinton announced an economic stimulus worth $ 15 bn – $ 20 bn this year …

dept: *Schulden*
share: *Anteil*

Diese „Nationale Schulden-Uhr“ der USA befindet sich an einem Gebäude in New York.

1
Auf der „Nationalen Schulden-Uhr“ der USA sind zwei Geldbeträge genannt. Um wie viel Dollar handelt es sich jeweils? Versuche, die Inschrift zu übersetzen.

2

The government spends £ 14.5 billion on the jobless, about £ 350 million for every 100,000 people.

Von wie viel englischen Pfund und wie viel Personen ist in diesem Zeitungsausschnitt die Rede?

3
Wie liest ein Engländer die Zahl

13 500 618 000?

Zahlenstrahl
Bei einem Zahlenstrahl sind die Abstände zwischen zwei aufeinander folgenden Zahlen gleich groß.
Liegt eine Zahl links (rechts) von einer anderen, so drückt man dies mit einem Kleinerzeichen (Größerzeichen) aus.
Die Spitze zeigt jeweils auf die kleinere Zahl.

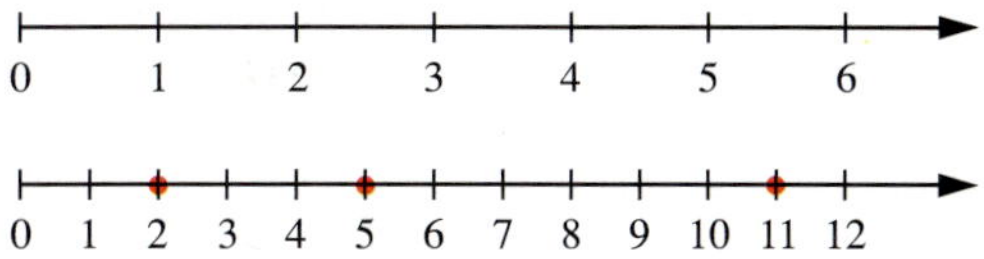

$2 < 5$ $11 > 5$

Stellenschreibweise der Zahlen
Die Stelle einer Ziffer bestimmt ihren Stellenwert.
Stellenwerte im Zehnersystem: …; 1000; 100; 10; 1.

5423732
↙ ↘
3 Tausender 3 Zehner

Runden
Beim Runden einer Zahl auf eine bestimmte Stelle betrachtet man die Ziffer rechts von dieser Stelle.
Bei 0, 1, 2, 3, 4 wird abgerundet, bei 5, 6, 7, 8, 9 wird aufgerundet.

Runden auf Hunderter:
$38527 \approx 38500$

Zeichnerische Darstellung von Zahlen
Um große Zahlen leichter vergleichen zu können, veranschaulicht man sie oft durch Bilddiagramme oder durch Stabdiagramme.

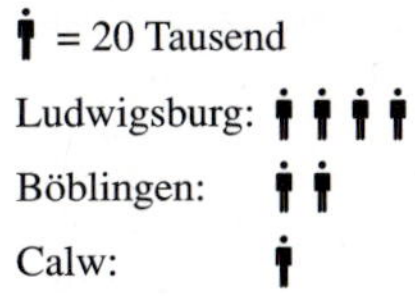

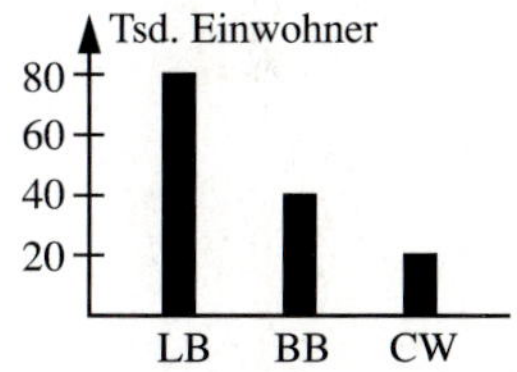

Anordnen
Mit Hilfe der natürlichen Zahlen kann man Personen oder Dinge in eine Reihenfolge bringen.

A	I	U	E	O
1	3	5	2	4
A	E	I	O	U

Auszählen von Listen
Die Häufigkeit gibt an, wie oft ein Ergebnis in einer Liste vorkommt. Eine Tabelle, in der zu jedem Ergebnis dessen Häufigkeit angegeben ist, heißt Häufigkeitsverteilung.

Liste: c, a, b, a, b, c, b, a, d, b
Häufigkeitstabelle:

Ergebnis	a	b	c	d
Häufigkeit	3	4	2	1

Stellenwertsysteme
Zahlen können in verschiedenen Stellenwertsystemen dargestellt werden. Stellenwerte im

Fünfersystem: …; 625; 125; 25; 1

Zweiersystem: …; 16; 8; 4; 2; 1

$$(4102)_5 = 4 \cdot 125 + 1 \cdot 25 + 0 \cdot 5 + 2 \cdot 1 = 527$$
$$356 = 2 \cdot 125 + 4 \cdot 25 + 1 \cdot 5 + 1 \cdot 1 = (2411)_5$$

Römische Zahlzeichen
Die römische Zahlenschreibweise bildet kein Stellenwertsystem. Steht ein Zahlzeichen rechts von einem gleichen oder höheren, wird sein Wert addiert. Bei IV, IX, XL, XC, CD und CM wird der Wert des linken Zahlzeichens subtrahiert.

M	D	C	L	X	V	I
1000	500	100	50	10	5	1

MDLX = 1560 *MMCD = 2400*

II Messen mit natürlichen Zahlen

1 Messen

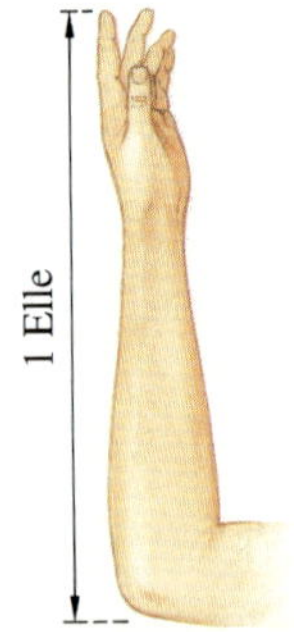

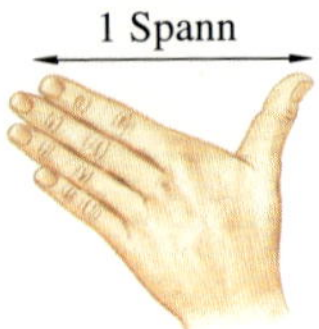

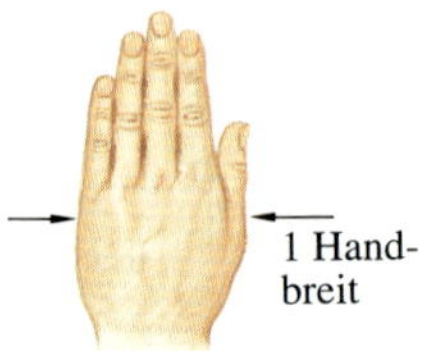

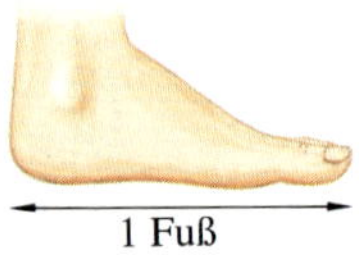

1
Vergleiche die Höhe des Mastes und die Länge des Bootes.

2
Früher wurden Längen oft in Elle, Spann, Handbreit oder Fuß gemessen. Wie viel Spann beträgt die Länge deines Schultisches? Vergleiche dein Ergebnis mit anderen Ergebnissen in der Klasse.

Wollen wir Größen wie die Länge einer Schnur, das Gewicht eines Pakets angeben, so benutzen wir Maßeinheiten. Als Maßeinheiten kennst du Meter für Längen, Gramm für Gewichte, Sekunde für Zeitspannen.

> Beim **Messen** einer Größe bestimmen wir, wie oft die Maßeinheit in der Größe enthalten ist. In der Längenangabe „5 cm“ ist 1 cm die **Maßeinheit**. Die Zahl 5 nennen wir die **Maßzahl** bei dieser Einheit.

Beispiele:
a) Bei der Angabe „Der Kuchen wiegt 2 kg“ ist 1 kg die Maßeinheit und 2 die Maßzahl bei dieser Einheit.
b) Karin sagt: „Wir haben noch 5 Schachteln Streichhölzer.“ Hier ist 5 die Maßzahl bei der Maßeinheit 1 Schachtel.
c) Sabine und Peter fahren 14 Tage zu ihren Großeltern. Die Zeitspanne wurde mit der Einheit 1 Tag gemessen; die Maßzahl bei dieser Einheit ist 14. Nimmt man als Einheit 1 Woche, so ergibt sich die Maßzahl 2.

3
Welche Einheiten und Maßzahlen findest du auf dem Einkaufszettel?

4
Welche Maßeinheiten kennst du? Was wird mit diesen Maßeinheiten gemessen? Gib Beispiele an.

5
Mit welcher Einheit gibt man die Höhe eines Hauses; die Dicke eines Buches; die Länge eines Wanderweges an?

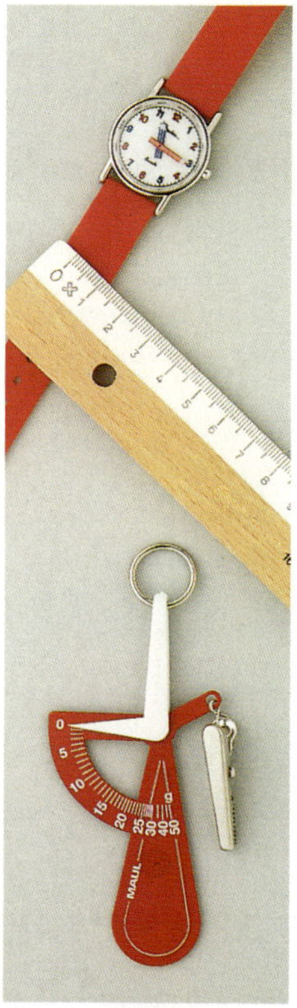

6
Lies jeweils die kleinste Einheit ab, die auf den abgebildeten Messgeräten angegeben ist.
Welche weiteren Messgeräte kennst du?

7
Schätze zunächst und miss dann.
a) Wie viel Zeit vergeht, wenn du fünfmal ein- und ausatmest ?
b) Wie viel wiegt deine Schultasche?
c) Wie dick ist dieses Buch?
d) Wie hoch ist eine Treppenstufe?
e) Wie lang ist dein rechter Fuß?
f) Wie lang ist dein Schulweg?
g) Wie viele Streichhölzer sind in einer Schachtel?

8
Nenne je drei Gegenstände, die etwa
a) 1 m b) 10 cm c) 1 cm d) 1 mm
lang, dick oder breit sind.

9
Mit welcher Einheit misst du die Dicke einer Fensterscheibe; die Länge eines Flusses; den Kopfumfang eines Menschen; die Höhe eines Baumes?

10
Nenne drei Gegenstände, die jeweils ungefähr
a) 1 g b) 100 g c) 1 kg d) 10 kg
wiegen.

11
Mit welcher Maßeinheit gibt man das Gewicht einer Maus; eines Pferdes; eines Elefanten an?

12
Die Maus hat die Gewichtsangaben verschluckt.
Ordne sie den Gegenständen zu.

13
In welcher Einheit misst du die Dauer eines Konzerts; die Dauer der Sommerferien; die Brenndauer eines Streichholzes; die Dauer des Winters?

14
Was ist länger
a) 90 Minuten oder 1 Stunde
b) 2 Minuten oder 100 Sekunden
c) 2 Tage oder 30 Stunden?

15
Ullis Mutter hat 70 Werktage frei. Bei Ulli ergeben die schulfreien Werktage an Weihnachten zwei, an Ostern eine, im Sommer fünf Wochen. Dazu kommen neun Samstage und fünf weitere Tage.
Wer hat mehr Urlaub?

16
Für ein Hüpfspiel will Felix eine abgesteckte Strecke auf dem Boden halbieren.
Er hat eine sehr lange Schnur.
Wie kann er damit die Hälfte der Strecke abmessen?

17
Susanne erzählt eine seltsame Geschichte:
„Am Wochenende war ich mit Evi auf einer Erdbeerplantage zum Pflücken. Das Erdbeerfeld war bestimmt 20 Minuten lang. Nach 1 kg hatten wir beide schon jede über 100 m gepflückt. Als wir nach fast 500 g gingen, hatten wie zusammen 2 Stunden Beeren im Korb und bestimmt 5 DM gegessen. Bezahlen mussten wir 5 kg.“
Wie muss die Geschichte richtig lauten?

2 Messen mit dem Meterstab

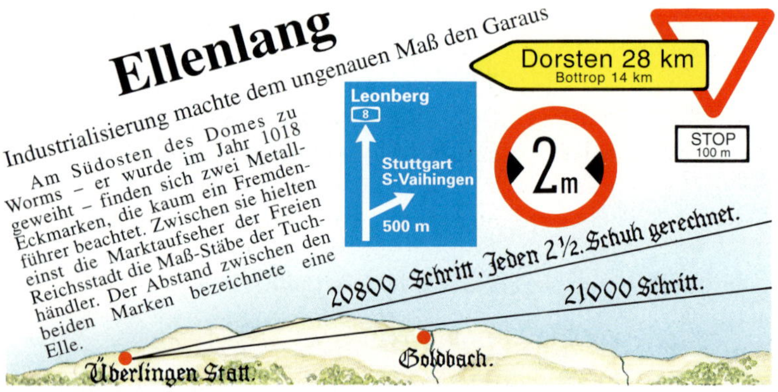

metron (griech.): Maß

1
Welche Längeneinheiten findest du auf dem Bild? Ordne sie der Größe nach. Welche davon werden heute meistens verwendet?

2
Eine Ameise erzählt: „In diesem Sommer bin ich bestimmt schon 2 Millionen Schritte gelaufen.“ Welche Entfernung hat die Ameise zurückgelegt, wenn ein Ameisenschritt etwa 1 mm lang ist?

Als Grundeinheit für **Längen** wird heute in fast allen Ländern Europas das **Meter** verwendet. Seine Länge wurde 1889 in Paris festgelegt. Die größeren und kleineren Längeneinheiten sind einfache Vielfache oder Teile des Meters.

1 km = 10 hm	km: **Kilometer**
1 hm = 10 dam	hm: Hektometer
1 dam = 10 m	dam: Dekameter
1 m = 10 dm	m: **Meter**
1 dm = 10 cm	dm: **Dezimeter**
1 cm = 10 mm	cm: **Zentimeter**
1 mm	mm: **Millimeter**

Merke: Das Zehnfache einer Einheit ergibt jeweils die nächstgrößere Einheit.

Beispiel 1:
Ein großer Schritt ist ungefähr 1 m lang.
Eine Hand ist ungefähr 1 dm breit.
Dein Zeigefinger ist ungefäht 1 cm breit.
Eine Pfennigmünze ist ungefähr 1 mm dick.

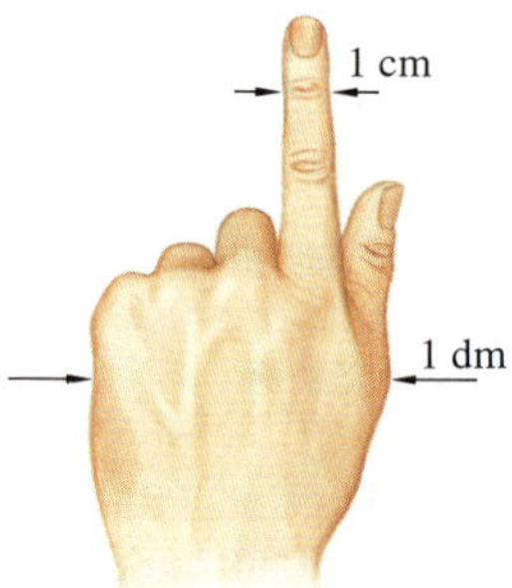

Beispiel 2:
a) 2 m = 20 dm = 200 cm = 2 000 mm
b) 8 km = 80 hm = 800 dam = 8 000 m
c) 500 mm = 50 cm = 5 dm
d) 7 200 cm = 720 dm = 72 m
e) 90 000 dm = 9 000 m = 900 dam = 90 hm = 9 km

Beispiel 3:
Große Maßzahlen können wir uns nicht gut vorstellen. Wir wandeln sie daher um.
a) 7 038 mm = 7 000 mm + 30 mm + 8 mm = 7 m 3 cm 8 mm
b) 8 000 705 cm = 8 000 000 cm + 700 cm + 5 cm = 80 km 7 m 5 cm
c) 130 074 dm = 130 000 dm + 70 dm + 4 dm = 13 km 7 m 4 dm

Merke:
Je größer die Einheit, desto kleiner die Maßzahl!

3

a) Gib in m an.
400 cm; 20 dm; 3 000 cm; 750 dm; 70 dm; 12 000 mm; 90 dm; 2 km; 15 km; 301 km; 700 dm; 20 hm; 26 dam; 33 km; 8 900 dm
b) Gib in cm an.
20 mm; 200 mm; 40 mm; 3 dm; 7 m; 15 m; 200 m; 23 dm; 3 m; 4 km; 104 m; 10 mm; 123 km; 700 mm; 700 dm; 700 m; 3 dam; 25 km; 12 m; 30 dm; 3 hm; 7 dm

4

a) Gib in dm an.
50 cm; 1 020 cm; 1 000 cm; 500 mm; 7 m; 80 cm; 600 cm; 9 500 mm; 150 m; 8 km; 50 m; 1 200 mm; 70 km; 2 dam; 3 hm
b) Gib in km an.
2 000 m; 13 000 m; 200 000 cm; 200 hm; 2 000 000 cm; 1 200 000 dm; 3 000 dam; 15 000 000 mm; 200 dam; 230 000 m

5

Schreibe die folgenden Längenangaben in der nächstkleineren und in der nächstgrößeren Einheit.
a) 70 cm; 900 cm; 340 cm; 50 dm; 110 dm; 650 dm; 1 200 cm; 7 300 dm
b) 20 m; 230 m; 7 500 m; 30 dm; 70 hm; 40 m; 620 dam; 770 dm; 490 m; 990 cm

6

Schreibe mit möglichst kleiner natürlicher Maßzahl.
a) 80 mm; 300 cm; 850 cm; 3 700 cm; 110 dm; 45 000 m; 1 010 cm; 1 100 mm
b) 70 mm; 700 mm; 7 000 mm; 70 000 mm; 700 000 mm; 7 000 000 mm; 700 700 mm

7

Es ist 715 cm = 7 m 1 dm 5 cm.
Behandle ebenso:
a) 813 cm; 1 836 mm; 504 cm; 562 mm; 562 dm; 5 620 dm; 5 620 m; 634 dm; 99 cm
b) 4 003 mm; 3 002 582 mm; 9 030 cm; 48 880 m; 97 385 dm; 58 151 cm; 89 502 mm; 172 097 m; 400 303 cm; 179 605 dm; 4 503 001 cm
c) 3 030 dam; 2 800 hm; 2 700 dm; 3 333 m; 589 dm; 7 890 cm; 75 000 mm; 958 dm; 5 040 301 cm.

8

Es ist 8 m 7 cm = 807 cm. Wandle ebenso um:
a) 4 m 3 dm; 6 m 5 cm; 5 dm 1 mm; 5 m 3 cm; 2 m 7 mm; 6 dm 9 mm; 5 m 4 mm; 7 m 8 cm; 9 m 4 mm
b) 6 km 6 m; 7 km 8 dm; 13 km 8 m; 4 km 5 dm; 7 m 5 cm; 8 m 9 mm; 15 km 7 dm; 5 m 8 dm; 1 km 11 m.

9

Ordne der Größe nach.
a) 17 cm; 20 mm; 3 dm; 1 dm 8 cm; 9 cm 8 mm; 7 dm 11 mm; 4 cm 8 mm
b) 3 m 2 mm; 302 cm; 3 m 2 cm 2 mm; 3 m 2 dm 2 mm; 32 dm; 3 222 mm; 322 cm

10

Schätze zunächst und miss dann
a) die Breite eines Karos im Rechenheft; Länge, Breite und Dicke dieses Buches, eines großen (DIN A4) und eines kleinen (DIN A5) Heftes und eines Vokabelheftes (DIN A6)
b) Länge und Breite einer Bildpostkarte, einer Tageszeitung und einer Briefmarke.

11

Martin besucht den Zoo. Er möchte vom Löwengehege zu den Elefanten. Auf dem Plan erkennst du vier direkte Wege. 1 mm auf dem Plan entspricht in Wirklichkeit 10 m.
a) Wie viel m sind die Wege lang ?
b) Wie groß ist der Unterschied zwischen dem längsten und dem kürzesten Weg?

3 Messen mit der Waage

1
Wie viel Bananen wiegen so viel wie eine Tomate?

2
In einem sehr alten Kochbuch ist bei einem Kuchenrezept unter „Zutaten“ zu lesen:
3 Eier, 3 Eiergewichte Mehl, 2 Eiergewichte Zucker, 3 Eiergewichte Butter.
Weshalb werden hier die Zutaten in Eiergewichten angegeben? Wie würdest du die vorgeschriebene Menge Mehl ermitteln?

Als Grundeinheit für **Gewichte** benutzen wir das **Gramm**. Für kleinere Gewichte benutzen wir das Milligramm, für größere Gewichte das Kilogramm und für sehr große Gewichte die Tonne.

1 t = 1000 kg	t: **Tonne**
1 kg = 1000 g	kg: **Kilogramm**
1 g = 1000 mg	g: **Gramm**
1 mg	mg: **Milligramm**

Merke: Das 1 000fache einer Einheit ergibt jeweils die nächstgrößere Einheit.

Beispiel 1:
a) Ein Streichholz wiegt etwa 1 g. Ein Liter Milch wiegt etwa 1 kg. Ein Nashorn wiegt etwa 1 t.
b) Iris soll aus dem Schreibwarengeschäft nebenan ein Paket mit zehn 1 000er-Packungen Büroklammern holen. Kann sie das Paket überhaupt tragen?
10 Büroklammern wiegen etwa 5 g.
10 000 Büroklammern wiegen dann etwa
$1\,000 \cdot 5\,\text{g} = 5\,000\,\text{g} = 5\,\text{kg}$.
Iris kann das Paket wohl tragen.

Beispiel 2:
a) 25 kg = 25 000 g
b) 3 kg = 3 000 g = 3 000 000 mg
c) 8 000 mg = 8 g
d) 1 000 000 g = 1 000 kg = 1 t

Beispiel 3:
53 237 008 mg = 53 000 000 mg + 237 000 mg + 8 mg = 53 kg 237 g 8 mg

Die größte Glocke der Welt wiegt 200 t; sie befindet sich in Moskau.

3

a) Schreibe in g:
3 kg; 17 kg; 6 t; 7 000 mg; 700 kg; 700 000 mg; 70 kg; 7 kg; 20 t.
b) Schreibe in kg:
6 000 g; 250 000 g; 4 t; 10 t; 3 000 g; 50 000 g; 75 000 000 mg; 24 t; 2 000 g; 9 000 g; 475 000 g; 98 000 000 mg.
c) Schreibe in t:
5 000 kg; 63 000 kg; 210 000 kg; 1 000 000 kg; 18 000 kg; 22 000 000 g; 7 000 kg; 45 000 kg; 34 000 000 g.

4

a) Schreibe in t:
25 000 kg; 7 000 000 g; 560 000 kg; 45 000 kg; 3 000 000 g; 666 000 kg; 10 000 000 g; 155 000 kg; 11 000 kg.
b) Schreibe in kg:
7 t; 25 000 g; 9 t; 460 000 g; 260 t; 70 t; 8 000 000 mg; 200 t; 14 t; 2 900 t; 91 t; 287 000 g; 4 000 000 mg; 212 t; 38 000 g.

5

a) Schreibe in g:
6 kg; 42 000 mg; 3 t; 70 kg; 3 000 mg; 22 kg; 202 kg; 220 kg; 2 t; 20 t.
b) Schreibe in mg:
3 g; 2 kg; 20 g; 10 kg; 10 000 g; 5 g; 1 000 kg; 1 t; 100 kg; 99 g; 900 g.

6

a) Schreibe die folgenden Gewichtsangaben sowohl in g als auch in t.
7 000 kg; 15 000 kg; 310 000 kg; 81 000 kg; 9 000 kg; 30 000 kg
b) Schreibe in kg und in mg.
1 000 g; 4 000 g; 12 000 g; 20 000 g; 71 000 g; 100 000 g; 220 000 g

7

Schreibe die folgenden Gewichtsangaben sowohl in der nächstgrößeren als auch in der nächstkleineren Einheit.
4 000 g; 20 000 kg; 36 000 g; 50 000 kg; 120 000 g; 770 000 kg; 84 000 kg; 55 000 g

8

Es ist 2 kg 30 g = 2 030 g. Gib die folgenden Gewichte entsprechend an.
a) 3 kg 100 g; 7 kg 30 g; 7 kg 300 g; 8 kg 200 g; 8 kg 2 g; 9 kg 5 g; 12 kg 222 g; 12 kg 22 g; 12 kg 2 g
b) 5 t 400 kg; 2 t 8 kg; 10 t 100 kg; 1 t 1 kg; 6 t 666 kg; 6 t 66 kg; 6 t 6 kg; 60 t 60 kg; 60 t 6 kg; 60 t 606 kg

9

Rechne um
in g:
4 kg; 6 000 mg; 2 kg; 4 000 mg; 110 kg; 11 000 mg; 10 t; 10 kg 100 g; 4 kg 13 g; 5 g 30 000 mg; 10 kg 5 g 2 000 mg
in mg:
3 g; 40 g; 500 g; 145 g; 2 kg; 69 kg; 1 kg 100 g; 2 kg 20 g; 10 kg 10 g; 15 g 4 mg; 10 g 100 mg; 1 kg 1 g 1 mg
in kg:
7 t; 2 000 g; 6 t 20 kg; 10 t 75 kg; 4 t 150 kg; 4 t 15 kg; 15 t 4 kg; 1 t 1 kg; 10 t 10 kg; 2 t 5 000 kg
in t:
7 000 kg; 1 000 000 g; 99 000 kg; 101 000 kg; 200 000 kg; 3 030 000 kg; 111 000 kg; 7 689 000 kg; 222 000 kg.

10

a) Stelle mit den Gewichtsstücken aus dem abgebildeten Wägesatz die folgenden Gewichte zusammmen.
(Beispiel: 800 g = 500 g + 200 g + 100 g)
128 g; 340 g; 498 g; 1 768 g; 603 g; 823 g; 1 kg 7 g; 956 g; 2 109 g; 1 kg 999 g
b) Der Gewichtssatz für eine Feinwaage enthält die folgenden Gewichtsstücke:
50 g, 20 g, 10 g, 10 g, 5 g, 2 g, 2 g, 1 g, 500 mg, 200 mg, 200 mg, 100 mg, 50 mg, 20 mg, 20 mg, 10 mg.
Stelle damit die folgenden Gewichte zusammen:
8 g 250 mg; 85 g 140 mg; 101 g; 101 g 90 mg; 4 220 mg; 16 340 mg; 100 230 mg; 43 210 mg.

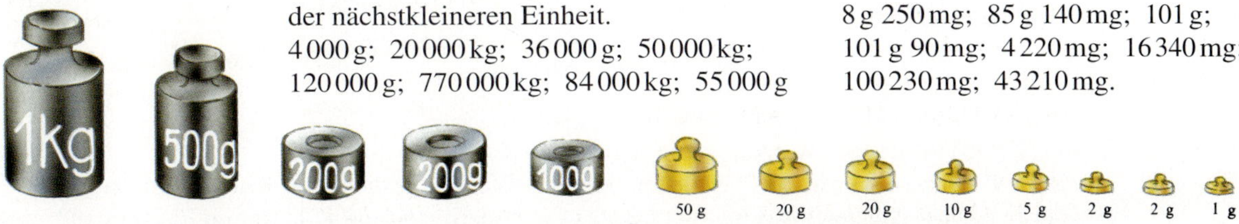

11
Es ist 80 000 mg = 80 g.
Wandle entsprechend um:
4 000 g; 30 000 kg; 15 000 mg; 60 000 g; 2 000 000 mg; 1 600 000 g; 12 000 kg; 34 000 kg; 344 000 mg; 10 000 g.

12
Es ist 7 500 g = 7 kg 500 g. Gib in entsprechender Weise an:
a) 2 700 g; 4 580 kg; 8 213 g; 10 100 g; 15 345 kg; 2 850 480 g; 1 111 111 mg; 3 048 mg; 90 090 kg; 122 114 g
b) 6 523 kg; 7 048 g; 6 005 kg; 5 840 mg; 2 040 g; 13 005 kg; 38 520 mg; 46 300 g; 101 001 g; 8 635 427 mg; 101 010 g
c) 3 400 g; 3 040 g; 3 004 g; 30 400 g; 4 030 g; 40 030 mg; 102 030 g; 120 003 kg; 6 402 kg; 4 004 004 mg; 4 004 g; 36 036 kg.

Das Zeichen ℔ steht für lb als Abkürzung von libra (lat.): Pfund.

13
Im Alltag werden manchmal noch die alten Gewichtseinheiten Pfund (Pfd) und Zentner (Ztr) verwendet:
1 Pfd sind 500 g;
1 Ztr sind 50 kg.
Nenne drei Gegenstände, die jeweils
a) 1 Pfd b) 1 Ztr
wiegen.

14
Es ist 3 Pfd = 1500 g = 1 kg 500 g.
Rechne entsprechend um:
5 Pfd; 2 Pfd; 10 Pfd; 15 Pfd; 50 Pfd; 9 Pfd; 11 Pfd; 45 Pfd; 30 Pfd.

15
Gib in kg an: 2 Ztr; 5 Ztr; 10 Ztr; 3 Ztr; 50 Ztr; 7 Ztr; 12 Ztr; 1 000 Ztr.

16
Ritas Pony bekommt jeden Tag 3 kg 500 g Hafer. Wie viel Hafer muss Rita für 10 Wochen kaufen?

1-Pf-Münze: 2 g
10-Pf-Münze: 4 g
5-DM-Münze: 10 g

17
Wie viel würde ein Lottogewinn von 1 000 000 DM jeweils wiegen, wenn er nur in 1-Pf-Münzen, nur in 10-Pf-Münzen oder nur in 5-DM-Münzen ausbezahlt würde?

18
David hat eingekauft. Wie viel muss er heimtragen?

Schätzen und Messen

19
Schätze zunächst und miss dann das Gewicht einer vollen und einer leeren Saftflasche, eines Bleistiftes, deiner Turnschuhe, eines Apfels.

20
Schätze, was mehr wiegt
a) ein Pkw oder ein ausgewachsener Elefant
b) ein Bleistift oder eine leere Streichholzschachtel
c) ein Fußball oder eine ebenso große Kugel aus Kork
d) eine Katze oder eine Wassermelone?

21
Welche der angegebenen Gegenstände kannst du alleine tragen:
einen Wassereimer voll Sand; einen Stapel mit 1 000 Blatt Papier; einen Würfel aus Styropor mit 1 m Kantenlänge; einen gleich großen Würfel aus Holz?

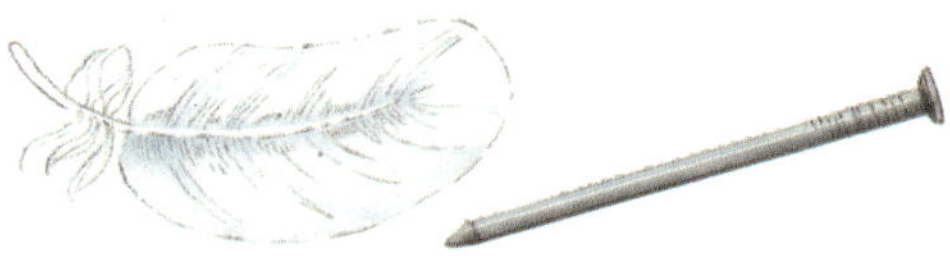

22
Was wiegt mehr, ein Kilogramm Daunenfedern oder ein Kilogramm Eisennägel?

4 Messen mit der Uhr

1

a) Die Klasse 5 b) spielt Verstecken. Hans muss suchen. Er zählt laut bis 20. Weshalb muss er zählen?
b) Beim Start zum 60-m-Lauf ertönt laut der Ruf: „Auf die Plätze! Fertig! Los!“ Worauf muss der Rufer dabei achten?

2

Angela sagt: „Ich spiele jeden Tag eine Stunde Geige.“ Claudio sagt: „Ich übe jeden Tag bis zum Abendessen um 18 Uhr Flöte.“ Kannst du sagen, wer von beiden länger übt?

Bei der Zeitmessung verwenden wir als Grundeinheit für die **Zeitdauer** die **Sekunde**. Die größeren Einheiten sind Vielfache davon.

*d für **dies** (lat.): Tag*
*h für **hora** (lat.): Stunde*

1 d = 24 h	d: **Tag**
1 h = 60 min	h: **Stunde**
1 min = 60 s	min: **Minute**
1 s	s: **Sekunde**

Beispiel 1:
a) Wenn du das Wort „einundzwanzig“ laut und deutlich aussprichst, so dauert dies etwa 1 Sekunde.
Zählen von 1 bis 100 dauert etwa 1 Minute.
b) 1 h 15 min = 60 min + 15 min = 75 min
c) 150 s = 120 s + 30 s = 2 min 30 s
d) 45 min + 20 min = 65 min = 1 h 5 min
e) 18 h + 12 h = 30 h = 1 d 6 h

Deine Armbanduhr gibt die **Uhrzeit** an. Zeigt sie z. B. 10 Minuten nach 11 Uhr an, so schreiben wir dafür kurz 11.10 Uhr oder auch 11:10 Uhr (lies: 11 Uhr 10). Seit Mitternacht 0.00 Uhr sind dann 11 h 10 min (lies: 11 Stunden 10 Minuten) vergangen.

Wenn ein Zug um 9.15 Uhr ankommt und um 9.27 Uhr wieder abfährt, dann dauert sein Aufenthalt 12 Minuten.

Bei der Zeitmessung unterscheiden wir zwischen **Zeitpunkt** und **Zeitdauer**. Ein Zeitpunkt gibt an, **wann** etwas geschieht. Zeitpunkte lesen wir direkt auf der Uhr ab.

Eine Zeitdauer gibt an, **wie lange** etwas dauert. Eine Zeitdauer messen wir als Zeitspanne zwischen zwei Zeitpunkten.

Anfang

Ende

Wie lang hat es gedauert? Bist du ganz sicher?

Beispiel 2:
Sabine geht um 15.10 Uhr zum Schlittschuh laufen. Für den Hin- und Rückweg zur Eisbahn braucht sie jeweils 20 Minuten. Sie bleibt 2 Stunden auf der Eisbahn. Wann ist sie wieder zu Hause?
Wir berechnen, wie lange Sabine von zu Hause weg ist:
20 min + 2 h + 20 min = 2 h 40 min.
Sabine ist 2 h 40 min weg.
Wir berechnen den Zeitpunkt, an dem Sabine nach Hause kommt:
2 h 40 min nach 15.10 Uhr ist es 17.50 Uhr.
Sabine ist also um 17.50 Uhr wieder zu Hause.

Beispiel 3:

a) Anfang	8.15 Uhr	11.15 Uhr	12.30 Uhr
Ende	8.45 Uhr	14.30 Uhr	13.20 Uhr
Zeitdauer	30 min	3 h 15 min	50 min

b) Um die Zeitdauer von 7.35 Uhr bis 9.20 Uhr zu bestimmen, rechnen wir:
9 h 20 min – 7 h 35 min = 8 h 80 min – 7 h 35 min = 1 h 45 min.
Die Zeitdauer beträgt 1 h 45 min.
c) Um den Zeitpunkt 2 h 47 min vor 12.15 Uhr zu bestimmen, rechnen wir:
12 h 15 min – 2 h 47 min = 11 h 75 min – 2 h 47 min = 9 h 28 min.
Der gesuchte Zeitpunkt ist 9.28 Uhr.

3
a) Gib in s an:
2 min; 3 min; 5 min; 12 min; 20 min;
35 min; 9 min; 11 min; 1 h; 3 h; 12 h.
b) Gib in min an:
2 h; 4 h; 7 h; 10 h; 5 h; 12 h; 3 h; 300 s;
660 s; 240 s; 720 s; 120 s.
c) Gib in h an:
1 d; 2 d; 5 d; 7 d; 14 d; 60 min; 180 min;
420 min; 240 min; 3 d; 3600 s.
d) Gib in d an:
24 h; 72 h; 120 h; 144 h; 168 h.

4
Schreibe in der nächstgrößeren und in der nächstkleineren Einheit:
(Beispiel: 60 min = 1 h = 3 600 s)
120 min; 300 min; 600 min; 180 min;
240 min; 540 min; 720 min; 960 min; 24 h;
48 h; 72 h; 120 h; 144 h; 240 h; 360 h.

5
Was ist länger
a) 200 s oder 3 min
b) 10 min oder 1 000 s
c) 3 h oder 500 min
d) 2 d oder 50 h?

6
Schreibe jeweils in der kleineren der beiden Einheiten: (Beispiel:
3 h 4 min = 180 min + 4 min = 184 min)
a) 2 h 1 min; 2 h 10 min; 2 h 30 min;
2 h 55 min; 3 min 25 s; 5 min 16 s;
12 min 36 s; 10 min 15 s; 3 h 45 min
b) 3 d 1 h; 2 d 12 h; 4 d 10 h; 10 d 4 h;
4 h 6 min; 8 h 12 min; 9 min 7 s; 4 min 4 s;
2 h 20 min; 4 h 8 min; 6 h 40 min.

7
Schreibe jeweils in der kleinsten vorkommenden Einheit:
a) 1 h 1 min; 1 h 5 min; 1 h 12 min;
1 h 8 min 20 s; 2 h 4 min 6 s
b) 2 h 8 min 40 s; 5 d 10 h 20 min; 4 d 1 h;
3 h 10 s; 1 d 1 min 1 s.

8
Es ist 80 s = 1 min 20 s. Behandle ebenso:
a) 60 s; 70 s; 90 s; 120 s; 122 s; 170 s;
200 s; 240 s; 290 s; 300 s; 320 s
b) 60 min; 80 min; 180 min; 100 min;
200 min; 300 min; 24 h; 25 h; 30 h
c) 100 h; 50 h; 500 min; 1 000 s;
400 min; 305 s; 549 min; 61 h; 183 s.

9
Rechne wie in Aufgabe 8.
a) 100 s; 90 min; 30 h; 50 h; 150 min; 84 min; 72 s; 36 h; 165 min; 255 s
b) 300 s; 253 min; 40 h; 120 h; 480 s; 105 min; 75 s; 70 min 8 s; 25 h 90 min
c) 100 h 99 min; 1 d 24 h 75 s; 30 h 12 min; 50 h 210 min; 70 min 80 s; 90 min 285 s

10
Ordne der Größe nach.
a) 70 s; 1 min; 2 min 10 s; 1 min 20 s
b) 90 h; 3 d; 2 d 15 min; 1 500 min; 12 h
c) 12 500 s; 2 d 10 min; 444 min
d) 40 s; 80 s; 150 s; 1 min; 100 s; 200 s; 70 s; 1 min 30 s; 2 min 50 s
e) 12 h; 1 d 5 h; 2 d 1 h; 1 d; 25 h; 60 h; 100 h; 4 d; 18 h; 44 h; 3 d; 50 h
f) 12 500 s; 210 min; 3 h 28 min; 209 min 14 s; 212 min; 209 min 15 s; 3 h 25 min 20 s

11
Es ist
1 min 45 s + 2 min 30 s = 3 min 75 s
= 4 min 15 s.
Berechne entsprechend:
a) 40 min + 30 min; 52 s + 18 s; 27 min + 48 min; 18 h + 12 h; 35 s + 40 s; 40 s + 20 s; 50 s + 30 s; 59 s + 59 s; 59 min + 26 min; 12 h + 13 h; 53 min + 49 min; 23 h + 22 h; 17 min + 43 min; 31 s + 28 s
b) 2 h 50 min + 1 h 40 min; 30 min 50 s + 25 min 20 s; 8 d 46 s + 9 d 23 s; 4 d 6 h + 7 d 18 h; 7 d 3 h + 6 d 21 h; 4 d 52 min + 5 d 42 min.

12
a) 3 min 40 s + 2 min 50 s + 5 min 30 s
b) 4 h 30 min + 8 h 40 min+ 5 h 50 min
c) 2 d 6 h + 5 d 8 h + 9 d 10 h
d) 2 h 6 min 23 s + 4 h 8 min 37 s
e) 3 d 8 h 25 min + 1 d 15 h 35 min
f) 1 d 1 h 1 min 1 s + 22 h 58 min 59 s
g) 5 d 15 h 47 min 17 s + 8 h 12 min 43 s

13
Wie viel Minuten und Sekunden fehlen noch bis zur nächsten vollen Stunde?
3 h 14 min 6 s; 17 h 6 min 43 s; 6 h 24 min; 2 d 14 min 31 s; 5 d 6 h 56 s; 7 d 3 h 21 s; 13 d 11 h 37 min

Zeitpunkt und Zeitdauer

14
Berechne die Zeitdauer
a) von 6.15 Uhr bis 8.20 Uhr; von 8.05 Uhr bis 9.30 Uhr; von 7.55 Uhr bis 10.45 Uhr; von 5.20 Uhr bis 11.10 Uhr; von 10.20 Uhr bis 12.05 Uhr; von 12.30 Uhr bis 16.40 Uhr;
b) von 2.37 Uhr bis 6.49 Uhr; von 5.56 Uhr bis 7.07 Uhr; von 8.22 Uhr bis 16.14 Uhr; von 0.35 Uhr bis 23.05 Uhr
c) von 22.10 Uhr bis 0.15 Uhr; von 20.50 Uhr bis 1.25 Uhr; von 12.40 Uhr bis 2.12 Uhr.

15
Wie spät ist es
a) 20 min nach 12.30 Uhr; 40 min nach 10.15 Uhr; 42 min nach 9.24 Uhr; 45 min nach 12.54 Uhr
b) 1 h 30 min nach 7.45 Uhr; 2 h 35 min nach 21.50 Uhr; 3 h 17 min nach 18.57 Uhr
c) 15 min vor 12.10 Uhr; 30 min vor 13.46 Uhr; 45 min vor 23.12 Uhr;
d) 1 h 20 min vor 11.11 Uhr; 50 min vor 0.23 Uhr; 2 h 17 min vor 16.07 Uhr
e) 25 min vor 13.10 Uhr; 45 min nach 23.20 Uhr; 1 h 10 min vor 1.05 Uhr; 5 min vor 0.00 Uhr?

16
Übertrage die folgende Tabelle in dein Heft und ergänze sie an den Stellen ★.

Beginn Ende Dauer	6.21 Uhr 8.47 Uhr ★	12.23 Uhr ★ 1 h 12 min	★ 17.56 Uhr 1 h 27 min
Beginn Ende Dauer	9.18 Uhr 10.04 Uhr ★	12.17 Uhr ★ 50 min	★ 14.35 Uhr 1 h 32 min

Zeitangaben im Alltag

17
In manchen Kalendern werden der Sonnenaufgang (SA) und der Sonnenuntergang (SU) angegeben. Berechne für die folgenden Tage die Zeitdauer zwischen Sonnenaufgang und Sonnenuntergang. Was stellst du fest?

Datum	29.3.	26.4.	24.5.	21.6.	19.7.
SA	7.05	6.04	5.19	5.06	5.28
SU	19.50	20.36	21.19	21.42	21.28

18
Der Unterricht an Pauls Schule beginnt um 7.50 Uhr. Die Unterrichtsstunden dauern 45 min, und zwischen den Stunden sind jeweils 5 min Pause. Zusätzlich ist zwischen der zweiten und dritten sowie zwischen der vierten und fünften Stunde eine Pause von 15 min.
a) Wann beginnt die dritte und wann die fünfte Stunde?
b) Paul hat am Montag von der ersten bis zur sechsten Stunde Unterricht. Wie lange ist er an diesem Tag in der Schule? Um wie viel Uhr hat er Schulschluss?
c) Am Dienstag hat Paul erst zur zweiten Stunde Unterricht. Für den Schulweg braucht er 35 min. Wann muss er von zu Hause weggehen?

Stuttgart → Berlin
Hauptbahnhof Zool. Garten

ab	Zug	an
3.03	D 262	12.45
6.03	IR 2568	13.45
6.53	ICE 794	14.45
7.11	IC 618	15.45
7.53	ICE 792	15.45
8.15	IC 994	15.45
8.53	ICE 790	16.45
9.04	E 3054	17.25
10.11	IC 718	17.45
10.53	ICE 696	18.45
12.11	EC 18	19.45
12.53	ICE 692	20.45
13.04	E 3058	21.24
14.11	EC 112	21.45
14.53	ICE 598	22.47
16.11	IC 714	23.48
20.11	IC 812	6.05
20.53	ICE 894	6.05
21.42	D 1998	9.06
21.50	D 1904	7.38
22.05	IR 2607	9.06

19
Helga will von Stuttgart mit dem Zug zu ihrer Schwester Martina nach Berlin fahren. Sie schaut im Fahrplan der Deutschen Bahn die Verbindungen Stuttgart – Berlin nach.
a) Wie lang ist sie mit dem IC unterwegs, der um 10.11 Uhr in Stuttgart abfährt? Lohnt es sich, den teureren ICE um 10.53 Uhr zu nehmen ?
b) Wann muss sie spätestens abfahren, wenn sie spätestens um 17.00 Uhr in Berlin ankommen will?
c) Wie lange wäre Helga mit dem Nachtzug unterwegs, der um 21.50 Uhr in Stuttgart abfährt?
Ist der ICE um 20.53 Uhr schneller?

20
Die Abbildung zeigt einen Ausschnitt aus einem Busfahrplan.
a) Gib für die Haltestelle Stadtgraben alle Abfahrtzeiten zwischen 9 Uhr und 10 Uhr an.
b) Elke muss um 8 Uhr am Europaplatz sein. Sie steigt an der Haltstelle Haydnweg in den Bus ein. Welchen Bus muss sie nehmen?
c) Wie lange fährt der Bus von der Haltestelle Botanischer Garten zum Europaplatz?

5 MONTAG – FREITAG

Weißdornweg	ab						
Waldh.-Ost Ahornweg		06.00	06.12	06.20		11.40	11.52
Erlenweg		06.01	06.13	06.21		11.41	11.53
Pappelweg		06.02	06.14	06.22		11.42	11.54
Waldh.-Ost Ulmenweg	ab	06.10	06.20	06.30		11.50	12.00
Horemer		06.12	06.22	06.32	weiter	11.52	12.02
Haydnweg		06.13	06.23	06.33	alle	11.53	12.03
Wanne Kunsthalle		06.15	06.25	06.35	10	11.55	12.05
Beethovenweg		06.16	06.26	06.36	Minut.	11.56	12.06
Botanischer Garten		06.17	06.27	06.37		11.57	12.07
BG Unfallklinik		06.18	06.28	06.38		11.58	12.08
Klinikum Schnarrenberg		06.19	06.29	06.39		11.59	12.09
Frondsbergstraße		06.20	06.30	06.40		12.00	12.10
Quenstedtstraße		06.21	06.31	06.41		12.01	12.11
Altklinikum		06.22	06.32	06.42		12.02	12.12
Uni (Hölderlinstr.)		06.24	06.34	06.44		12.04	12.14
Stadtgraben		06.25	06.35	06.45		12.05	12.15
Lustnauer Tor		06.26	06.36	06.46		12.06	12.16
Neckarbrücke		06.27	06.37	06.47		12.07	12.17
Europaplatz (Obf/Hbf)	an	06.35	06.45	06.55		12.15	12.25

Schätzen und Messen

21
Schätze zunächst die Zeitdauer und miss dann:
die Dauer von 10 Pulsschlägen bei dir; das Zählen von 1 bis 200; das Zähne putzen am Morgen; das Lesen einer Seite in einem Taschenbuch.

22
Schätze zuerst und miss dann,
a) wie lange du auf einem Bein stehen kannst
b) wie lange du den Atem anhalten kannst.

23
Schätze zuerst und miss dann, wie lange du die Augen aufhalten kannst, ohne zu blinzeln.

5 Bruchteile im Alltag

1

Eva geht am Nachmittag mit ihrem Spaniel Tapsi eine halbe Stunde spazieren. Gegen Abend nimmt sie ihn noch mal eine viertel Stunde mit. Wie lange war sie insgesamt mit Tapsi draußen?

2

Jörg hat auf dem Markt zwei Melonen gekauft, die jeweils 1 kg wiegen. Zu Hause schneidet er jede Melone in vier gleiche Teile. Am Abend sind noch zwei Teile übrig. Wie viel wurde von den Melonen gegessen?

Im Alltag geben wir Längen, Gewichte und Zeitdauern oft in Bruchteilen einer Einheit an. Die Hälfte von 1 m nennen wir auch **einen halben Meter** und schreiben dafür $\frac{1}{2}$m.
Es ist also $\frac{1}{2}\,\text{m} = 100\,\text{cm} : 2 = 50\,\text{cm}$.

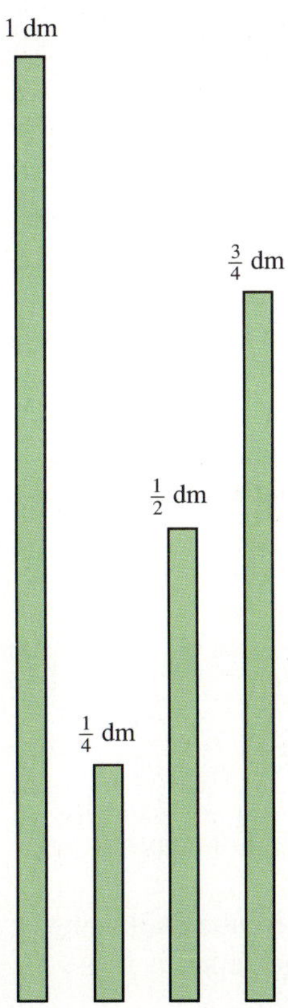

> Teilt man z. B. 1 m in vier gleiche Teile, so heißt jeder Teil **ein viertel Meter** ($\frac{1}{4}$m).
> Es ist also $\frac{1}{4}\,\text{m} = 100\,\text{cm} : 4 = 25\,\text{cm}$.
> Setzt man drei solche Teile zusammen, so entsteht die Länge **drei viertel Meter** ($\frac{3}{4}$m).
> Es ist also $\frac{3}{4}\,\text{m} = 25\,\text{cm} \cdot 3 = 75\,\text{cm}$.

Beispiel 1:

a) $\frac{1}{2}\,\text{cm} = 10\,\text{mm} : 2 = 5\,\text{mm}$

b) $\frac{1}{4}\,\text{kg} = 1000\,\text{g} : 4 = 250\,\text{g}$

c) $\frac{1}{2}\,\text{h} = 60\,\text{min} : 2 = 30\,\text{min}$

d) $\frac{1}{4}\,\text{min} = 60\,\text{s} : 4 = 15\,\text{s}$

Wollen wir Bruchteile von Einheiten addieren, so wandeln wir zuerst in die kleinere Einheit um und addieren anschließend.

Beispiel 2:

a) $\frac{1}{2}\,\text{kg} + \frac{3}{4}\,\text{kg} = 500\,\text{g} + 750\,\text{g} = 1\,250\,\text{g} = 1\frac{1}{4}\,\text{kg}$

b) $\frac{1}{4}\,\text{m} + 1\frac{1}{2}\,\text{m} = 25\,\text{cm} + 150\,\text{cm} = 175\,\text{cm} = 1\frac{3}{4}\,\text{m}$

3

a) Gib in m an:
$\frac{1}{2}$km; $\frac{1}{4}$km; $1\frac{1}{4}$km; $\frac{3}{4}$km; $2\frac{1}{2}$km; $3\frac{1}{4}$km.

b) Gib in cm an:
$\frac{1}{4}$m; $\frac{1}{2}$dm; $2\frac{1}{2}$m; $5\frac{1}{2}$dm; $\frac{3}{4}$dm; $1\frac{1}{4}$m; $\frac{1}{4}$dm.

4

a) Gib in g an:
$\frac{1}{2}$kg; $\frac{1}{4}$kg; $\frac{3}{4}$kg; $1\frac{1}{2}$kg; $4\frac{1}{2}$kg.

b) Gib in kg an:
$\frac{1}{2}$t; $2\frac{1}{4}$t; $3\frac{1}{4}$t; $1\frac{1}{2}$t; $\frac{3}{4}$t.

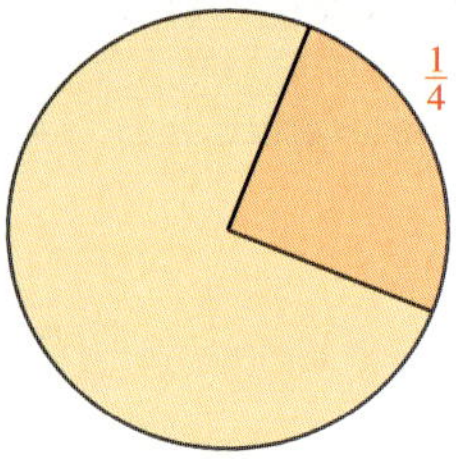

$\frac{1}{4}$

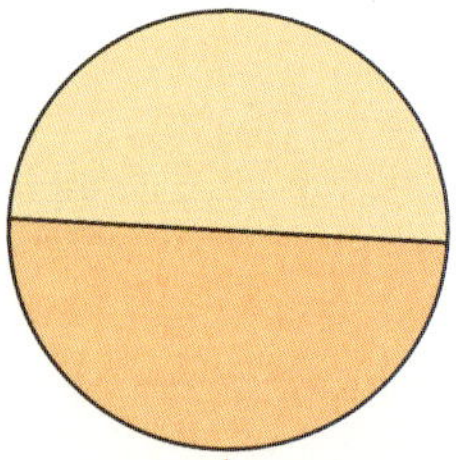

$\frac{1}{2}$

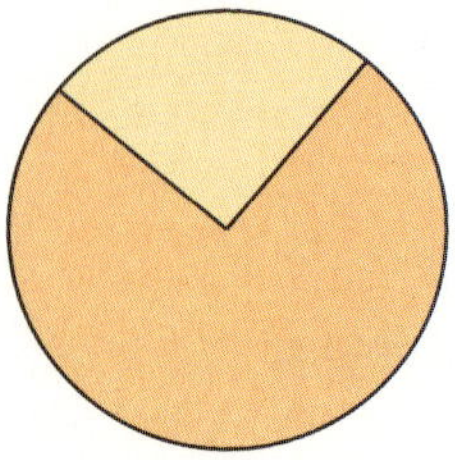

$\frac{3}{4}$

5

a) Gib in min an:
$\frac{1}{2}$h; $\frac{1}{4}$h; $\frac{3}{4}$h; $2\frac{1}{2}$h; $5\frac{1}{4}$h; $1\frac{3}{4}$h.
b) Gib in s an:
$\frac{1}{2}$min; $\frac{1}{4}$min; $1\frac{1}{2}$min; $1\frac{3}{4}$min; $7\frac{1}{2}$min.

6

a) Gib in km an:
250 m; 500 m; 1 500 m; 4 750 m; 9 500 m.
b) Gib in m an:
75 cm; 15 dm; 500 mm; 350 cm; 55 dm.

7

Gib als Bruchteile in der nächstgrößeren Einheit an.
a) 250 g; 500 mg; 750 g; 500 kg
b) 1 500 g; 2 250 kg; 3 750 mg; 1 250 kg
c) 250 kg; 1 250 g; 5 750 mg; 7 250 kg
d) 250 mg; 1 750 kg; 750 kg; 3 250 kg

8

Gib als Bruchteile in der nächstgrößeren Einheit an.
a) 15 min; 12 h; 45 s; 75 min; 30 s
b) 90 s; 135 min; 36 h; 330 min; 105 s
c) 75 s; 195 min; 60 h; 6 h; 45 min

9

Es ist

$$2\frac{1}{2}\,\text{h} = 2\,\text{h} + \frac{1}{2}\,\text{h} = 120\,\text{min} + 30\,\text{min} = 150\,\text{min}.$$

Behandle ebenso:
a) $1\frac{1}{2}$h; $3\frac{1}{4}$h; $2\frac{3}{4}$h; $4\frac{1}{2}$h; $2\frac{1}{4}$h; $8\frac{1}{4}$h
b) $2\frac{1}{2}$min; $1\frac{3}{4}$min; $7\frac{1}{2}$min; $10\frac{1}{4}$min.

10

Ordne der Größe nach:
a) $\frac{1}{2}$m; 500 cm, $\frac{1}{2}$km; 5 dm; $\frac{3}{4}$m; 5 cm
b) 25 kg; $\frac{1}{4}$t; 2 500 g; $3\frac{1}{2}$kg; 600 kg
c) 80 min; $1\frac{1}{4}$h; 100 min; $1\frac{1}{2}$h; $1\frac{3}{4}$h.

11

a) Eine Uhr zeigt 8.05 an. Welche Uhrzeit zeigt sie jeweils
nach $\frac{1}{2}$h; nach $\frac{1}{4}$h; nach $2\frac{3}{4}$h?
b) Welche Uhrzeit zeigte sie jeweils
vor $\frac{3}{4}$h; vor $3\frac{1}{4}$h; vor $2\frac{1}{2}$h; vor $5\frac{3}{4}$h?

12

Maria und Kurt ernten Beeren in ihrem Garten:
$3\frac{1}{2}$kg Erdbeeren; $3\frac{1}{4}$kg rote Johannisbeeren; $1\frac{1}{2}$kg schwarze Johannisbeeren und $2\frac{1}{4}$kg Stachelbeeren.
a) Wie viel Beeren haben sie insgesamt geerntet?
b) Von der Ernte wollen sie $1\frac{1}{2}$kg gleich essen, 3 kg bekommen Nachbarn und aus dem Rest wird Marmelade gekocht. Dazu benötigen sie die gleiche Menge Zucker wie Beeren.
Wie viel Zucker müssen Maria und Kurt einkaufen?

13

Sylvia will einige Fernsehsendungen auf ein Videoband aufnehmen. Sie hat ein Band mit 3 h Spieldauer, auf dem schon ein Film von $\frac{3}{4}$h Dauer aufgenommen wurde.
Reicht das Band noch für einen Film von $1\frac{1}{2}$h Dauer, einen Zeichentrickfilm von $\frac{1}{4}$h Dauer und eine weitere Sendung von 20 min Dauer?

14

Herr Wagner will abends in die Oper gehen. Er rechnet für die Hinfahrt und die Parkplatzsuche $\frac{3}{4}$h, $\frac{1}{4}$h für das Anstehen zum Kauf einer Karte, 5 min zum Abgeben der Garderobe und 2 min zum Aufsuchen seines Platzes.
Die Vorstellung beginnt um 19.30 Uhr; Herr Wagner möchte jedoch bereits 5 min vor Beginn der Vorstellung auf seinem Platz sitzen.
Wann muss Herr Wagner von zu Hause losfahren?

15

Heidrun macht ihre Hausaufgaben. Für Deutsch braucht sie $\frac{1}{2}$h, für Englisch $\frac{1}{4}$h und für Biologie $\frac{1}{4}$h. Anschließend macht sie dann noch ihre Mathematikhausaufgaben.
Wie lange hat sie für die Mathematikhausaufgaben gebraucht, wenn sie nach $1\frac{1}{2}$h fertig ist?

6 Vermischte Aufgaben

1
Schreibe in der jeweils nächstkleineren Einheit.
a) 3 m; 3 kg; 3 min; 3 t; 3 h; 3 cm; 3 km
b) 4 d; 4 km; 4 g; 4 dm; 4 min; 4 h
c) 10 km; 10 d; 10 g; 10 cm; 10 h; 10 t
d) 100 t; 100 g; 100 min; 100 m; 100 h
e) $\frac{1}{4}$ km; $3\frac{1}{4}$ kg; $\frac{1}{2}$ m; $5\frac{1}{4}$ h; $1\frac{1}{2}$ t; $2\frac{1}{2}$ cm

2
Schreibe mit möglichst kleiner Maßzahl:
a) 1 000 kg; 1 000 m; 1 000 g; 1 000 mm; 10 000 mg; 1 000 dm; 1 000 cm; 100 000 g
b) 120 min; 300 s; 1 800 h; 780 min; 120 h; 840 s; 480 min; 7 200 h.

3
Es ist 34 078 kg = 34 t 78 kg.
Behandle ebenso:
a) 5 060 m; 70 906 cm; 3 007 005 mg; 6 800 708 kg; 500 608 dm; 608 050 cm; 59 000 600 090 g
b) 100 100 100 cm; 909 090 g; 11 001 cm; 10 101 010 mm; 9 999 999 mg; 10 010 dm.

4
Es ist 130 min = 2 h 10 min.
Behandle ebenso:
26 h; 100 s; 200 s; 305 min; 31 h; 75 min; 90 s; 100 h; 3 661 s; 1 441 min; 400 s; 38 h; 405 min; 1 880 s.

5
a) Gib in s an:
$\frac{1}{4}$ min; $1\frac{1}{2}$ min; $\frac{3}{4}$ h; $1\frac{1}{2}$ h; $2\frac{3}{4}$ min; $\frac{1}{2}$ h.
b) Gib in min an:
$\frac{1}{4}$ h; $5\frac{1}{2}$ h; $\frac{1}{2}$ d; $7\frac{3}{4}$ h; $\frac{3}{4}$ d; $1\frac{1}{4}$ h; $8\frac{1}{2}$ h.

6
Wie spät ist es
$\frac{1}{2}$ h nach 16.10 Uhr; $\frac{1}{4}$ h vor 5.50 Uhr;
$\frac{3}{4}$ h nach 23.40 Uhr; $\frac{1}{2}$ h vor 0.13 Uhr;
$2\frac{1}{4}$ h nach 22.17 Uhr; $1\frac{3}{4}$ h vor 1.20 Uhr;
$10\frac{1}{2}$ h nach 19.35 Uhr?

7
Übertrage die Tabelle in dein Heft und ergänze die fehlenden Angaben.

Abfahrt	10.15 Uhr	⋆	23.20 Uhr
Ankunft	⋆	16.23 Uhr	1.34 Uhr
Fahrzeit	3 h 12 min	52 min	⋆

8
Wie viel fehlt bis zur nächstgrößeren Einheit?
a) 23 min; 450 g; 22 h; 820 kg; 32 min
b) 99 mg; 101 kg; 58 min; 13 h; 591 kg
c) 889 g; 18 h; 112 mg; 50 s; 698 mg

9
Multipliziere mit 100 und schreibe mit möglichst kleiner Maßzahl.
(Beispiel: 5 s · 100 = 500 s = 8 min 20 s)
20 cm; 20 kg; 20 h; 20 m; 20 min; 400 mg; 4 mm; 4 s; 4 h; 40 kg; 400 dm

10
Ordne die Längenangaben richtig zu.

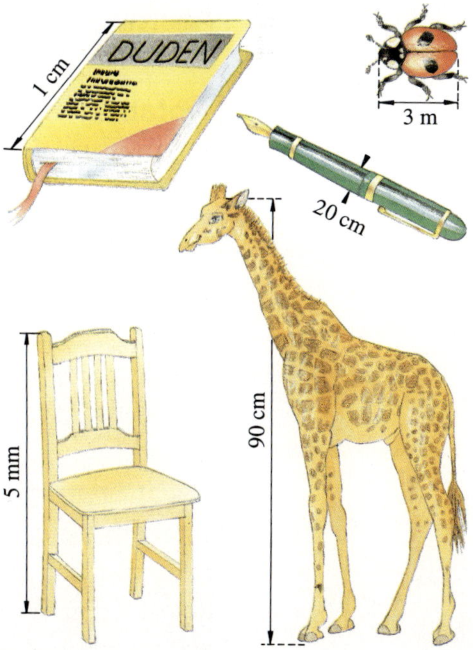

Längen, Gewichte und Zeiten im Alltag

11

Kater Murr sitzt auf einer $2\frac{1}{2}$ m hohen Mauer und will nicht mehr herunterkommen. Gabriele ist $1\frac{1}{2}$ m groß und kann mit ihrem Arm noch 34 cm über ihre Körpergröße hinausreichen. Sie holt eine 60 cm hohe Trittleiter. Kann sie Murr von der Mauer herunterholen ?

12

Bei einem Preisausschreiben kann man beim ersten Preis zwischen zwei Möglichkeiten wählen: Entweder man bekommt 300 DM oder man bekommt sein Gewicht in 1-Pf-Münzen aufgewogen. Eine solche Münze wiegt 2 g. Klaus hat den ersten Preis gewonnen. Er wiegt 48 kg. Wie soll er sich entscheiden?
Welche Möglichkeit würdest du wählen, wenn du gewinnen würdest?

13

Udo möchte mit dem Zug von Stuttgart nach München/Hauptbahnhof fahren. Er will zwischen 11.00 Uhr und 12.00 Uhr in Stuttgart abfahren. Schreibe die Abfahrts- und Ankunftszeiten auf. Wie lang ist die Fahrtzeit mit den verschiedenen Zügen jeweils?

Abfahrt
Stuttgart Hauptbahnhof ⟶ München Hauptbahnhof

ab	Zug	an	Verkehrstage
9.17	IR 2193	11.35	1 2 3 4 5 6 7
9.59	EC 113	12.11	1 2 3 4 5 6 7
10.12	ICE 893	12.17	1 2 3 4 5 6 –
10.59	EC 13	13.11	1 2 3 4 5 6 7
11.12	ICE 791	13.17	1 2 3 4 5 6 7
11.17	IR 2195	13.35	1 2 3 4 5 6 7
11.59	IC 119	14.11	1 2 3 4 5 6 7
12.12	ICE 591	14.17	1 2 3 4 5 6 7
12.59	EC 115	15.11	1 2 3 4 5 6 7
13.12	ICE 793	15.17	1 2 3 4 5 6 7

14

Theo sammelt Münzen und stapelt sie in einem Holzkästchen von 5 cm Höhe. Damit der Stempelglanz der Münzen nicht verkratzt wird, legt er zwischen je zwei Münzen ein Samttuch. Die Münzen sind 4 mm dick, das Samttuch ist halb so dick. Unten im Holzkästchen liegt ein Samttuch von 1 mm Dicke.
Wie viel Münzen kann Jörg in dem Kästchen aufeinander legen?

15

Ein Hühnerei wiegt ca. 50 g, ein erwachsener Elefant wiegt ca. 5 t. Wie viel Eier wiegen einen Elefanten auf?

16

Irene will verreisen. Ihr Zug fährt um 8.07 Uhr. Für den Weg zum Bahnhof braucht sie 20 min, Aufstehen, Waschen und Frühstück erledigt sie in 45 min. Auf wie viel Uhr muss sie ihren Wecker stellen, wenn sie 10 min vor Abfahrt des Zuges am Bahnhof sein will?

17

Eine Bäckerei verkauft ein 500 g schweres „Panda-Brot". Von dem Verkaufspreis werden 1,50 DM zur Rettung der Pandabären verwendet.
Wie viel Brote müssen verkauft werden, bis ein Betrag von 30 000 DM zusammenkommt? Welches Gewicht haben diese Brote zusammen?

18
Beate möchte sechs Lieder von einer CD auf eine Tonbandkassette überspielen. Die Spieldauern der einzelnen Lieder betragen 5 min 40 s; 7 min 12 s; 3 min 7 s; 6 min 30 s; 7 min 55 s und 9 min 27 s. Reicht ein 45-min-Band zum Überspielen aus?

19
Eine Tageszeitung wiegt im Durchschnitt 150 g und hat eine Dicke von 4 mm. In einem Jahr erscheint die Zeitung an rund 300 Tagen. Welches Gewicht haben die Zeitungen von einem Jahr? Wie hoch wird der Stapel, wenn man alle Ausgaben eines Jahres aufeinander legt?

20
Steffen webt einen Wandteppich aus Wolle. Für jede Reihe braucht er 1 m 20 cm Wollfaden. Fünf Reihen übereinander ergeben 1 cm.
Wie viel Wollfaden benötigt Steffen für einen Teppich von $1\frac{1}{2}$ m Länge?

21
Eine große Buche hat ca. 200 000 Blätter. Ein frisches Blatt wiegt $1\frac{1}{2}$ g. Welche Last hat die Buche zu tragen? Schätze zuerst und rechne dann.

Wie viel „Menschenhöhen" sind die Bäume hoch?

22
Verena hat einen Plan von ihrem Zimmer gezeichnet, wobei 1 cm in Wirklichkeit 1 m ist. Gib Länge und Breite des Zimmers und die Maße der Möbel an.

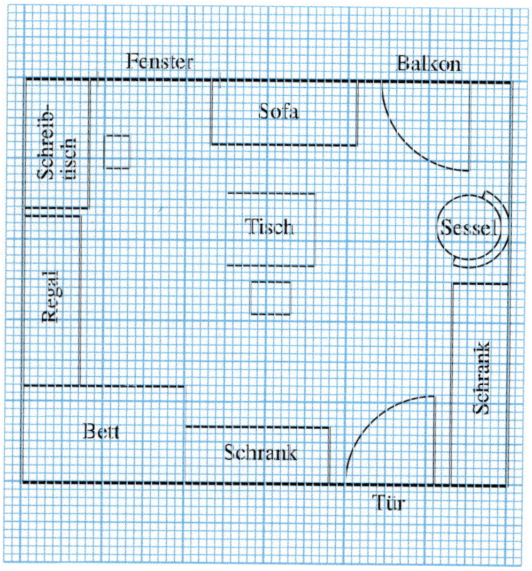

Zum Knobeln

23
Eine Flasche mit Schraubverschluss wiegt 202 g. Die Flasche wiegt 200 g mehr als der Verschluss. Wie viel wiegt die Flasche, wie viel der Verschluss?

24
Wie oft läuft der Sekundenzeiger einer Uhr zwischen 12.00 Uhr und 13.00 Uhr über den Stundenzeiger hinweg? Wie oft läuft er über den Minutenzeiger weg?

25
Auf dem Tisch liegen 10 völlig gleich aussehende 1-DM-Münzen. Davon ist eine falsch.
a) Die falsche Münze ist schwerer als die echten. Wie kannst du mit Hilfe einer Balkenwaage durch dreimaliges Abwiegen feststellen, welches die falsche Münze ist?
b) Es ist nicht bekannt, ob die falsche Münze schwerer oder leichter ist als die echten. Wie kannst du jetzt durch dreimaliges Abwiegen die falsche Münze finden?

Winzigklein und riesengroß

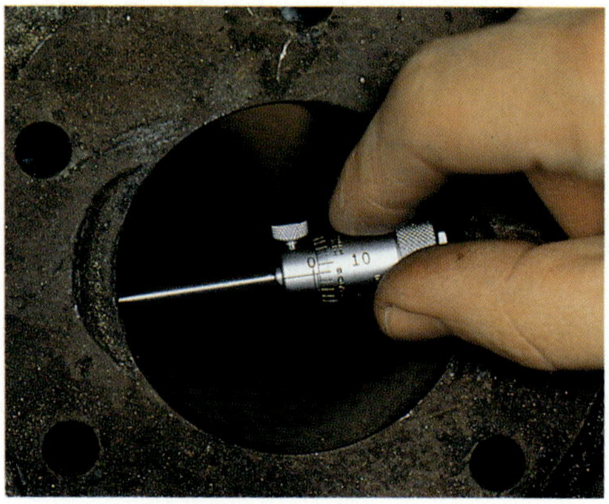

Zum Messen sehr kleiner Längen verwendet man eine so genannte Mikrometerschraube. Damit kann man z. B. den Durchmesser eines Haares messen.

Auch sehr kleine und sehr große Größen kann man messen. Dazu wählt man geeignete Einheiten.
Eine Spinnwebe ist sicherlich viel dünner als 1 mm.
Die nächstkleinere Einheit nach 1 mm ist 1 µm (sprich: Mikrometer). Es ist 1 mm = 1 000 µm.
Eine Spinnwebe ist ca. 10 µm dick.

Haarfarbe	**Anzahl der Kopfhaare**
blond	ca. 150 000
braun	ca. 110 000
schwarz	ca. 100 000
rot	ca. 90 000

Welche „Last" hat man eigentlich an den Haaren auf dem Kopf zu tragen?
Was meinst du, ist es mehr oder weniger als 1 kg?

Wenn du dir die Haare schneiden lässt, so merkst du vielleicht erst nach ein bis zwei Wochen, dass sie wieder nachgewachsen sind.
Dabei wachsen die Haare natürlich jeden Tag, allerdings nur um ein winziges Stückchen.
Die Finger- und Fußnägel wachsen noch deutlich langsamer. Sie brauchen etwa viermal so viel Zeit, um so lang wie die Haare zu wachsen.

mikros *(griech.): klein*

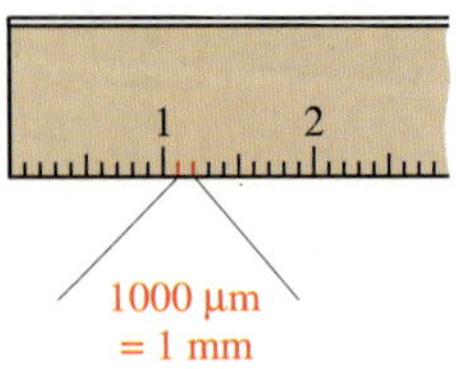

1
In wie viel Teile muss man 1 mm unterteilen, um die Dicke einer Spinnwebe zu bekommen?

2
Ein Menschenhaar hat einen Durchmesser von etwa 70 µm.
In der Tabelle ist angegeben, wie viele Kopfhaare Menschen je nach ihrer Haarfarbe haben. Welche Strecke würde man jeweils erreichen, wenn man alle Haare nebeneinander legt?

3
Ein langes Kopfhaar wiegt ca. 1 mg.
Wie viel wiegen bei einem langhaarigen Menschen die Haare insgesamt?

4
a) Die Kopfhaare bei Menschen wachsen pro Tag ungefähr 300 µm. Um wie viel ist ein Haar nach 30 Tagen, um wie viel nach 100 Tagen gewachsen?
b) Die Fingernägel wachsen pro Tag ca. 80 µm. Wie lange dauert es, bis ein Nagel um 4 mm gewachsen ist?

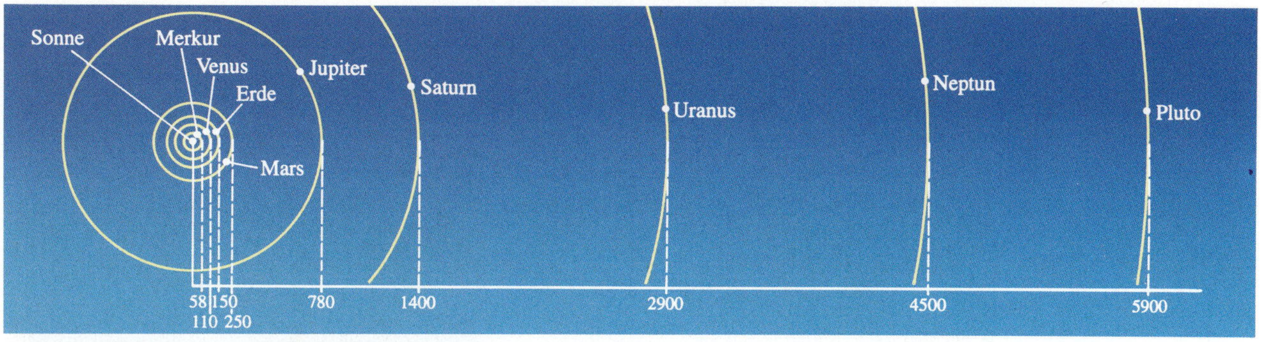

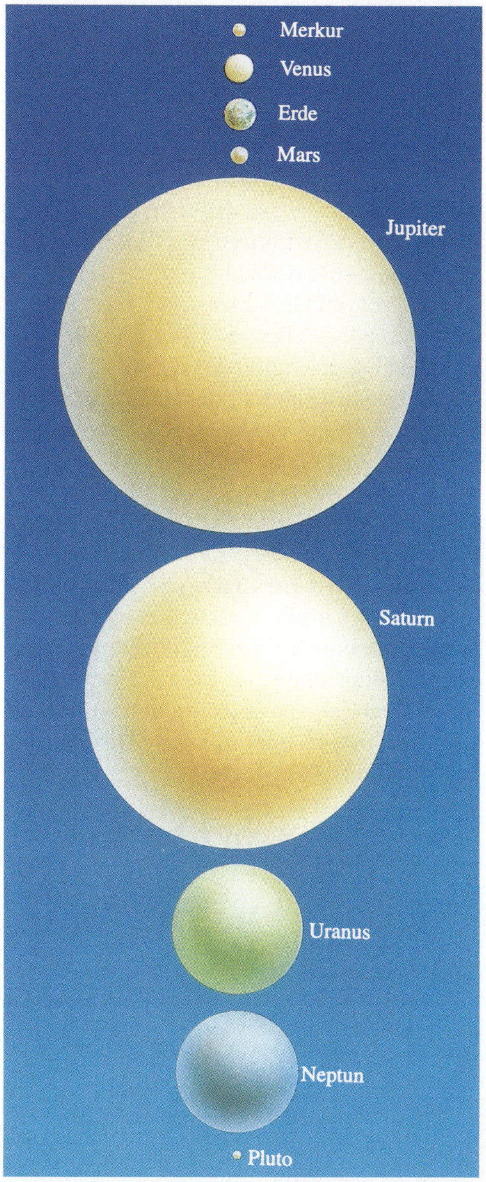

Riesengroßen Entfernungen begegnen wir im Weltall. Die Abbildung zeigt die neun Himmelskörper, die der Sonne am nächsten sind und um die Sonne kreisen. Sie heißen Planeten. Auch unsere Erde gehört zu ihnen.

Der sonnennächste Planet (Merkur) ist rund 60 Millionen km von der Sonne entfernt. Beim sonnenfernsten Planeten (Pluto) beträgt diese Entfernung rund 6 Milliarden km.
Diese riesigen Entfernungen sind aber noch nicht die größten, die man im Weltall kennt. Wenn du nachts den wolkenlosen Himmel betrachtest, dann siehst du unzählige Sterne. Du kannst auch einzelne Sternbilder (z. B. den „großen Wagen") erkennen. Diese Sterne, die so genannten Fixsterne, sind Sonnen wie unsere Sonne. Sie sind aber sehr viel weiter entfernt.
Bis zum nächsten Fixstern sind es 40 000 000 000 000 km.
Er ist fast 7 000-mal so weit entfernt wie der Planet Pluto.
Solch riesige Entfernungen gibt man in „Lichtjahren" (Lj) an.
1 Lichtjahr ist die Strecke, die das Licht in einem Jahr zurücklegt; es ist etwa 1 Lj = 10 Billionen km.
Der nächste Fixstern ist also etwa 4 Lj von uns entfernt.

5
Entnimm der Abbildung die Namen der neun Planeten und notiere sie in der Reihenfolge ihrer Entfernung von der Sonne. Füge jeweils die Entfernung in km hinzu.

6
Um eine Vorstellung von den Größenverhältnissen im Weltall zu bekommen, denken wir uns alles so verkleinert, dass der Entfernung 1 Million km 1 cm entspricht. Wie groß sind die Entfernungen von der Sonne zum Planeten Pluto und zum nächsten Fixstern bei dieser Verkleinerung? Wie groß ist dann 1 Lj?

7
Mit modernen Fernrohren (Teleskopen) kann man rund 5 Milliarden Lj weit in den Weltraum blicken. Wie groß ist diese Entfernung bei der Verkleinerung aus Aufgabe 6? Vergleiche mit der Entfernung von der Sonne zum Planeten Pluto.

Mathematische Exkursionen

Auch eine Zeitdauer kann so riesig sein, dass wir uns von ihr nur schwer eine Vorstellung machen können. Im Alltag haben wir den Eindruck, dass schon ein Jahr lange dauert. Dabei ist ein Jahr nur ein Augenblick im Vergleich zum Alter der Erde.

Erdgeschichte	
Entstehung der Erde	vor 4 500 000 000 Jahren
Erste Lebensformen	vor 3 500 000 000 Jahren
Erste Pflanzen und Tiere	vor 600 000 000 Jahren
Erste Lebewesen auf dem Land	vor 400 000 000 Jahren
Dinosaurier	vor 220 000 000 Jahren
Urmensch	vor 5 000 000 Jahren

Wenn wir uns das Alter der Erde so „verkleinert" denken, dass ihm die Zeitdauer 1 h entspricht, dann sieht die Tabelle so aus:

Entstehung der Erde	vor 60 Minuten
Erste Lebensformen	vor 47 Minuten
Erste Pflanzen und Tiere	vor 8 Minuten
Erste Lebewesen auf dem Land	vor 5 Minuten
Dinosaurier	vor 3 Minuten
Urmensch	vor 4 Sekunden!

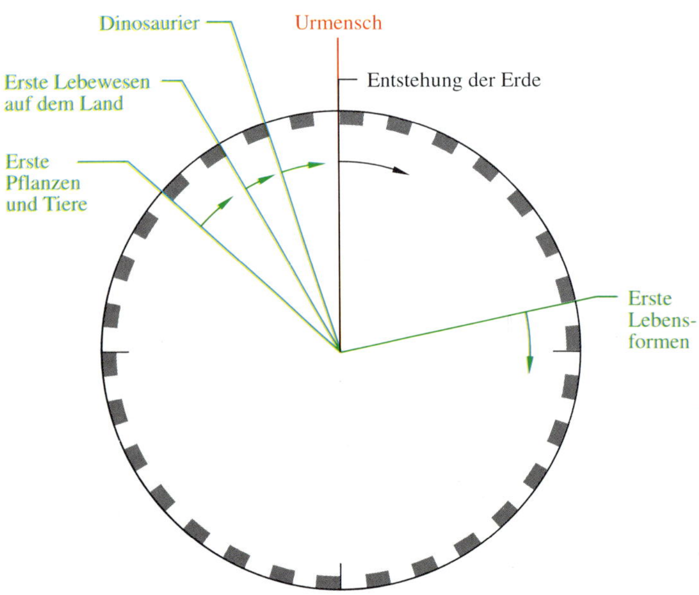

Die Darstellung zeigt, dass der Mensch sozusagen erst „im letzten Augenblick" der langen Erdgeschichte auftritt.

8

a) Wie lange hat es nach der Entstehung der Erde gedauert, bis die ersten Lebensformen (die ersten Pflanzen und Tiere; …; der Urmensch) auftraten?

b) Stelle dir einen Zahlenstrahl vor, auf dem 1 mm der Zeitdauer 1 Million Jahre entspricht. Der Beginn des Zahlenstrahls markiere den Zeitpunkt der Entstehung der Erde. Wie lang wäre die Strecke von der Entstehung der Erde bis heute (bis zum Auftreten des Urmenschen)?

9

Vor etwa 2 Millionen Jahren lernte der Urmensch, einfache Werkzeuge zu gebrauchen, und erst vor etwa 300 000 Jahren, mit Feuer umzugehen.
Veranschauliche diese Zeitpunkte auf einem Zahlenstrahl, der mit dem Auftreten des Urmenschen beginnt. Wähle 1 mm für 10 000 Jahre. Wie lang wäre auf diesem Zahlenstrahl die Strecke von der Entstehung der Erde bis heute?

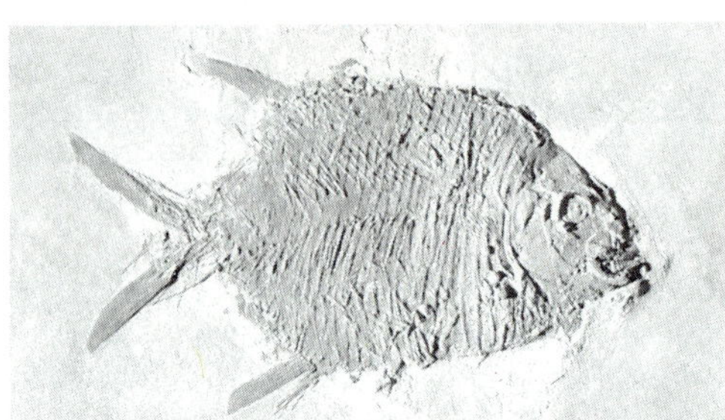

Messen
Wenn wir eine Größe messen, bestimmen wir, wie oft die Maßeinheit in der Größe enthalten ist.

*„Die Entfernung beträgt 7 km.“ Hier wurde als **Maßeinheit** 1 km gewählt; die **Maßzahl** bei dieser Einheit ist 7.*

Messen von Längen
Die Grundeinheit für Längen ist das Meter.
Das 10fache einer Einheit ergibt die nächstgrößere Einheit.

$1\,km \xleftarrow{\cdot 10} 1\,hm \xleftarrow{\cdot 10} 1\,dam \xleftarrow{\cdot 10} 1\,m$

$1\,m \xleftarrow{\cdot 10} 1\,dm \xleftarrow{\cdot 10} 1\,cm \xleftarrow{\cdot 10} 1\,mm$

$3\,km = 30\,hm = 300\,dam = 3\,000\,m$
$1\,234\,mm = 1\,m\ 2\,dm\ 3\,cm\ 4\,mm$

Messen von Gewichten
Die Grundeinheit für Gewichte ist das Gramm.
Das 1 000fache einer Einheit ergibt die nächstgrößere Einheit.

$1\,t \xleftarrow{\cdot 1\,000} 1\,kg \xleftarrow{\cdot 1\,000} 1\,g \xleftarrow{\cdot 1\,000} 1\,mg$

$5\,t = 5\,000\,kg = 5\,000\,000\,g$
$5\,005\,005\,005\,mg = 5\,t\ 5\,kg\ 5\,g\ 5\,mg$

Messen der Zeit
Die Grundeinheit bei der Zeitmessung ist die Sekunde.

$1\,d \xleftarrow{\cdot 24} 1\,h \xleftarrow{\cdot 60} 1\,min \xleftarrow{\cdot 60} 1\,s$

$2\,h\ 45\,min = 120\,min + 45\,min$
$= 165\,min$

Bei der Zeitmessung unterscheiden wir zwischen **Zeitpunkt** und **Zeitdauer**.

Zwischen den Zeitpunkten 7.55 Uhr und 8.10 Uhr liegt eine Zeitdauer von 15 min.

Bruchteile
Längen, Gewichte und Zeitdauern geben wir im Alltag oft auch in Bruchteilen einer Einheit an.

$\frac{1}{2}\,m = 50\,cm;\ 2\frac{1}{2}\,m = 250\,cm$
$\frac{1}{2}\,kg = 500\,g;\ \frac{1}{4}\,kg = 250\,g;\ \frac{3}{4}\,kg = 750\,g$
$\frac{1}{2}\,h = 30\,min;\ \frac{1}{4}\,h = 15\,min;\ \frac{3}{4}\,h = 45\,min$

1 Addieren

1
In Windischeschenbach in der Oberpfalz will man zur Untersuchung der Erdkruste so tief wie noch nie in die Erde bohren. Bisher ist man in eine Tiefe von 6200 m vorgedrungen. In den nächsten Jahren will man noch weitere 3800 m bohren. Welche Tiefe will man erreichen?

Wenn wir auf dem Zahlenstrahl von der Zahl 3 aus um 5 Schritte weitergehen, so sagen wir: Wir addieren zur Zahl 3 die Zahl 5.

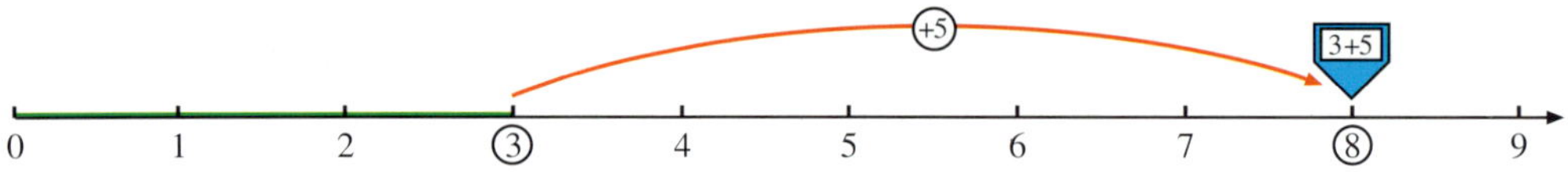

addere (lat.): hinzufügen

Addieren wir zur Zahl 3 die Zahl 5, so schreiben wir 3 + 5 für die Zahl, zu der wir gelangen. 3 + 5 bedeutet also dieselbe Zahl wie 8. Wir schreiben:

$3 + 5 = 8$ (lies: 3 plus 5 gleich 8).

3 + 5 heißt **Summe**. 3 heißt **1. Summand**, 5 heißt **2. Summand**.

Zum gleichen Ergebnis kommen wir, wenn wir umgekehrt zur Zahl 5 die Zahl 3 addieren; es ist (Fig. 1):

$3 + 5 = 5 + 3.$

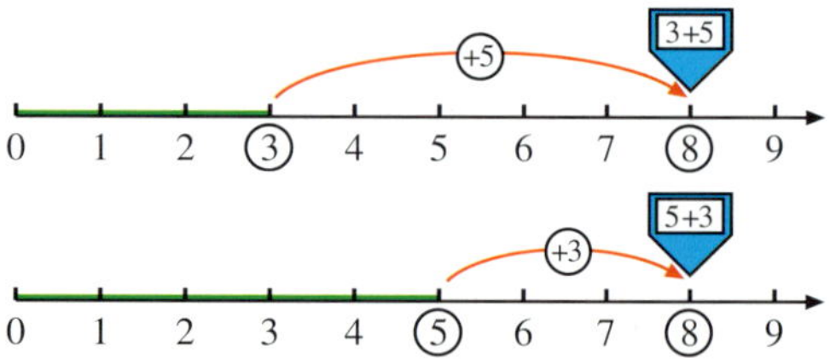

Fig. 1

kommutare (lat.): vertauschen

Die Summe dreier Zahlen, z. B. 3, 2, 4 kann man auf verschiedene Arten berechnen.

1. Möglichkeit: Wir addieren 3 und 2 zuerst. Dies drücken wir aus durch die Schreibweise: $(3 + 2) + 4$.
Die Klammer zeigt an, was zuerst berechnet werden soll.

2. Möglichkeit: Wir addieren 2 und 4 zuerst. Dann schreiben wir

$3 + (2 + 4).$

Fig. 2 zeigt: $(3 + 2) + 4 = 3 + (2 + 4)$.

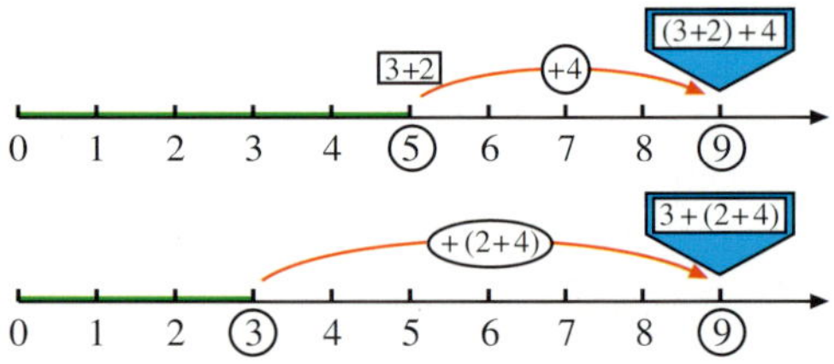

Fig. 2

associare (lat.): verbinden

Bei Summen darf man	
die Summanden vertauschen	(Kommutativgesetz der Addition; KG)
und Klammern umsetzen	(Assoziativgesetz der Addition; AG)

BAUM STAMM

Baumstamm

Stammbaum

RIESEN RAD FAHRER

Riesenrad-Fahrer

Riesen-Radfahrer

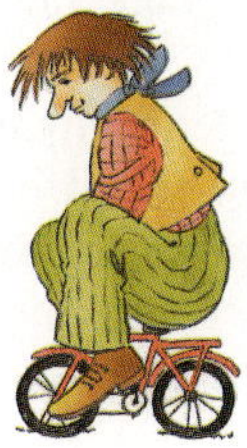

Wenn wir diese Regeln benutzen, können wir oft vorteilhafter rechnen.
Beachte: Bei mehrgliedrigen Summen lassen wir die Klammern oft weg, da es auf die Reihenfolge der Berechnung nicht ankommt.

Beispiel 1: (Rechenvorteile)

a) Wir rechnen, wie es die Klammer vorschreibt.

27 + (20 + 15)
= 27 + 35
= 62

b) Wir rechnen geschickter mit dem Assoziativgesetz.

28 + (12 + 34)
= (28 + 12) + 34
= 40 + 34
= 74

c) Bei diesen Summen wenden wir vorteilhaft das AG und das KG an.

19 + (27 + 21)
= 19 + (21 + 27) KG
= (19 + 21) + 27 AG
= 40 + 27
= 67

16 + 28 + 12 + 14
= 16 + 14 + 28 + 12
= (16 + 14) + (28 + 12)
= 30 + 40
= 70

Beispiel 2: (Aufgabe in Wortform)

Bei der Aufgabe „Addiere zu 15 die Summe der Zahlen 11 und 8" schreiben wir zuerst einen Rechenausdruck auf und berechnen ihn dann.

15 + (11 + 8)
= 15 + 19
= 34

2

a) 25 + 15 b) 22 + 13
c) 20 + 45 d) 18 + 42
e) 77 + 23 f) 27 + 25
g) 24 + 66 h) 96 + 22

3

a) 6 kg + 32 kg b) 27 cm + 23 cm
c) 25 t + 76 t d) 206 m + 64 m
e) 98 km + 103 km f) 19 Pf + 48 Pf
g) 22 DM + 73 DM h) 63 DM + 114 DM

4

a) 23 + (11 + 9) b) (16 + 34) + 15
c) (18 + 22) + 26 d) 41 + (30 + 70)
e) 29 + (29 + 31) f) (55 + 25) + 8
g) 40 + (17 + 18) h) 36 + (9 + 16)

5

Setze geschickt eine Klammer, um zu zeigen, was du zuerst berechnest.

a) 15 + 25 + 13 b) 31 + 12 + 18
c) 34 + 13 + 27 d) 72 + 18 + 20
e) 11 + 14 + 25 f) 34 + 24 + 16
g) 19 + 9 + 101 h) 117 + 13 + 13

6

Vertausche zuerst zwei Summanden.

a) 15 + 12 + 15 b) 29 + 8 + 11
c) 47 + 21 + 23 d) 47 + 15 + 8
e) 13 + 45 + 7 + 5 f) 22 + 59 + 8 + 1
g) 95 + 100 + 5 + 100
h) 860 + 25 + 140 + 75

7

Berechne möglichst geschickt.

a) 22 + 47 + 38 + 13 +10
b) 21 + 35 + 20 + 19 + 15
c) 33 + 46 + 7 + 18 + 4 + 22
d) 91 + 54 + 20 + 80 + 9 + 46
e) 20 + 70 + 40 + 100 + 80 + 60 + 30
f) 75 + 80 + 125 + 200 + 50 + 20 + 50

8

Hier rechnest du vorteilhafter, wenn du zuerst Klammern umsetzt.

a) 11 + (9 + 14) + 26
b) 33 + (17 + 50) + 24
c) (16 + 22) + 78 + 16
d) (17 + 19) + (33 + 11)
e) (44 + 35) + (16 + 20) + 15

Rechenausdrücke

9
Stelle zuerst einen Rechenausdruck auf.
a) Addiere zu 31 die Summe der Zahlen 14 und 29.
b) Addiere zur Summe der Zahlen 19 und 25 die Zahl 25.
c) Addiere zur Summe der Zahlen 40 und 25 die Summe der Zahlen 19 und 31.
d) Addiere zur Summe der Zahlen 17, 18, 19 die Summe der Zahlen 21, 22, 23.

10
a) Schreibe 132 auf drei verschiedene Arten als Summe von fünf Summanden.
b) Schreibe 132 als Summe von fünf geraden Summanden.
c) Kann man 132 auch als Summe von fünf ungeraden Summanden schreiben?

11
a) Addiere zur kleinsten vierstelligen Zahl die größte dreistellige Zahl.
b) Addiere zur kleinsten dreistelligen Zahl die größte vierstellige Zahl.
c) Addiere zur Summe der kleinsten und der größten dreistelligen Zahl die kleinste vierstellige Zahl.

12
a) Wie ändert sich die Summe zweier Zahlen, wenn man jeden Summanden um 23 vergrößert?
b) Wie ändert sich die Summe zweier Zahlen, wenn man den ersten Summanden um 17 und den zweiten Summanden um 27 vergrößert?

Aus dem Alltag

13
Die obere Aussichtsplattform des Stuttgarter Fernsehturms befindet sich in 152 m Höhe. Von dort bis zur Spitze des Sendemastes sind es noch einmal 65 m.
a) In welcher Höhe befindet sich die Spitze des Sendemastes?
b) Wie hoch ist der Turm, wenn man das 15 m dicke Fundament dazurechnet?

14

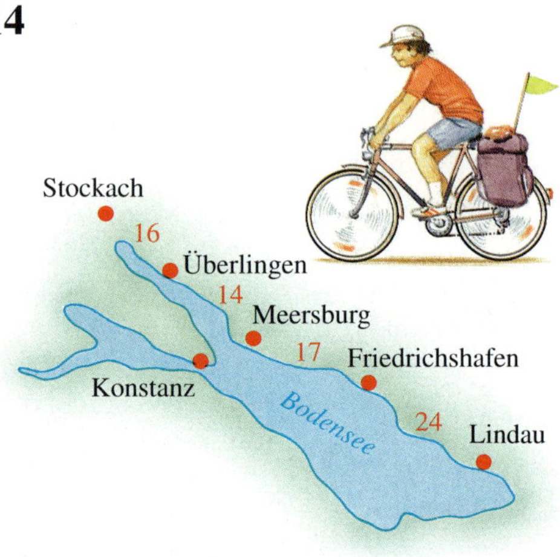

Fast am gesamten Ufer des Bodensees gibt es Fahrradwege. Die Zahlen geben die Entfernungen in km zwischen den roten Markierungen an.
a) Wie weit ist es von Stockach nach Friedrichshafen?
b) Eine Klasse aus Lindau möchte am Schulausflug mit dem Fahrrad nach Überlingen fahren. Welche Strecke legt die Klasse mit dem Fahrrad zurück, wenn sie mit dem Schiff zurückfährt?

15
Der Filmsaal einer Schule hat 100 Sitzplätze. Für die 5. und 6. Klassen soll ein Film vorgeführt werden.

Klasse	5a	5b	5c	6a	6b	6c
Schüler	32	35	39	30	33	31

Wie kann man die Klassen so auf zwei Vorführungen verteilen, dass alle Schüler den Film sehen können?

16

Eine Turmuhr schlägt die vollen Stunden mit einem, zwei, ..., zwölf Schlägen.
a) Wie oft schlägt sie im Laufe eines Tages?
b) Wie oft schlägt sie, wenn sie zusätzlich die halben Stunden mit zwei Schlägen anzeigt?

2 Schriftliches Addieren

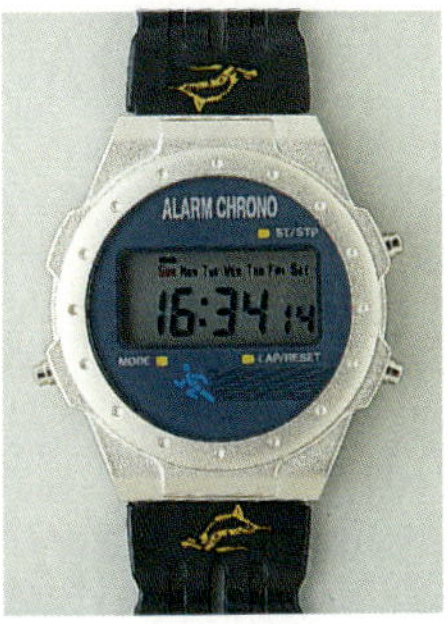

1
Uwes Armbanduhr zeigt 16 : 34 Uhr an. Wie lange dauert es, bis statt der 4 eine 9 (eine 0) erscheint? Bleiben dabei die anderen Ziffern unverändert?

2
Julia wünscht sich ein Paar neue Ski. Am besten gefallen ihr die Modelle „Alpin“ und „Junior“.
a) Stimmen die Komplettpreise im Schaufenster?
b) Warum steht beim Preis für das Modell „Junior“ als Zehnerziffer eine 9 und keine 8?

Beim schriftlichen Addieren schreibt man die Summanden mit den entsprechenden Stellen untereinander. Dann bestimmt man die einzelnen Ziffern der Summe von rechts nach links. Der Übertrag kommt auf die nächste Stelle.

```
   247
 + 382
   1
   629
```

sprich	schreibe	übertrage auf die nächste Stelle
2 plus 7 gleich 9	9	
8 plus 4 gleich 12	2	1
4 plus 2 gleich 6	6	

Wir Kleinen sind auch wichtig!

Beispiel 1:

a)
```
   600770
 + 107009

   707779
```

b)
```
   2327
 +  391
    1
   2718
```

c)
```
   7229
 + 8711
  1  1
  15940
```

Beispiel 2: (Überträge größer als 1)

a)
```
      4807
 + 100700
 +     904
       2 1
   106411
```

b)
```
    63414
 +   1840
 + 712991
 + 701888
  1  1321
  1480133
```

```
  4 t 7 4 k g
+ 1 t 6 1 k g
  1
  6 t 3 5 k g
```
falsch
Denkfehler!
Warum?

Beispiel 3: (Addition von Größen)
Berechne 4 t 74 kg + 1 t 61 kg.
Wir rechnen in die kleinere Einheit um und addieren.

```
   4074 kg
 + 1061 kg
     1
   5135 kg  = 5 t  135 kg
```

Addieren ohne Übertrag

3
Übertrage in dein Heft und berechne.

a)	b)	c)
245	409	711
+ 122	+ 520	+ 68

d)	e)	f)
2 724	31 006	90 407
+ 215	+ 60 060	+ 9 562

g)	h)	i)
2 141	224	100 335
+ 307	+ 77 100	+ 28 030
+ 7 211	+ 1 533	+ 101 011

Addieren mit Übertrag

4
Übertrage in dein Heft und berechne.

a)	b)	c)
2 056	7 489	37 563
+ 6 883	+ 55 072	+ 80 040

d)	e)	f)
9 846	60 521	460 007
+ 100 154	+ 605 210	+ 730 008

5

a)	b)	c)
683	7 789	7
+ 6 709	+ 9 678	+ 60 140
+ 2 011	+ 2 533	+ 39 903

d)	e)	f)
34 692	92 033	100 001
+ 208 905	+ 167	+ 99 999
+ 87	+ 6 902	+ 7
+ 57 922	+ 8	+ 3 200 573

6

a)	b)
300 561 000	500 500 500
+ 200 578	+ 7 740
+ 69 688 000	+ 80 099 900
+ 780	+ 1 000 000 623
+ 550 889 532	+ 90 417 870

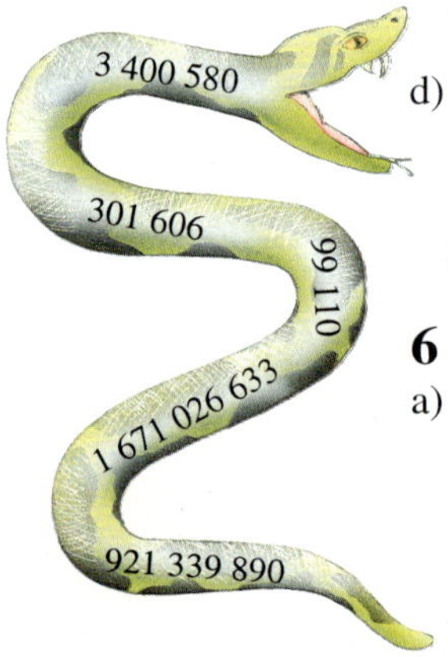

Die Lösungsschlange hat die Lösungen der Aufgaben 5 d, 5 e, 5 f, 6 a und 6 b verschluckt.

7
Schreibe untereinander und berechne.

a) 3 456 + 183 + 4 044 + 30 167
b) 89 + 178 403 + 600 320 + 4 855
c) 77 848 + 2 056 101 + 5 280 000
d) 44 999 + 999 999 + 9 100 100 + 5 005
e) 909 + 9 009 + 90 009 + 900 009
f) 1 001 + 1 111 + 9 999 + 800 112

8

a) 345 + 766 + 200 + 115 + 859 + 354
b) 67 + 534 + 78 + 99 + 800 + 58 + 17
c) 7 + 374 + 45 + 9 + 911 + 8 + 77
d) 89 + 1 678 + 26 + 40 202 + 5 + 34

9
Welche Summe ist größer?

123 456 789	1
+ 123 456 780	+ 21
+ 123 456 700	+ 321
+ 123 456 000	+ 4 321
+ 123 450 000	+ 54 321
+ 123 400 000	+ 654 321
+ 123 000 000	+ 7 654 321
+ 120 000 000	+ 87 654 321
+ 100 000 000	+ 987 654 321

10
Addiere im Fünfersystem.

a)	b)	c)
$(20)_5$	$(103)_5$	$(443)_5$
$+ (23)_5$	$+ (333)_5$	$+ (202)_5$

11
Addiere im Zweiersystem.

a)	b)	c)
$(10)_2$	$(100)_2$	$(1011)_2$
$+ (11)_2$	$+ (110)_2$	$+ (1101)_2$

Addieren von Größen

12

a) 83 kg + 172 kg + 88 kg
b) 4 066 DM + 1 290 DM + 32 811 DM
c) 463 km + 1 056 km + 79 km + 80 km
d) 13 980 t + 3 007 t + 503 t + 1 000 t

13
Rechne erst in die kleinere Einheit um.

a) 3 kg + 400 g + 7 kg + 650 g
b) 35 Pf + 4 DM + 81 DM + 82 Pf
c) 4 m + 56 cm + 3 dm + 400 mm
d) 50 min + 12 min + 2 h + 1 h
e) 34 s + 3 min + 80 s + 2 min

14

a) 12 kg 400 g + 5 kg 825 g
b) 45 DM 56 Pf + 566 DM + 7 DM 98 Pf
c) 3 km 620 m + 2 km 56 m + 5 km 5 m
d) 2 h 30 min + 1 h 45 min + 90 min
e) 4 mm + 3 cm 3 mm + 1 dm 6 mm + 3 cm

Essig	2,89
Spargel	3,99
Landmilch	1,59
Pfand	0,30
Landmilch	1,59
Pfand	0,30
Clementinen	6,06
Chiquita	0,80
Kl.Suppe	2,59
Rotweincreme	2,59
Lederspray	5,19
Bitter Lemon	0,99
Eier kl.	12,59
Frisch-Fisch	9,68
Zucker	1,89

15
Addiere die Beträge auf dem Kassenzettel.

16
Ordne die Ergebnisse jeder Teilaufgabe nach der Größe.
a) 2045 DM + 874 DM;
1607 DM + 855 DM; 1290 DM + 1920 DM
b) 466 kg + 1370 kg + 796 kg;
1004 kg + 56 kg + 699 kg + 280 kg
c) 465 DM + 56 DM 80 Pf + 450 DM 8 Pf;
67 DM 77 Pf + 200 DM 1 Pf + 999 DM
d) 2 h 20 min + 1 h 15 min + 3 h;
1 h 5 min + 45 min + 4 h 30 min

Aufgaben in Wortform

17
Addiere die Zahlen.
a) siebenhundertsechs, dreiundachtzig, eintausendeinhundertundeins.
b) viertausendundsechzig, zwei Millionen einhunderttausendvierundsiebzig, achthundertachtunddreißigtausendfünfhundertfünf
c) sechshundertdrei, sechs Millionen eintausendneunundachtzig, dreihundertsiebenundzwanzigtausendneunhundertdreiundachtzig.

18
In der Bibel ist im Buch Nehemia 7 das Ergebnis einer Volkszählung beschrieben. Von wie viel „Kindern“ ist insgesamt die Rede?

8 *Der Kinder Pareos waren zweitausendhundertzweiundsiebzig.*
9 *Der Kinder Sephathja dreihundertundzweiundsiebzig.*
10 *Der Kinder Arah sechshundertundzweiundfünfzig.*
11 *Der Kinder Pahath-Moab von den Kindern Jesua und Joab zweitausendachthundertundachtzehn.*
12 *Der Kinder Elam tausendzweihundertundvierundfünfzig.*
13 *Der Kinder Satthu achthundertundfünfundvierzig.*
14 *Der Kinder Sakkai siebenhundertundsechzig.*
15 *Der Kinder Binnui sechshundertundachtundvierzig.*
16 *Der Kinder Bebai sechshundertundachtundzwanzig.*
17 *Der Kinder Asgad zweitausenddreihundertundzweiundzwanzig.*
18 *Der Kinder Adonikam waren sechshundertundsiebenundsechzig.*
19 *Der Kinder Bigevai zweitausendundsiebenundsechzig.*
20 *Der Kinder Adin sechshundertundfünfundfünzig …*

19
a) Addiere alle Zahlen von 1 bis 100, die als Einerziffer eine 7 haben.
b) Addiere alle Zahlen von 1 bis 100, die mindestens einmal die Ziffer 7 enthalten.
c) Addiere alle Zahlen von 1 bis 100, bei denen die Ziffer 7 genau einmal auftritt.

20
a) Addiere alle vierstelligen Zahlen, die zweimal die Ziffer 8 und zweimal die Ziffer 1 enthalten.
b) Addiere alle vierstelligen Zahlen, die nur die Ziffern 1 und 8 enthalten.
c) Addiere alle vierstelligen Zahlen, die keine der Ziffern 0, 2, 3, 4, 5, 6, 7, 9 enthalten.

Aus dem Alltag

21
Familie Neu kauft sich ein neues Auto zum Grundpreis von 27 298 DM. Für die Sonderausstattung zahlt sie folgende Aufpreise:
ein Satz Winterreifen zu 845,60 DM;
eine Leselampe zu 17,69 DM;
ein Kassettenradio zu 421,88 DM;
einen Skihalter zu 326,50 DM;
eine Anhängerkupplung zu 947,00 DM.
Wie viel kostet das neue Auto?

22
Wenn eine Banane erzählen könnte …

Ich bin weit gereist:
Von der Plantage bis zum Lager im Hafen 123 km.
Mit dem Schiff von Südamerika nach Hamburg 12 968 km.
Von Hamburg zum Großhändler in Essen 507 km.
Vom Großhändler zum Supermarkt 172 km.
Vom Supermarkt zu dir nach Hause 3 km.
Und nun isst du mich auf …

Wie weit ist die Banane insgesamt gereist?

23

Auf der Karte sind die Einwohnerzahlen der Bundesländer angegeben.

a) Wie viele Einwohner hat Deutschland?
b) Gibt es acht Bundesländer, die zusammen weniger Einwohner haben als das bevölkerungsreichste Bundesland?

24

Die Tabelle gibt die Längen der kürzesten Autobahnverbindungen zwischen den Städten in km an. Zum Beispiel ist die kürzeste Autobahnstrecke zwischen Stuttgart und Hamburg 668 km lang.

Autobahn-entfernungen in km	Stuttgart	Frankfurt/M.	Dortmund	Hamburg	Hannover	Kassel
Stuttgart		217	451	668	526	366
Frankfurt/Main	217		264	495	352	193
Dortmund	451	264		343	208	165
Hamburg	668	495	343		154	307
Hannover	526	352	208	154		164
Kassel	366	193	165	307	164	

Familie Hoch aus Stuttgart will in den Ferien nacheinander folgende Städte besuchen: Frankfurt/Main – Dortmund – Kassel – Hannover – Hamburg. Wie viel Kilometer legt sie auf der Autobahn zurück?

25

Firma Maier beliefert drei Baustellen mit Sand. Die Tabelle zeigt die Liefermengen für eine Woche.

	Baustelle 1	Baustelle 2	Baustelle 3
Montag	12 t 800 kg	23 t	8 t 450 kg
Dienstag	4 t 280 kg		14 t 120 kg
Mittwoch	17 t	11 t 770 kg	
Donnerstag		5 t 470 kg	8 t 700 kg
Freitag	6 t 600 kg	8 t 620 kg	12 t

a) Welche Mengen erhielten die einzelnen Baustellen während der Woche?
b) Welche Mengen musste die Firma an den einzelnen Wochentagen ausliefern?
c) Wie viel Sand lieferte die Firma insgesamt aus?

26

In dem folgenden Bild sind die wichtigsten Handelspartner Deutschlands aufgeführt. Die Zahlen geben den Wert der Lieferungen in Millionen DM an.

Einfuhr von	**Ausfuhr nach**
Frankreich 78 900	Frankreich 87 500
Niederlande 62 700	Italien 61 300
Italien 60 000	Niederlande 56 100
Belgien/Lux. 45 900	Großbritannien 50 800
USA 43 000	Belgien/Lux. 48 600
Großbritannien 42 700	USA 41 700

a) Berechne den Wert der Gesamtausfuhren in die aufgeführten Länder.
b) Berechne den Wert der Gesamteinfuhren aus den aufgeführten Ländern.
c) Die wirtschaftliche Bedeutung eines Handelspartners wird an der Summe von Einfuhr und Ausfuhr gemessen. Stelle eine Rangfolge der Länder auf.

3 Subtrahieren

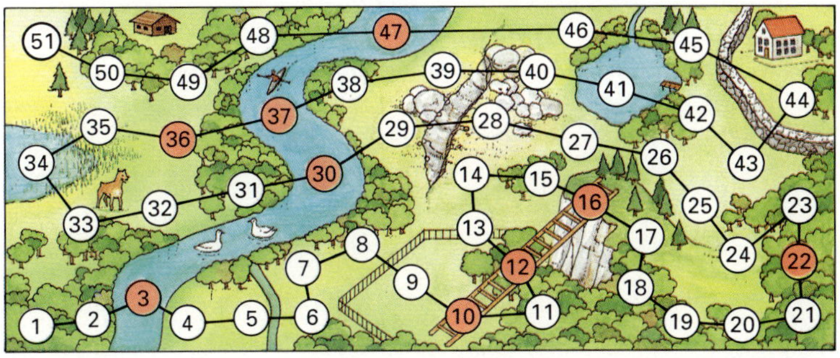

1
Beim Würfelspiel „Hindernislauf" gewinnt, wer zuerst auf Feld 51 ankommt. Allerdings muss man auf bestimmten Feldern Überraschungskärtchen ziehen.
a) Tinas Spielstein liegt auf Feld 47. Auf dem Kärtchen steht: Gehe 8 Felder zurück. Auf welchem Feld liegt ihr Stein jetzt?
b) Evas Stein liegt auf Feld 39. Wie viele Schritte fehlen ihr noch bis 51?

Wenn wir auf dem Zahlenstrahl von der Zahl 8 aus um 5 Schritte zurückgehen, so sagen wir: Wir subtrahieren von der Zahl 8 die Zahl 5.

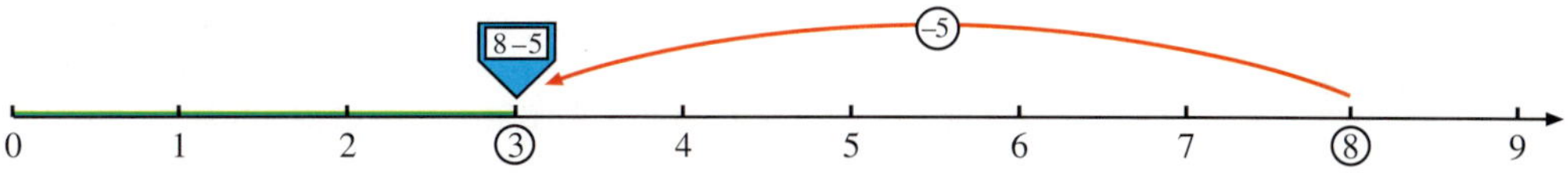

***subtrahere** (lat.):*
entfernen

***differentia** (lat.):*
Unterschied

Subtrahieren wir von der Zahl 8 die Zahl 5, so schreiben wir 8 – 5 für die Zahl, zu der wir dabei gelangen. 8 – 5 bedeutet also dieselbe Zahl wie 3.
8 – 5 = 3 (lies: 8 minus 5 gleich 3)
8 – 5 heißt **Differenz**, 8 heißt **Minuend**, 5 heißt **Subtrahend**.

In der Praxis tritt die Subtraktion in zwei verschiedenen Formen auf.
1. Möglichkeit: Man kennt eine Summe und ihren zweiten Summanden und berechnet durch Subtrahieren den ersten Summanden.
2. Möglichkeit: Man kennt eine Summe und ihren ersten Summanden und berechnet durch Subtrahieren den zweiten Summanden.

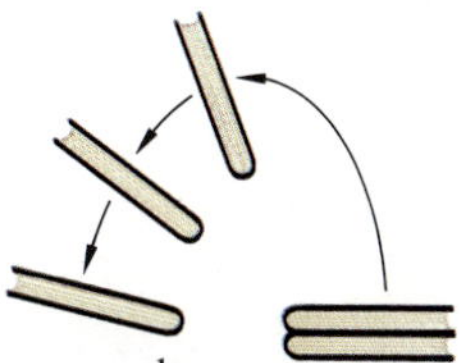
wegnehmen

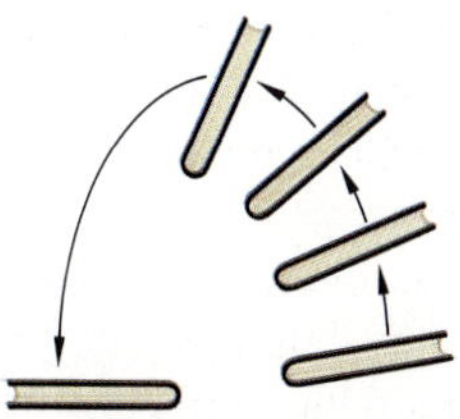
ergänzen

Beispiele:
a) Anna bezahlt ein Brot mit einem 10-DM-Schein. Sie erhält 5,60 DM zurück. Wie viel kostet das Brot?
? + 5,60 DM = 10 DM (Fig. 1)
Wir rechnen:
10 DM – 5,60 DM = 4,40 DM
Das Brot kostet 4,40 DM.
b) Jan wünscht sich ein Buch für 16,80 DM. Er hat bereits 12,50 DM gespart. Wie viel Geld fehlt ihm noch?
12,50 DM + ? = 16,80 DM (Fig. 2)
Wir rechnen:
16,80 DM – 12,50 DM = 4,30 DM.
Jan fehlen noch 4,30 DM.

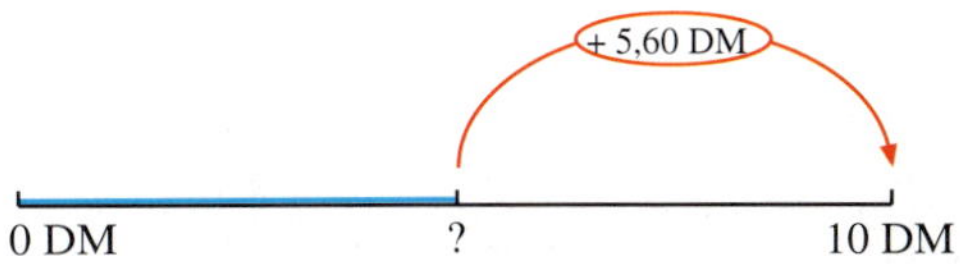

Fig. 1

Fig. 2

Beachte: a) Die Differenz 8 – 3 bedeutet 5. Dagegen bedeutet 3 – 8 keine natürliche Zahl.
b) Da Klammern zuerst berechnet werden, ist (8 – 5) – 2 = 3 – 2 = 1.
Dagegen ist 8 – (5 – 2) = 8 – 3 = 5.

> Bei Differenzen ist das Vertauschen von Minuend und Subtrahend sowie das Verändern der Klammersetzung nicht erlaubt.

Kopfrechenaufgaben

2

a) 36 – 15 b) 45 – 16
c) 42 – 25 d) 81 – 63
e) 99 – 28 f) 125 – 45
g) 112 – 42 h) 240 – 185

3

a) 240 – 120 b) 700 – 350
c) 1 000 – 600 d) 2 400 – 1 100
e) 6 600 – 2 600 f) 8 900 – 3 700
g) 8 800 – 5 900 h) 9 900 – 1 100

4

a) 68 – (67 – 66) b) 13 + (27 – 11)
c) 22 + (65 – 22) d) 79 – (8 + 62)
e) 86 – (36 + 36) f) 65 – (65 – 65)
g) 98 – (49 + 49) h) (104 – 82) – 21

5

Lies ab, um wie viel die einzelnen Familienmitglieder kleiner sind als der Vater. Wie groß sind sie jeweils?

6

Wie heißt die fehlende Zahl?

a) 48 – ◊ = 26 b) 55 – ◊ = 37
c) ◊ – 17 = 22 d) ◊ – 66 = 40
e) 104 – 77 = ◊ f) 220 – ◊ = 80
g) 300 – ◊ = 110 h) ◊ – 620 = 310

7

a) 18 + ◊ = 35 b) 67 + ◊ = 99
c) ◊ + 29 = 50 d) ◊ + 70 = 110
e) 45 + 35 = ◊ f) 80 + ◊ = 300
g) ◊ + 200 = 317 h) ◊ + 46 = 221

8

Übertrage in dein Heft und berechne die fehlenden Zahlen im Kopf.

a)

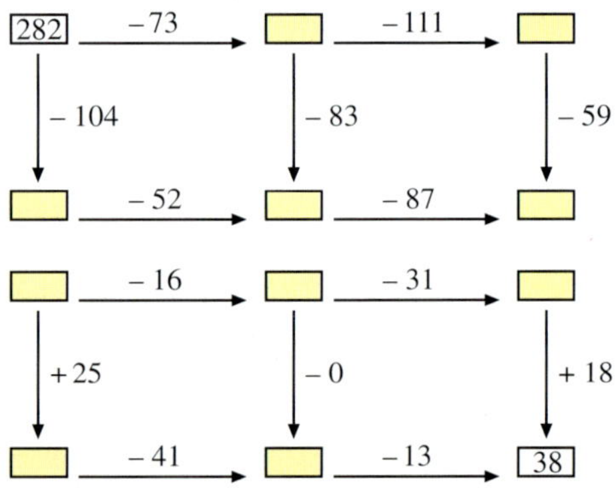

b)

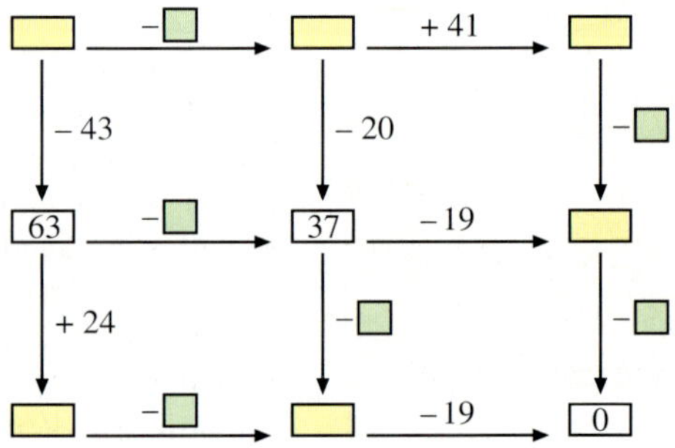

Aufgaben in Wortform

9

Schreibe zunächst einen Zahlenausdruck.

a) Vermindere 136 um 81.
b) Berechne die Differenz von 121 und 52.
c) Subtrahiere 96 von 134.
d) Ergänze 288 zu 312.
e) Wie viel fehlt von 47 bis 111?
f) Um wie viel ist 96 größer als 48?

10

a) Wie viel muss man zu 87 addieren, um 157 zu erhalten?
b) Zu welcher Zahl muss man 43 addieren, um zu 120 zu gelangen?
c) Welche Zahl muss man zu 72 addieren, um 110 zu erhalten?
d) Wie viel muss man von 67 subtrahieren, um 33 zu erhalten?
e) Wie viel muss man von 123 subtrahieren, um 81 zu erhalten?

11

Berechne zuerst die Differenz der Zahlen 75 und 54. Wie ändert sich jeweils diese Differenz,

a) wenn der Subtrahend um 5 vergrößert wird
b) wenn der Minuend um 5 verkleinert wird
c) wenn Minuend und Subtrahend jeweils um 20 vergrößert (jeweils um 20 verkleinert werden
d) wenn der Minuend um 10 vergrößert und der Subtrahend um 15 verkleinert wird?

Aus dem Alltag

12

1955 gab es in Baden-Württemberg noch 300 Weißstörche. Bis 1975 verringerte sich ihre Anzahl auf 30. Durch Schutzmaßnahmen konnte der Bestand bis 1989 wieder um 90 Störche aufgestockt werden.

a) Um wie viel ging die Anzahl der Weißstörche bis 1975 zurück?
b) Wie viele Weißstörche gab es 1989 wieder in Baden-Württemberg?

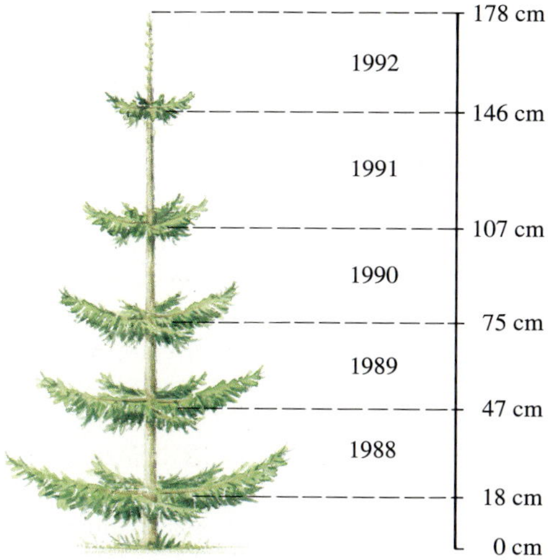

13

Bei Nadelbäumen kann man das jährliche Längenwachstum am Abstand der Astkränze erkennen.

a) Um wie viel ist der Baum in den einzelnen Jahren gewachsen?
b) Wie viel muss er noch wachsen, bis er eine Höhe von 3 m 20 cm erreicht hat?

14

Der höchste Berg im Schwarzwald ist der Feldberg mit 1 493 m. In den benachbarten Vogesen in Frankreich ist der höchste Berg der „Grand Ballon“. Er ist um 70 m niedriger als der Feldberg.
Wie hoch ist der „Grand Ballon“?

15

Julia kauft ein Brot für 3,80 DM und Wurst für 5,70 DM. Für drei zurückgegebene Pfandflaschen erhält sie einen Gutschein über 1,20 DM. Sie bezahlt mit einem 10-DM-Schein.
Wie viel bekommt sie heraus?

16

Georg zählt am Ende des Schullandheimaufenthaltes sein Taschengeld. Wenn er für die Heimfahrt noch eine Flasche Mineralwasser für 2 DM kauft, hat er noch 11,50 DM übrig.
Wie viel hat er bisher von den mitgenommenen 30 DM ausgegeben?

4 Schriftliches Subtrahieren

```
  5 2
- 1 7
-----
  3 5
```

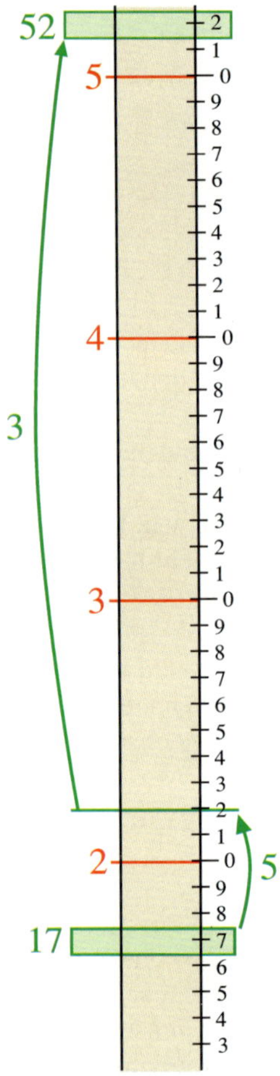

1
Die Rechnungen an der Tafel sind nach der Pause nur noch zum Teil lesbar. Wie müssen die verwischten Ziffern lauten?

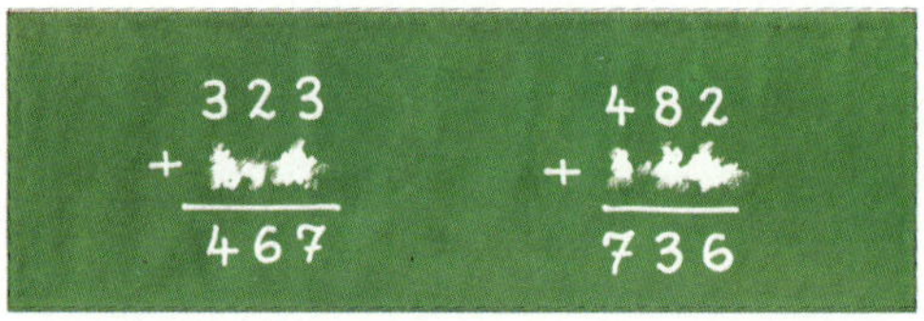

Wenn wir die Differenz 148 – 127 berechnen, suchen wir diejenige Zahl, die wir zu 127 addieren müssen, um 148 zu erhalten. Dazu ergänzen wir die einzelnen Ziffern. Wir müssen 1 Einer und 2 Zehner hinzufügen, zusammen also 21.

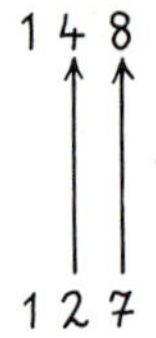

kurz:

```
  1 4 8
- 1 2 7
-------
    2 1
```

Bei der Berechnung der Differenz 155 – 127 gehen wir ähnlich vor. Um auf die Einerziffer 5 zu kommen, fügen wir zunächst 8 Einer hinzu. Dadurch erhöht sich die Zehnerziffer um 1. Jetzt müssen wir nur noch 2 Zehner hinzufügen.

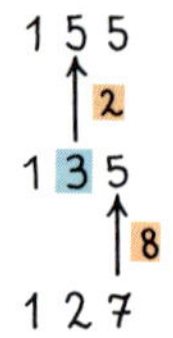

kurz:

```
  1 5 5
- 1 2 7
    1
-------
    2 8
```

```
  9 3 2
- 4 7 1
  1
-------
  4 6 1
```

Schriftliches Subtrahieren

sprich	schreibe	übertrage auf die nächste Stelle
1 plus 1 gleich 2	1	
7 plus 6 gleich 13	6	1
5 plus 4 gleich 9	4	

Beispiel 1:

```
a)   7 9 4      b)   6 2 5      c)   4 3 8 8      d)   4 0 2 1
   - 5 2 3         - 3 4 4         - 1 6 8 9         -   7 0 1
                     1               1 1 1             1
   -------         -------         ---------         ---------
     2 7 1           2 8 1           2 6 9 9           3 3 2 0
```

Beispiel 2: (Subtrahieren von Größen)
Berechne 2 kg 35 g – 1 kg 84 g.
Wir rechnen in die kleinere Einheit um und subtrahieren.
Ergebnis: 2 kg 35 g – 1 kg 84 g = 951 g.

```
  2 0 3 5 g
- 1 0 8 4 g
    1 1
-----------
  0 9 5 1 g
```

Beispiel 3: (Subtrahieren mit mehreren Subtrahenden)

```
  7 2 8 1
- 1 9 0 4
-   4 2 8
- 2 8 7 0
  2 1 2
---------
  2 0 7 9
```

	sprich	schreibe	übertrage auf die nächste Stelle
Einer:	0 + 8 + 4 = 12; 12 + 9 = 21;	9	2
Zehner:	2 + 7 + 2 + 0 = 11; 11 + 7 = 18;	7	1
Hunderter:	1 + 8 + 4 + 9 = 22; 22 + 0 = 22;	0	2
Tausender:	2 + 2 + 0 + 1 = 5; 5 + 2 = 7;	2	

Subtrahieren ohne Übertrag

2

Übertrage in dein Heft und berechne.

a) 856 – 425
b) 4 609 – 1 405
c) 6 781 – 3 760
d) 16 977 – 11 866
e) 26 056 – 6 055
f) 76 987 – 75 007
g) 308 417 – 100 211
h) 217 823 – 6 612
i) 708 602 – 100 600

3

a) 6 789 – 1 234 – 3 135
b) 8 567 – 110 – 3 231
c) 9 999 – 3 245 – 1 010
d) 789 687 – 3 021 – 60 105
e) 543 756 – 320 514 – 112 011
f) 987 962 – 410 010 – 304 531

4

Schreibe untereinander und berechne.

a) 879 – 157
b) 2 577 – 1 136
c) 55 689 – 12 682
d) 107 008 – 5 007
e) 24 699 – 68 – 3 411
f) 1 687 988 – 333 004 – 204 083

5

Welche Ziffern wurden ausgewischt?

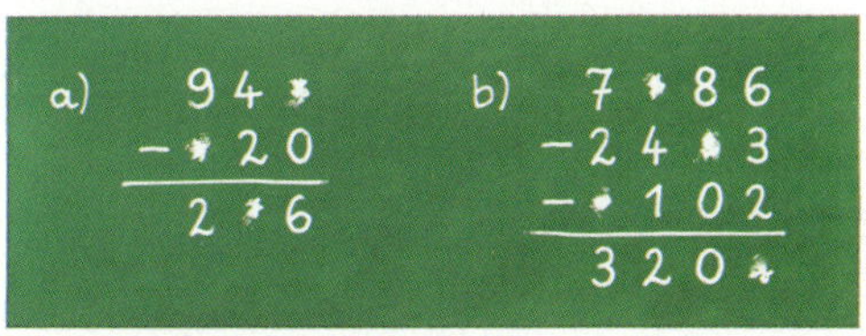

Subtrahieren mit Übertrag

Wie viel ist zwölftausend-zwölfhundertzwölf

minus

elftausendelfhundertelf?

6

Übertrage in dein Heft und berechne.

a) 438 – 176
b) 4 428 – 2 631
c) 7 712 – 3 606
d) 7 005 – 6 014
e) 10 677 – 9 777
f) 36 700 – 6 850
g) 330 167 – 41 163
h) 814 000 – 9 902
i) 209 901 – 119 010

7

a) 34 607 821 – 1 007 977
b) 20 386 433 – 10 389 424
c) 1 000 204 – 84 007
d) 311 284 366 – 120 794 031

8

a) 963 – 255 – 123
b) 809 – 17 – 633
c) 2 723 – 7 – 2 017
d) 24 321 – 8 613 – 11 904
e) 38 400 – 9 000 – 108
f) 104 307 – 33 208 – 7 314

9

a) 7 817 – 599 – 2 005 – 1 821 – 1 688
b) 93 288 – 12 060 – 78 – 56 566 – 21 505 – 1 111
c) 846 045 – 49 011 – 256 935 – 837 – 400 000 – 129 476 – 8 946

10

Schreibe untereinander und berechne.

a) 836 – 588
b) 4 792 – 3 023
c) 8 206 – 7 210
d) 23 855 – 11 688
e) 70 007 – 69 008
f) 99 635 – 57 605
g) 345 635 – 38 477
h) 100 047 – 57 008

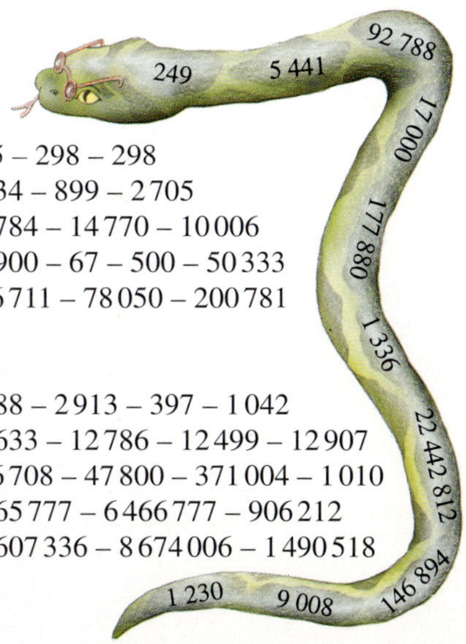

11

a) 845 – 298 – 298
b) 4 834 – 899 – 2 705
c) 33 784 – 14 770 – 10 006
d) 67 900 – 67 – 500 – 50 333
e) 456 711 – 78 050 – 200 781

12

a) 5 688 – 2 913 – 397 – 1 042
b) 43 633 – 12 786 – 12 499 – 12 907
c) 566 708 – 47 800 – 371 004 – 1 010
d) 7 465 777 – 6 466 777 – 906 212
e) 32 607 336 – 8 674 006 – 1 490 518

13
Übertrage in dein Heft und berechne die fehlenden Zahlen.

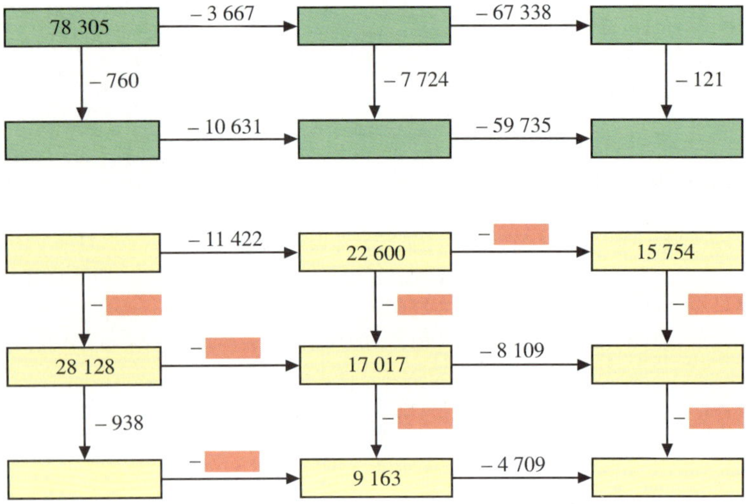

14
Wie heißt die fehlende Zahl?

a) 4788 – 2605 = □
b) 45972 – □ = 31760
c) □ – 78027 = 16202
d) 110589 – □ = 8334

15
a) 45800 + □ = 56455
b) □ + 17391 = 222006
c) □ + 145772 = 791330
d) 1540006 + □ = 2367990

16
Runde die folgenden Zahlen auf Zehntausender. Um wie viel unterscheidet sich der gerundete vom ursprünglichen Wert?

a) 123864; 456500; 34000; 149999; 544999; 195001; 5000; 4489; 400007
b) 3677666; 56548999; 56551211; 1000879; 1004689; 10050000

17
Ergänze die fehlenden Ziffern.

a)
```
  •843•
 -2•7•8
 ------
  20•28
```

b)
```
  12•43•
 -  •3747
 --------
  42••1
```

18
Im Zauberquadrat ergibt sich entlang einer roten Linie immer dieselbe Summe. Ergänze die fehlenden Zahlen.

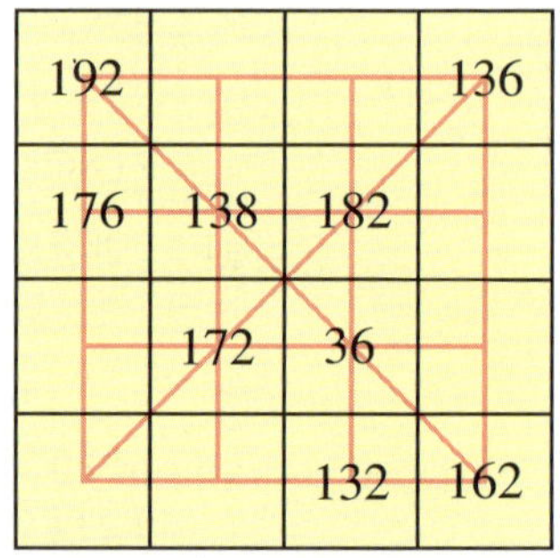

Subtrahieren von Größen

19
Übertrage in dein Heft und berechne.

a) 3561 DM – 1967 DM
b) 6058 kg – 5068 kg
c) 3880 m – 909 m
d) 45789 m – 36780 m
e) 11456 g – 867 g
f) 7055 km – 5139 km

20
Berechne.

a) 24688 DM – 19812 DM
b) 680000 DM – 267900 DM
c) 45890 kg – 29009 kg
d) 41316 km – 20658 km

21
a) 2 t 467 kg – 1 t 820 kg
b) 34 t 660 kg – 9 t 735 kg
c) 8 kg 446 g – 7 kg 489 g
d) 45 kg 008 g – 22 kg 504 g

22
a) 67 DM 60 Pf – 45 DM 45 Pf
b) 166 DM 89 Pf – 89 DM 90 Pf
c) 3700 DM – 2667 DM 99 Pf
d) 648480 DM – 500300 DM

23
a) 5780 m 8 dm – 4790 m
b) 12188 m – 11299 m 1 dm
c) 35 km 870 m – 30 km 780 m
d) 368 km 60 m – 78 km 41 m

24
a) 6745 DM – 2880 DM – 2076 DM
b) 6113 m – 592 m – 799 m – 107 m
c) 858 g – 301 g – 88 g – 7 g – 36 g
d) 2 t 560 kg – 822 kg – 1 t 34 kg
e) 5 km 407 m – 2 km 100 m – 1 km 8 m
f) 560 DM – 56 DM 56 Pf – 280 DM 7 Pf

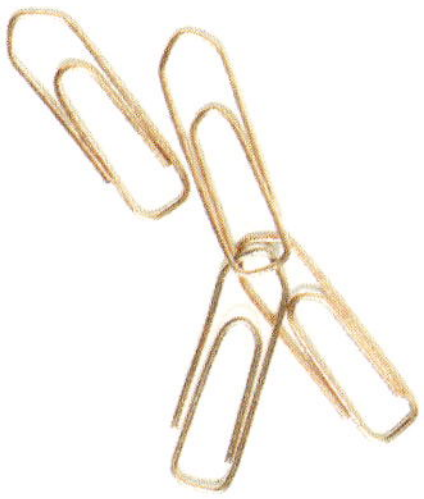

25
a) 5537 DM – (6720 DM – 5002 DM)
b) 36455 DM – (20034 DM + 12690 DM)
c) (6788 kg – 3089 kg) – 3270 kg
d) (78499 kg – 8531 kg) + 12006 kg
e) 856 g – (945 g – 590 g) – 501 g
f) 23 kg 455 g – (60 kg – 42 kg 19 g)

26
Wie viel hat jeder Anhänger geladen?

3 240 kg

7 304 kg

8 921 kg

11 011 kg

Aufgaben in Wortform

27
Schreibe zunächst einen Zahlenausdruck.
a) Subtrahiere 27688 von 104509.
b) Berechne die Differenz von 678888 und 607777.
c) Vermindere 50811 um 917.
d) Ergänze 10807 zu 20906.
e) Wie viel fehlt von 246 bis 17921?

28
a) Wie viel muss man zu 23470 addieren, um 70122 zu bekommen?
b) Zu welcher Zahl muss man 11006 addieren, um 20060 zu erhalten?
c) Welche Zahl muss man zu 687 addieren, um 132751 zu erhalten?

29
a) Um wie viel ist 33755 größer als 4061?
b) Um wie viel ist 81505 kleiner als 444444?
c) Um wie viel ist 67845 größer als die Differenz von 77491 und 50234?
d) Um wie viel ist 466 kleiner als die Differenz von 34811 und 32904?
e) Um wie viel ist die Differenz von 460675 und 433 größer als 207004?

30
a) Subtrahiere viertausendneunundneunzig von siebentausenddreihundertacht.
b) Vermindere sechstausenddrei um fünftausendeinhundertachtundvierzig.
c) Verkleinere neuntausendeins um achttausendvierhundertsechsundachtzig.
d) Ziehe neuntausendzehn von siebzehntausendzweihundertsiebzehn ab.

31
a) Ergänze 924087 zu einer Milliarde.
b) Wie viel muss man zu der Zahl 4359 addieren, um die größte fünfstellige Zahl zu erhalten?
c) Subtrahiere die kleinste fünfstellige Zahl mit der Quersumme 10 von der Zahl 61111.

32
a) Berechne die Differenz der Summen 84318 + 37099 und 13914 + 7502.
b) Berechne die Summe der Differenzen 314111 – 49817 und 74909 – 67004.
c) Berechne die Differenz der Differenzen 67400 – 2613 und 45522 – 33566.

33
Übertrage in dein Heft und ergänze:
a) Wenn man bei einer Differenz den Minuenden um 240 vergrößert, dann ..... sich die Differenz um .....
b) Wenn man bei einer Differenz den Subtrahenden um 189 verkleinert, dann ..... sich die Differenz um .....
c) Wenn man eine Differenz um 314 verkleinern will, kann man den ...... um ..... verkleinern oder den ...... um ...... vergrößern.

Aus dem Alltag

34

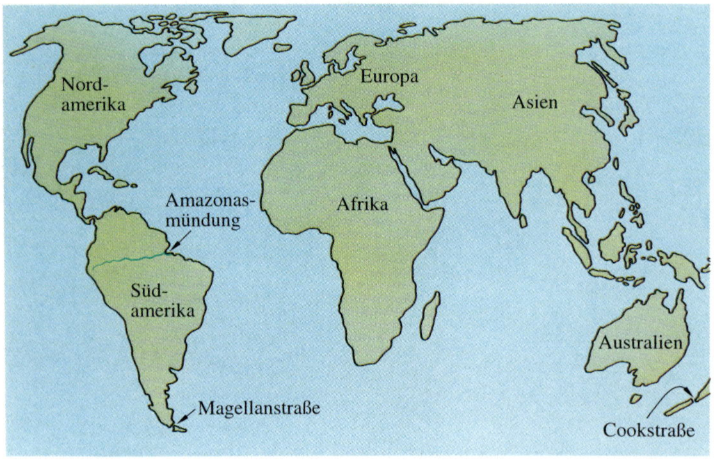

Wie viele Jahre sind vergangen seit
a) der ersten Amerika-Fahrt von Christoph Kolumbus (1492)
b) Amerigo Vespucci, nach dem Amerika benannt wurde, zur Amazonasmündung segelte (1499)
c) Fernando Magellan die nach ihm benannte Magellanstraße durchsegelte (1519)
d) James Cook Neuseeland umsegelte und die Cookstraße entdeckte (1769)?

35

Im Bericht eines Flughafens ist zu lesen: „In diesem Jahr nahm das Fluggastaufkommen um 398 643 Personen im Vergleich zum letzten Jahr zu. Es wurden insgesamt 4 179 618 Gäste befördert".
Wie viele Fluggäste wurden im vorangegangenen Jahr gezählt?

36

Die Tabelle zeigt die Entwicklung der Bevölkerungen von Baden-Württemberg und Schleswig-Holstein. Berechne die Veränderung der Bevölkerung jedes Landes während der Zeiträume 1950 bis 1960, 1960 bis 1970 und 1970 bis 1980.

	1950	1960	1970	1980
Baden-Württemberg	6 288 500	7 590 900	8 895 000	9 232 800
Schleswig-Holstein	2 597 799	2 294 500	2 494 100	2 605 400

37

Benni hat 977 Pfennigstücke gesammelt. Wie viele Pfennigstücke fehlen ihm noch, bis er 25 DM in Pfennigen besitzt?

38

Frau Wagner hat eine Bluse zu 175 DM, einen Rock zu 238 DM, einen Schal zu 29 DM und ein Paar Schuhe zu 127 DM eingekauft. Sie bezahlt mit einem 500-DM-Schein und einem 200-DM-Schein.
Wie viel DM bekommt sie zurück?

39

Wie viel kostet das Schiebedach?

Pkw-Grundpreis:	30 566 DM
Überführung:	350 DM
ABS:	1 950 DM
Dachreling:	899 DM
Schiebedach:	DM
Anhängerkupplung:	850 DM
Servolenkung:	1 567 DM
	37 433 DM

verkauft

40

Die Hündin Tessa hat drei Welpen geboren. Sie wiegen nach der Geburt 412 g, 480 g und 609 g. Nach drei Monaten beim Absetzen von der Mutter wiegen sie 5 kg 230 g, 5 kg 265 g und 5 kg 300 g.
Wie viel haben sie jeweils zugelegt?

41

Der höchste Berg Deutschlands ist die Zugspitze mit 2 963 m, in Europa der Mont Blanc mit 4 810 m und auf der Erde der Mount Everest mit 8 846 m.
a) Berechne die Höhenunterschiede.
b) Die tiefste Einsenkung auf der Erde ist der Marianengraben im Pazifik mit 11 034 m unter dem Meeresspiegel.
Wie groß ist der Höhenunterschied bis zur Spitze des Mount Everest?

42

Die Donau ist ab ihrer Einmündung in das Schwarze Meer flussaufwärts kilometriert. Zum Beispiel ist Regensburg 2 382 km von der Donaumündung entfernt.

Eine Pfadfindergruppe will mit Kajaks in drei Tagen von Regensburg nach Passau fahren. Wie lang sind die Tagesstrecken Regensburg – Straubing, Straubing – Deggendorf, Deggendorf – Passau?

43

Die Isar ist ab ihrer Einmündung in die Donau flussaufwärts kilometriert. Übertrage die Tabelle in dein Heft und trage die fehlenden Flussentfernungen ein.

	München	Passau	Regensburg	Landshut
München		193 km		
Passau	193 km			
Regensburg				
Landshut				

44

Eine Gondel der Zugspitzbahn wiegt 3 t. Das Gesamtgewicht von Gondel und Ladung darf 6 t 500 kg nicht überschreiten.
a) Wie viel darf die Ladung wiegen?
b) Zu Wartungsarbeiten müssen vier Maschinen auf den Berg transportiert werden. Sie wiegen 2 t, 1 800 kg, 1 500 kg und 1 300 kg. Können sie zusammen mit den vier Monteuren (je 80 kg) in zwei Gondeln geladen werden?

45

Nach dem bisherigen Vorverkauf von Eintrittskarten für ein Konzert befragt, antwortet der Kassierer: „Wenn wir noch mal so viele Karten wie bisher verkaufen würden, dann hätten wir 3 953 Karten weniger verkauft, als Plätze vorhanden sind“. Die Konzerthalle hat 14 853 Plätze.
Wie viele Karten sind bereits verkauft?

46

Familie Schwarz verbrauchte im letzten Jahr 1 000 *l* Heizöl weniger als Familie Weiß. Familie Grün, die im gleichen Jahr 500 *l* mehr als Familie Weiß verbrauchte, kam aber mit 1 500 *l* weniger als Familie Rot aus. Familie Rot hatte am Jahresende in ihrem zum Jahresbeginn gefüllten 8 000 *l* fassenden Tank noch 1 000 *l* übrig. Wie viel Liter Heizöl verbrauchte Familie Schwarz?

5 Berechnung von Rechenausdrücken

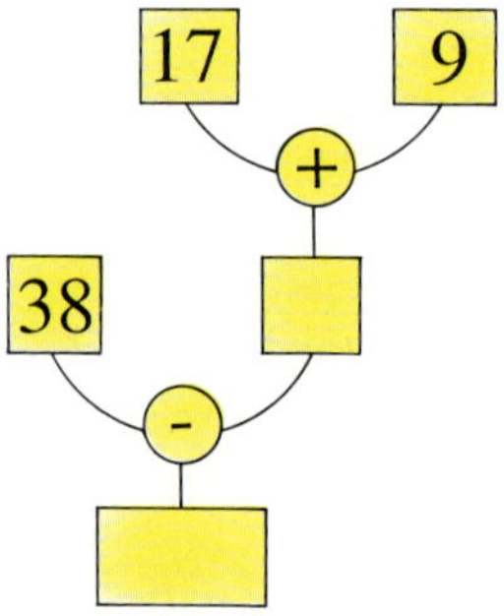

1
Uli will für sein Spielzeugschiff eine Figur zusammenbauen. Erläutere, wie er nach der Bauanleitung vorgehen soll.

2
Welches ist bei dem Rechenbaum der erste, welches der zweite Rechenschritt? Wie kann man diese Reihenfolge der Rechenschritte ohne Zeichnung festlegen?

Bei Rechenausdrücken wie $(26 - 11) - 4$ oder $26 - (11 - 4)$ ist die Reihenfolge der Rechenschritte wichtig. Sie wird durch Klammern vorgeschrieben.

$$\begin{aligned} &\underbrace{(26 - 11)} - 4 \\ = \; &15 - 4 \\ = \; &11 \end{aligned} \qquad \begin{aligned} &26 - \underbrace{(11 - 4)} \\ = \; &26 - 7 \\ &19 \end{aligned}$$

> **Klammern** legen die **Reihenfolge der Rechenschritte** fest:
> Was in Klammern steht, wird zuerst berechnet.

Beispiel 1:

$$\begin{aligned} &\underbrace{(27 + 14)} - \underbrace{(44 - 28)} \\ = \; &41 - 16 \\ = \; &25 \end{aligned}$$

Hier ist der letzte Rechenschritt eine Subtraktion. Man nennt diesen Rechenausdruck deshalb eine Differenz.

Beispiel 2:

$$\begin{aligned} &94 + (50 - \underbrace{(38 - 15)}) \\ = \; &94 + \underbrace{(50 - 23)} \\ = \; &94 + 27 \\ = \; &121 \end{aligned}$$

Bei ineinander geschachtelten Klammern wird die innerste Klammer zuerst berechnet. Da der letzte Rechenschritt eine Addition ist, heißt der Rechenausdruck Summe.

Beispiel 3:
Um wie viel muss man die Summe der Zahlen 281 und 132 verkleinern, um die Differenz der Zahlen 640 und 363 zu erhalten?
Die Summe von 281 und 132 ist $281 + 132$.
Die Differenz von 640 und 363 ist $640 - 363$.
Summe und Differenz unterscheiden sich um

$$\begin{aligned} &(281 + 132) - (640 - 363) \\ = \; &413 - 277 \\ = \; &136. \end{aligned}$$

Nebenrechnung:

$$\begin{array}{r} 281 \\ +\,132 \\ {\scriptstyle 1} \\ \hline 413 \end{array} \qquad \begin{array}{r} 640 \\ -\,363 \\ {\scriptstyle 1\,1} \\ \hline 277 \end{array} \qquad \begin{array}{r} 413 \\ -\,277 \\ {\scriptstyle 1\,1} \\ \hline 136 \end{array}$$

Ergebnis: Man muss die Summe um 136 verkleinern, um die Differenz zu erhalten.

Rechenausdrücke wie 45 – 18 + 24 – 31 – 14 (so genannte mehrgliedrige Ausdrücke) kann man auf zwei Arten berechnen.

1. Möglichkeit:
Berechnung von links nach rechts.

$$\begin{aligned} & 45 - 18 + 24 - 31 - 14 \\ = {} & 27 + 24 - 31 - 14 \\ = {} & 51 - 31 - 14 \\ = {} & 20 - 14 \\ = {} & 6 \end{aligned}$$

2. Möglichkeit:
Zusammenfassen der Subtrahenden.

$$\begin{aligned} & 45 - 18 + 24 - 31 - 14 \\ = {} & (45 + 24) - (18 + 31 + 14) \\ = {} & 69 - 63 \\ = {} & 6 \end{aligned}$$

Beispiel 4:

$$\begin{aligned} & 12\,567 - 3\,745 - 370 - 2\,993 \\ = {} & 12\,567 - (3\,745 + 370 + 2\,993) \\ = {} & 12\,567 - 7\,108 \\ = {} & 5\,459 \end{aligned}$$

Nebenrechnung

$$\begin{array}{r} 3\,745 \\ +\ \ 370 \\ +\ 2\,993 \\ \scriptstyle 2\ 2 \\ \hline 7\,108 \end{array} \qquad \begin{array}{r} 12\,567 \\ -\ 7\,108 \\ \scriptstyle 1\quad 1 \\ \hline 5\,459 \end{array}$$

3
Berechne und schreibe dazu, ob es sich bei dem Rechenausdruck um eine Summe oder eine Differenz handelt.

a) 54 + (62 – 38) b) 86 – (64 – 18)
c) 65 – (18 + 23) d) 35 + (17 + 28)
e) 89 – (97 – 97) f) 76 – (38 + 38)
g) 8 – (102 – 95) h) 8 + (102 + 95)

4
a) (76 + 23) – (48 – 33)
b) (87 – 33) – (58 – 13)
c) (78 – 43) – (18 + 13)
d) (96 – 13) – (36 + 17)
e) (180 – 45) + (180 – 95)
f) (205 + 75) – (105 + 75)

9 - (7 - (6 - 3))
Zuerst ( )
dann ( )

5
a) 78 – (27 + (14 – 8))
b) 83 + (54 – (38 – 17))
c) ((34 – 22) + 11) – 23
d) ((110 + 60) – 85) – 25
e) 278 + (344 – (109 + 117))
f) 1 485 – (3 999 – (23 + 2 817))

6
a) (35 – 18) – (27 – (28 – 9))
b) (53 – (18 +5)) – (18 – 2)
c) 297 – ((53 – 23) + (12 + 24))
d) 837 + ((35 + 47) – (83 – 62))
e) (25 – 8) + ((43 + 7) – (58 – 19))
f) (94 + 23) – ((86 – 17) – (35 – 19))

7
a) (4 367 – 467) – (2 400 + 1 068)
b) 45 786 – (3 611 + (34 722 – 4 981))
c) 10 000 + (49 352 – 18 839)
d) 574 399 – (547 399 – 547 399)
e) 682 020 – (1 765 005 – 1 745 000)
f) 6 404 378 – (456 211 + 3 333 333)

8
a) (13 417 – 11 079) + (6 814 – 3 019)
b) (52 535 – 17 818) + (84 191 – 189)
c) (637 + 2 019) – (418 – 328)
d) 4 160 – (2 005 – (483 – 216))
e) (4 531 – (2 143 – 1 824)) – 329
f) Wie verändert sich das Ergebnis, wenn man jede Zahl um 3 vergrößert?

9
Berechne von links nach rechts.

a) 23 + 13 – 12 –17 + 30
b) 48 – 23 – 24 + 19 + 31
c) 54 – 33 + 67 – 24 + 12
d) 5 + 78 – 34 + 56 – 34 – 41
e) 46 + 34 – 67 + 34 – 46
f) 63 – 23 + 18 – 24 + 17 – 11 + 50

10
a) 265 – 134 + 420 – 101 – 245
b) 2 690 + 3 004 – 4 400 – 607 + 722
c) 1 500 – 250 – 750 + 1 750 – 500
d) 7 900 + 8 900 – 6 900 – 5 900 – 4 000
e) 12 400 – 7 856 + 23 905 – 89

11

Berechne durch Zusammenfassen der Subtrahenden.

a) 87 – 23 – 18 – 37 – 9
b) 156 – 56 – 11 – 13 – 68
c) 480 – 103 – 130 – 75 – 67
d) 956 – 217 – 301 – 100 – 318
e) 1 819 – 23 + 682 – 1 111 – 505
f) 24 755 – 13 790 – 6 000 – 3 722
g) 58 644 – 27 545 – 8 300 – 2 237

12

a) 73 – 28 + 34 + 7 – 45
b) 76 + 36 – 23 – 45 + 42
c) 33 – 24 – 7 + 69 + 34 – 25 – 19
d) 255 + 167 – 130 – 78 – 110
e) 285 – 175 + 358 – 421 + 937 – 528
f) 99 999 – 8 888 + 77 777 – 6 666 + 5

13

a) 2 376 – 482 – 563 – 87 – 34 – 12
b) 9 999 – 569 – 375 – 249 – 730 – 652
c) 84 526 – 3 562 – 2 947 – 134 – 6 001
d) 92 111 – 4 212 – 3 728 – 5 283 – 84
e) 90 000 – 9 000 – 900 – 90 – 9
f) Wie verändert sich das Ergebnis, wenn man jede Zahl um 9 verkleinert?

14

Welches der Kinder hat aus den Zahlen 16, 38, 85, und 116 den Zahlenausdruck mit dem größten (dem kleinsten) Wert gebildet?

15

Bilde wie in Aufgabe 12 aus den Zahlen 5, 12, 16 und 20 einen Zahlenausdruck mit dem Wert

a) 53 b) 19
c) 13 d) 3
e) 43 f) 29.

16

Wie heißt die richtige Zahl?

a) 14 + (19 –) = 20
b) 26 – (+ 11) = 8
c) 58 + (58 –) = 58
d) 112 + (– 98) = 120
e) 28 + (– (12 + 6)) = 50
f) 500 – (600 – (+ 200)) = 100

Aufstellen von Rechenausdrücken

17

Zu dem Rechenbaum

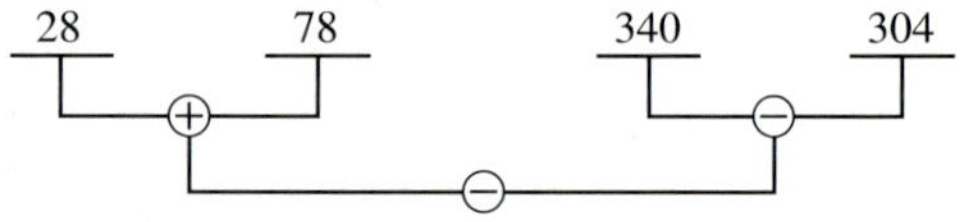

gehört der Rechenausdruck
(28 + 78) – (340 – 304).
Behandle ebenso und berechne.

a)
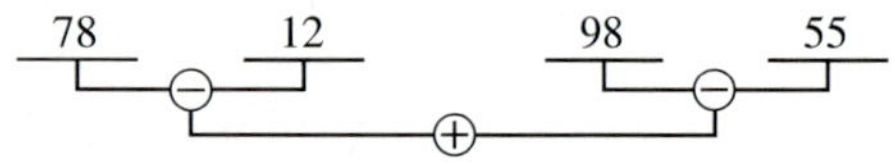

b)
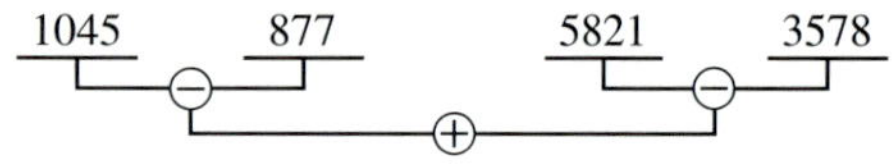

c)
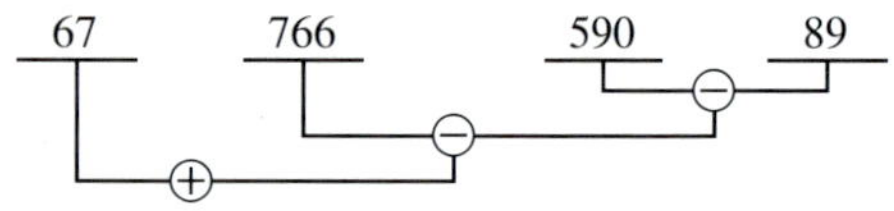

d)
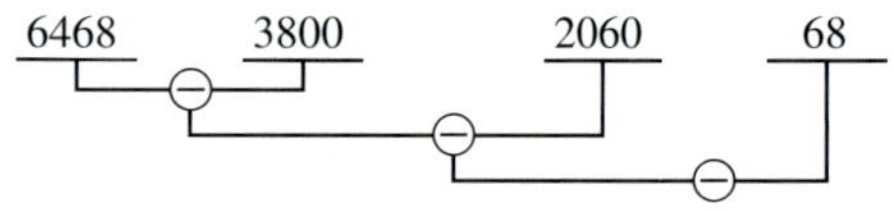

18

48 + (87 – 21) lautet in Worten: „Addiere zu 48 die Differenz von 87 und 21“.
Drücke entsprechend in Worten aus.

a) 45 + (67 – 30)
b) 97 + (18 + 43)
c) 356 – (744 + 306)
d) (47 + 581) – (966 – 699)

19

Notiere zunächst einen Rechenausdruck.

a) Addiere zur Differenz von 28 und 17 die Summe von 24 und 13.
b) Subtrahiere von der Summe von 64 und 23 die Differenz von 31 und 13.
c) Subtrahiere von 76 die Differenz von 37 und 28 und die Summe von 14 und 38.
d) Subtrahiere 28 von der Differenz der Zahlen 57 und 23.
e) Subtrahiere die Summe der Zahlen 94 und 274 von der Differenz aus 45 391 und 12 538.
f) Subtrahiere die Differenz der Zahlen 3 289 und 2 754 von deren Summe.

20

Notiere zunächst einen Rechenausdruck.

a) Vermindere die Differenz aus der Summe von 683 und 491 und der Differenz von 834 und 652 um 93.

b) Vergrößere die Differenz aus der Summe von 837 und 562 und der Summe von 87 und 302 um 3 218.

c) Vermindere die Summe aus der Differenz aus 983 und 652 und der Differenz aus 453 und 286 um die Differenz aus den Zahlen 93 und 86.

d) Addiere zur Differenz aus der Summe der Zahlen 983 und 417 und der Differenz von 513 und 483 die Differenz von 328 und 273.

21

Notiere zunächst einen Rechenausdruck.

a) Um wie viel muss man die Differenz der Zahlen 2 817 und 1 963 vergrößern, um ihre Summe zu erhalten?

b) Um wie viel muss man die Summe der Zahlen 3 847 und 4 526 vergrößern, um die Differenz der Zahlen 42 749 und 275 zu erhalten?

c) Wie viel fehlt noch bis 1 000 000, wenn man die Summe der Zahlen 3 428 und 6 937 um die Differenz der Zahlen 4 739 und 3 726 vergrößert?

d) Wie viel fehlt noch bis 999 999, wenn man die Differenz der Zahlen 45 728 und 5 826 um die Summe der Zahlen 2 846 und 476 verkleinert?

22

Notiere zunächst einen Rechenausdruck.

a) Welche Zahl erhält man, wenn man zur Summe von 36 und 49 die Differenz von 39 und 28 addiert?

b) Welche Zahl muss man zur Summe von 24 und 17 addieren, um 68 zu erhalten?

c) Welche Zahl ist um 5 932 größer als die Differenz aus 45 860 und 7 462?

d) Von welcher Zahl wird die Summe aus 471 und 904 um die Differenz aus 837 und 602 übertroffen?

e) Welche Zahl übertrifft die Summe aus 23 749 und 47 900 um die Differenz aus 67 284 und 49 999?

Aus dem Alltag

23

Gerd bekommt monatlich 20 DM Taschengeld. Davon will er 8 DM sparen. 6 DM muss er für Hefte und Schreibzeug ausgeben. Seine Oma schenkt ihm monatlich 5 DM.

a) Erstelle eine Liste von Gerds festen monatlichen Einnahmen und Ausgaben.

b) Wie viel Geld hat er monatlich zur freien Verfügung? Notiere zunächst einen Rechenausdruck.

24

Monika sammelt kleine Geldstücke. Als sie ihren Besitz das letzte Mal zählte, waren es 252 Münzen zu 1 Pf. Von den 2-Pf-Stücken hatte sie 65 weniger. 5-Pf-Münzen waren es 64 und 10-Pf-Stücke nur die Hälfte davon. Seitdem sind von jeder Sorte noch 20 Münzen dazugekommen.

a) Übertrage die Tabelle in dein Heft und trage die Anzahlen der Münzen ein.

Münzen zu 1 Pf:
Münzen zu 2 Pf:
Münzen zu 5 Pf:
Münzen zu 10 Pf:

b) Wie viele Münzen hat Monika jetzt? Notiere zunächst einen Rechenausdruck.

25

Herr Schall sammelt Briefmarken aus Europa. Im Jahr 1990 hatte er insgesamt 2 437 Stück. 1991 kamen 583 Marken dazu. 1992 war der Zuwachs aber um 124 Marken geringer als 1991. 1993 kamen 89 Marken mehr dazu als 1991.

a) Stelle für die Jahre 1990 – 1993 eine Liste auf.

b) Wie viele Briefmarken fehlen noch, bis die Sammlung 5 000 Stück umfasst? Notiere zuerst einen Rechenausdruck.

6 Anwendungen

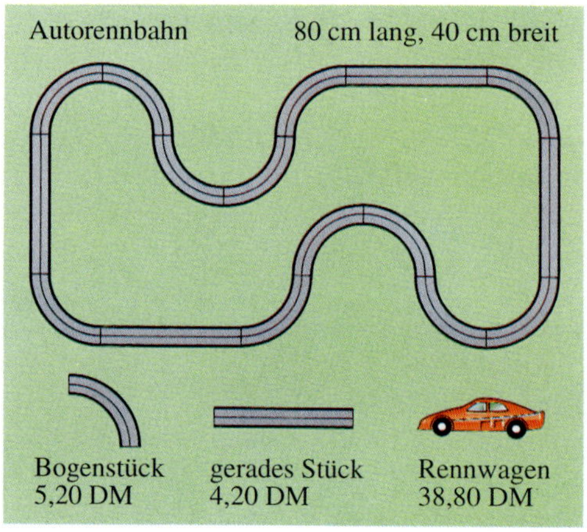

1
Benedikt wünscht sich zum Geburtstag eine Autorennbahn. Seine Oma will ihm 80 DM dazu geben. Für dieses Geld will Benedikt die Straßenstücke kaufen.

a) Kann er mit den Straßenstücken seiner Wunschliste die im Katalog abgebildete Rennbahn bauen?

b) Stelle einen Rechenausdruck für die Kosten auf. Reicht das Geld seiner Oma aus?

c) Welche Angaben im Katalog sind für die Lösung von Aufgabe b) nicht notwendig?

Beim **Lösen von Anwendungsaufgaben** gehen wir so vor:
1. Wir stellen die Angaben, die wir für die Lösung brauchen, zusammen.
2. Wir stellen einen Rechenausdruck für die gesuchte Größe auf und berechnen ihn.
3. Wir schreiben einen Ergebnissatz.

Beispiel 1:
Nach einer zweitägigen Gebirgstour rechnet Daniela nach, welchen Höhenunterschied bergauf und bergab sie zu Fuß überwunden hat.
In ihrem Tagebuch steht:

4. Juli: *Heute geht's von der Hütte in 1 182 m Höhe zur Wildspitze auf 1 941 m. Nach kurzer Pause steigen wir zur Übernachtung ab auf die Alm (1 519 m).*

5. Juli: *Die ersten 615 m Höhenmeter zum Steinkogel nehmen wir die Seilbahn. Er ist mit 2 560 m mein bisher höchster Berg. Runter geht's mit der Seilbahn (Blasen an den Füßen!)*

1. Daniela stellt zusammen:

	Höhenunterschied
Hütte – Wildspitze	1 941 m – 1 182 m
Wildspitze – Alm	1 941 m – 1 519 m
Alm – Steinkogel	(2 560 m – 1 519 m) – 615 m

2. Überwundener Höhenunterschied (in m):

$$(1\,941 - 1\,182) + (1\,941 - 1\,519) + ((2\,560 - 1\,519) - 615)$$
$$= 759 + 422 + (1\,041 - 615)$$
$$= 759 + 422 + 426$$
$$= 1\,607$$

3. Ergebnis: Daniela hat 1 607 Höhenmeter zu Fuß überwunden.

Beispiel 2:
Karin bekommt 100 DM geschenkt. Sie kauft sich davon Farbstifte für 8,70 DM, ein Buch für 12,80 DM, ein Armband für 24 DM und Bonbons für 1,40 DM. Das restliche Geld bringt sie auf die Bank. Sie möchte wissen, wie viel Geld sie jetzt auf ihrem Sparbuch hat, wenn der Kontostand vorher 72,20 DM betrug.

Karin stellt zusammen:

Geschenk		100 DM	=	10 000 Pf
Ausgaben	für Farbstifte	8,70 DM	=	870 Pf
	für ein Buch	12,80 DM	=	1 280 Pf
	für ein Armband	24,00 DM	=	2 400 Pf
	für Bonbons	1,40 DM	=	140 Pf

Von den 100 DM bleiben übrig (in Pf): 10 000 – 870 – 1 280 – 2 400 – 140.
Neuer Kontostand (in Pf): 7 220 + (10 000 – 870 – 1 280 – 2 400 – 140)
= 7 220 + 5 310
= 12 530.

Ergebnis: Karin hat nun 125,30 DM auf ihrem Sparbuch.

Vom Geld

2
Hans kauft Brot für 4,80 DM und Nudeln für 1,60 DM. Er bezahlt mit einem 20-DM-Schein. Wie viel bekommt er heraus?

3
Lisa hat bereits 24,54 DM gespart. Von ihrem Onkel bekommt sie noch 3,50 DM, von ihrer Schwester drei 50-Pf-Stücke. Wenn in der Sparbüchse 50 DM sind, will Lisa das Geld zur Bank bringen.
Wie viel muss sie noch sparen?

Mineralwasser	4,80 DM
Flaschenpfand	3,60 DM
Kastenpfand	4,– DM

Bier	17,60 DM
Flaschenpfand	4,– DM
Kastenpfand	4,– DM

Saft	9,80 DM
Flaschenpfand	3,60 DM
Kastenpfand	3,60 DM

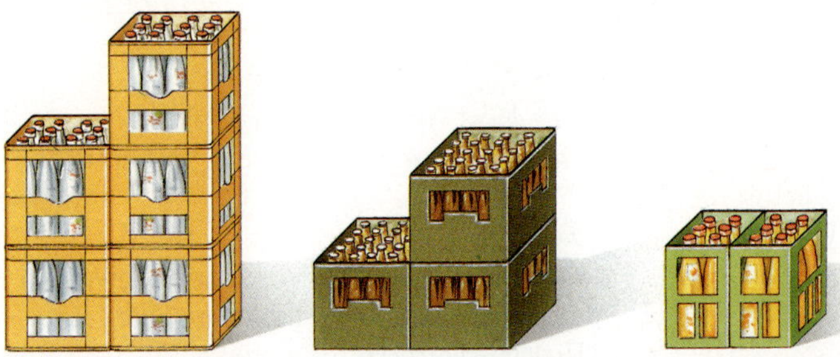

4
Kathi und Ellen wollen für einen Kinobesuch ihr Geld zusammenlegen. Kathi hat 10,60 DM, Ellen nur 8,15 DM. Der Eintritt kostet pro Person 8,50 DM.
a) Können die beiden ins Kino gehen?
b) Können die beiden sich jede nach dem Kinobesuch noch ein Eis leisten, das 1,20 DM kostet?

5
Das Schillergymnasium in Neustadt sammelt für eine Spende zugunsten des Kinderheims. Bisher erbrachte das Schulfest dafür einen Überschuss von 526,39 DM, eine Tombola einen Erlös von 472,96 DM und ein Filmabend einen Verlust von 24,56 DM. Der Elternbeirat der Schule will die Spende auf 1 000 DM aufrunden.
Wie viel Geld muss er dazugeben?

6
Herr Wiesental kauft im Getränkemarkt einen Kasten Mineralwasser und einen Kasten Bier. Gleichzeitig bringt er einen Mineralwasserkasten und einen Saftkasten mit Flaschen und einen leeren Bierkasten zurück.
Wie viel muss er noch bezahlen?

Längen

7
Eine neue Straße ist bereits 24 km 285 m lang. In der nächsten Woche werden weitere 3 km 46 m fertiggestellt.
Wie viel fehlt noch bis zur geplanten Länge von 37 km 407 m?

8
Bei den Bundesjugendspielen schaffte Klaus beim Ballweitwurf 21 m 40 cm. Uli warf 40 cm weiter. Wie viel hätte sich Klaus gegenüber seiner Vorjahresleistung von 19 m 80 cm verbessern müssen, um die Weite von Uli zu erreichen?

9
Eine Pfadfindergruppe wandert (rote Linie) von der Waldhütte zum Weißenstein.

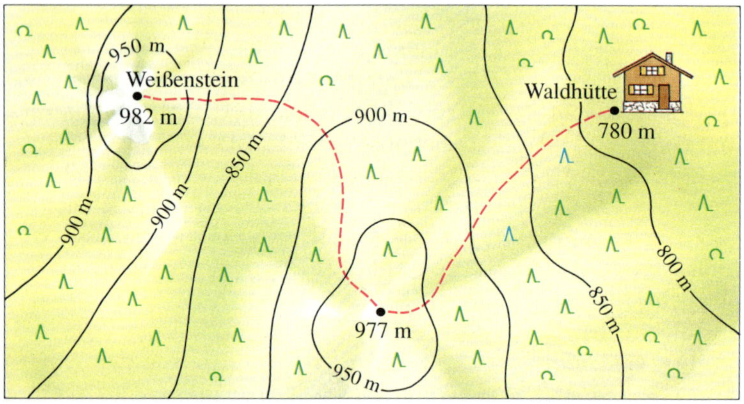

a) Wie viele Höhenmeter geht es auf der Wanderung bergauf (bergab)?
b) Wie viele Höhenmeter ginge es insgesamt bergauf (bergab), wenn die Gruppe denselben Weg zurückginge?

10
Herr Marks Auto ist bisher 85 748 km gefahren. Er fährt noch 10-mal 32 km zur Arbeit, bevor er mit dem Auto nach Italien in den Urlaub fährt. Dafür rechnet er für Hin- und Rückfahrt jeweils 1 000 km und am Urlaubsort selbst 500 km für Ausflüge. Muss er vorher noch zum Kundendienst bei 90 000 km?

Gewichte

11

Normalerweise darf ein Motorrad nur von zwei Erwachsenen mit dem durchschnittlichen Gewicht von 75 kg beladen werden. Um wie viel ist das Motorrad bei dieser Schauvorführung überladen?

12
Ein Auto darf mit 450 kg beladen werden. Wie viel darf das Gepäck wiegen, wenn zwei Erwachsene mit 81 kg und 62 kg und zwei Kinder mit 43 kg und 31 kg mitfahren?

13
Am Montag bekommt ein Gemüsehändler 700 kg Äpfel geliefert. Er notiert sich, wie viel er jeden Tag davon verkauft hat.

Montag	Dienstag	Mittwoch
30 kg	84 kg	72 kg

Donnerstag	Freitag
72 kg	128 kg

Den Rest verkauft er am Samstag. An welchem Tag hat er am meisten verkauft?

14
Ein Gänseei wiegt viermal so viel wie ein Hühnerei. Der Gewichtsunterschied der Eier beträgt 180 g. Wie viel wiegen die Eier?

Von der Zeit

15

Aufwärmen	*10 min*
Gymnastik	*10 min*
Figuren einüben	*20 min*
Tanzen zur Musik	*30 min*

Karins Balettstunde beginnt um 18 Uhr und verläuft nach dem nebenstehenden Plan. Für den Weg braucht sie jeweils eine Viertelstunde.
Wann ist sie frühestens wieder zu Hause?

16
Auf Anjas Uhr ist es 20 Minuten vor 2 Uhr nachmittags. Für die Hausaufgaben braucht Anja noch etwa 1 h.
Wie viel hat sie noch Freizeit, wenn sie um 16.50 Uhr zur Klavierstunde muss?

17
Michaels Schule beginnt 10 Minuten vor 8 Uhr. Wenn er um halb acht mit dem Fahrrad von zu Hause wegfährt, ist er normalerweise 5 min vor Unterrichtsbeginn in der Schule. Weil er verschlafen hat, fährt er heute erst um 7.35 Uhr ab. Zudem muss er wegen Glatteis langsamer fahren, so dass er 4 min zu spät zum Unterricht erscheint.
Wie viel Minuten hat er heute für die Fahrt länger gebraucht?

18
Ein D-Zug fährt um 12.17 Uhr in Stuttgart ab und kommt um 14.59 Uhr in München an. 3 h 12 min später fährt er von München nach Stuttgart zurück. Für die Rückfahrt braucht er 11 min länger als für die Hinfahrt.
Um welche Uhrzeit kommt der D-Zug in Stuttgart an?

19
Der Halleysche Komet (benannt nach dem englischen Astronomen Halley) erscheint in regelmäßigen Abständen bei uns am Himmel. Zuletzt war er 1834, 1910 und 1986 zu sehen.
Wann wird er die nächsten beiden Male zu beobachten sein?

Aus der Geschäftswelt

Einkaufspreis
+
Geschäftskosten
+
Gewinn
=
Verkaufspreis

20
Fahrradhändler Kehl kauft vom Hersteller ein Fahrrad für 381,70 DM. Die Unkosten für den Verkaufsraum, die Löhne usw. betragen, umgerechnet auf das Fahrrad, 82,70 DM. Herr Kehl möchte beim Verkauf des Fahrrads 75 DM verdienen.
Wie viel muss er von seinen Kunden für das Fahrrad verlangen?

21
Ein Radio wird für 87,90 DM verkauft.
Der Einkaufspreis beträgt 62,10 DM, die Geschäftskosten 15,60 DM.
Wie hoch ist der Gewinn?

22
Ein Händler verkauft einen Kühlschrank ohne Gewinn für 642,75 DM. Die Geschäftskosten betrugen 37,80 DM. Wie viel hat er für die Ware bezahlt?

23
Kauffrau Bayer bezog von einer Firma Sommerbekleidung für 8 677,40 DM. Durch den Verkauf der Ware erhoffte sie, einen Gewinn von 1 600 DM zu erzielen. Da die Kleider nur schleppend verkauft wurden, musste sie den Preis nachlassen und erzielte nur noch 10 340,10 DM.
Die Geschäftskosten betragen 1 182 DM.
Um wie viel war der tatsächliche Gewinn kleiner als der erhoffte Gewinn?

7 Vermischte Aufgaben

Addieren und Subtrahieren

1
Übertrage in dein Heft und berechne die fehlenden Zahlen.

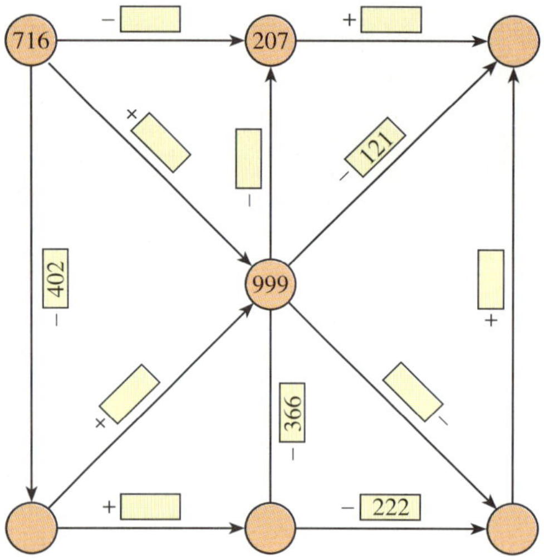

2
Übertrage in dein Heft und berechne.

364 845 708	100 000 000
+ 56 780 976	– 90 000 000
+ 6 987 215	– 9 000 000
+ 432 600	– 900 000
+ 65 497	– 90 000
+ 1 111	– 9 000
+ 222	– 900
+ 33	– 90
+ 4	– 9
+ 82	– 1
+ 544	

3
a) Addiere eine halbe Stunde zu zweiundsechzig Minuten.
b) Subtrahiere eine halbe Tonne von elfhundert Kilogramm.
c) Subtrahiere eine viertel Stunde von eineinhalb Stunden.
d) Addiere einen halben Meter, sechzig Zentimeter und elf Dezimeter.

Berechnen von Rechenausdrücken

4
Berechne.
a) 36 + 13 – 24 + 15 – 27 – 6 – 3
b) 45 – 33 + 78 – 23 – 28 + 34 – 17
c) 134 – 65 + 204 + 4 – 178 – 19
d) 250 + 500 – 750 + 1500 – 750 + 250

5
a) 28 – (45 – 36) + 10
b) (56 – 40) + (34 – 8) – (89 – 75)
c) ((18 – 5) – 5) – (10 – 10)
d) 34 + ((24 – 11) + (67 – 30))

6
a) 345 + (4 537 – 669) – 2 452
b) (10 297 – 9 763) + (4 536 – 1 001)
c) 5 645 + ((6 849 – 2 056) – 3 001)
d) 466 – ((4 466 + 56) – (6 798 – 2 300))

7
Welche der folgenden Rechenausdrücke haben dasselbe Ergebnis?
a) 18 + 9 – 2 + 8 – 6 + 5
b) (18 + 9) – (2 + 8) – (6 + 5)
c) (18 + 9 – 2) + (8 – 6) + 5
d) 18 + (9 – 2 + 8) – (6 + 5)
e) (18 + 9 – 2 + 8) – (6 + 5)

8
Ruth will vor der nächsten Klassenarbeit noch üben. Dazu schreibt sie sich vier mit A, B, C und D gekennzeichnete Längenangaben auf Kärtchen.

A	22 km 320 m	B	13 km 907 m
C	7 km	D	3 800 m

Wenn sie den Rechenausdruck A zum Rechenausdruck B addieren möchte, schreibt sie einfach A + B. Berechne:
a) A + B + C
b) A – C – D
c) B – (C – D)
d) (A – C) + (B – D)
e) A – (B – (C – D)).

9
Zuerst in die kleinste vorkommende Einheit umrechnen!

Berechne.
a) 800 g + 2 kg – 650 g
b) 560 g + 4 kg 400 g – 3 kg + 100 g
c) 1 kg 68 g + (7 kg 345 g – 2 kg 1 g)
d) 6 t – (4 500 kg – (7 t – 6 200 kg))

10
a) 2 DM + 60 Pf – 75 Pf + 3 DM
b) 5 DM 56 Pf – 3 DM 11 Pf + 6 DM 8 Pf
c) 3 DM 67 Pf + (9 DM 9 Pf – 98 Pf)
d) 56 DM – (340 Pf – (45 DM – 43 DM))

11
a) 3 h – 20 min – 2 h + 45 min
b) 3 h – 1 h 30 min + 45 min + 2 h
c) 1 min 30 s + (10 min – 4 min 22 s)
d) 24 h 20 min – (90 min + 12 h 50 min)

12
a) 3 m + 60 cm + 59 cm – 2 m
b) 4 cm 5 mm + 1 dm – 12 cm 8 mm
c) 2 km 400 m – (1 km 40 m – 1 079 m)
d) 32 cm + (3 dm 3 cm – 21 cm 45 mm)

13

C. F. Gauß (1777–1855)

Als der 7-jährige Carl Friedrich Gauß, der später „Fürst der Mathematiker" genannt wurde, auf seiner Schiefertafel die lange Rechnung 1 + 2 + 3 + 4 + ... + 99 + 100 ausführen sollte, schrieb er nach kurzem Nachdenken 5 050 als Ergebnis auf. Er hatte die Summanden geschickt zusammengefasst.

$$\begin{aligned} &1+2+3+4+5+\ldots+98+99+100 \\ =\ &(1+100)+(2+99)+\ldots+(49+52)+(50+51) \\ =\ &101 + 101 + \ldots + 101 + 101. \end{aligned}$$

a) Wie oft wird 101 addiert? Berechne die Summe.
b) Berechne auf entsprechende Weise die Summe der Zahlen von 1 bis 50.

14
Berechne die folgenden Summen durch geschicktes Zusammenfassen wie in Aufgabe 13.
a) 2 + 4 + 6 + 8 + ... + 16 +18 + 20
b) 2 + 4 + 6 + 8 + ... + 36 + 38 + 40
c) 10 + 20 + 30 + ... + 180 + 190
d) 101 + 102 + 103 + ... + 199 + 200

Aufgaben in Wortform

15
a) Um wie viel unterscheiden sich die Zahlen 518 670 und 609 807?
b) Welche Zahl muss man zu 18 396 addieren, um 37 520 zu erhalten?
c) Zu welcher Zahl muss man 5 379 addieren, um 11 217 zu erhalten?
d) Berechne die Differenz der Summen 84 318 + 37 099 und 13 914 + 7 502.
e) Berechne die Summe der Differenzen 314 111 – 49 817 und 74 909 – 67 004.

16
6 + (12 – 5) bedeutet in Worten: Addiere zu 6 die Differenz von 12 und 5. Formuliere die Rechenausdrücke in Worten und berechne sie.
a) 34 + (56 – 23)
b) 56 – (11 + 10)
c) (45 – 23) + (34 + 66)
d) (109 – 22) – (166 – 155)
e) (12 + 35 + 8) – (3 + 6 +11)

17
a) Vergrößere die Differenz aus 34 DM 56 Pf und 27 DM 89 Pf um 53 DM 42 Pf.
b) Verkleinere die Summe aus 6 km 743 m und 5 km 41 m um 3 km 48 m.
c) Addiere die Summe aus 6 kg 446 g und 5 kg 93 g zur Differenz aus 8 kg 453 g und 7 kg 887 g.
d) Subtrahiere die Differenz aus 5 h 12 min und 3 h 24 min von der Summe aus 9 h 11 min und 3 h 58 min.
e) Vergrößere die Differenz aus 6 km 4 dm und 43 dm um die Summe aus 24 dm und 3 m 2 dm.

18
Wie ändert sich eine Summe mit vier Summanden, wenn man
a) zwei Summanden jeweils um 40 vergrößert
b) alle Summanden um 20 vergrößert
c) zwei Summanden jeweils um 30 verkleinert und einen um 100 vergrößert
d) zwei Summanden jeweils um 75 vermindert und einen um 140 vergrößert?

Aus dem Alltag

19

Morgens um vier Uhr überlegt Bäcker Kern, wie viele Brötchen noch zu backen sind. Er weiß aus Erfahrung, dass zusätzlich zu den vorbestellten etwa 500 Brötchen verkauft werden.

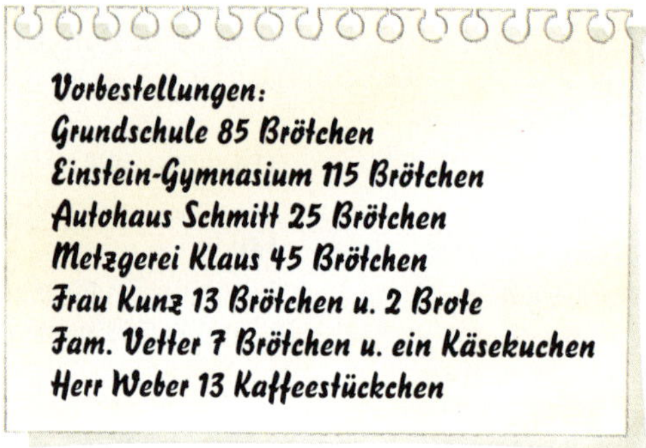

Vorbestellungen:
Grundschule 85 Brötchen
Einstein-Gymnasium 115 Brötchen
Autohaus Schmitt 25 Brötchen
Metzgerei Klaus 45 Brötchen
Frau Kunz 13 Brötchen u. 2 Brote
Fam. Vetter 7 Brötchen u. ein Käsekuchen
Herr Weber 13 Kaffeestückchen

Wie viele Brötchen müssen noch gebacken werden, wenn bereits 235 fertig sind?

20

Familie Kaufmann wandert von einem Aussichtspunkt, der sich 1 075 m über dem Meeresspiegel befindet, ins Tal. Der Weg führt sie zunächst 153 Höhenmeter tiefer, dann wieder 99 m höher zu einem See. Ihr Zielort liegt 378 m unterhalb des Sees. Wie hoch liegt er über dem Meeresspiegel?

21

Bei einer Schnitzeljagd starten die Gruppen 1 bis 4 in Abständen von 5 Minuten. Die erste Gruppe geht um 13.50 Uhr los.

Ankunft der Gruppen

1	2	3	4
14.56	14.59	15.07	15.10

Welche Gruppe war am schnellsten?

22

In einer Pflanzenzuchtstation steht bei einer Bambuspflanze: Größe 1983: 28 cm; Größe 1992: 4 m 63 cm. Die Pflanze daneben war 1983 um 14 cm größer und 1992 um 73 cm größer. Um wie viel sind die Pflanzen jeweils in diesen neun Jahren gewachsen?

23

Frau Walz springt mit dem Fallschirm aus 2 450 m Höhe ab. Damit sich der Schirm richtig entfalten kann, muss er sich in der Mindesthöhe von 400 m öffnen. Sicherheitshalber soll er sich 250 m früher öffnen. Welche Strecke fällt Frau Walz frei?

24

Am letzten Schultag lädt der Vater Manuela und Lars zum Essen ein.

Speisekarte

I	Schnitzel mit Pommes und Salat	17,80
II	Pizza mit Salat	10,60
III	Pommes frites	3,70
IV	Salat	4,80

Manuela wählt Gericht II, Lars möchte Pommes und der Vater nimmt Gericht I ohne Pommes. Für Getränke geben sie 9,60 DM aus. Wie hoch ist die Rechnung?

25

Familie Grauer hat vor einem Jahr einen großen Wohnzimmerschrank für 1 729 DM gekauft. Da sie jetzt in eine andere Wohnung gezogen ist, für die der Schrank zu groß ist, hat sie ihn in zwei Zeitungen zum Verkauf angeboten. Die Anzeigen kosten 68,90 DM und 73,25 DM. Sie hofft, für den Schrank noch 1 200 DM zu erhalten. Wie groß wäre der Verlust?

Zum Knobeln

26

Jeden Mittag um 12 Uhr fährt ein Schiff von Hamburg nach New York ab. Zur gleichen Zeit legt in New York ein Schiff der gleichen Linie in Richtung Hamburg ab. Die Überfahrt dauert in jeder Richtung genau 7 Tage. Wie vielen Schiffen seiner Linie begegnet ein Schiff auf hoher See?

27

Lady Bernstein besitzt eine Brosche mit 17 Rubinen. Sie zählte sie aber nie alle nach, sondern merkt sich nur: Wenn ich von der Mitte aus auf einem Strahl nach außen gehe und auf dem benachbarten zurück, so zähle ich immer 6 Steine.

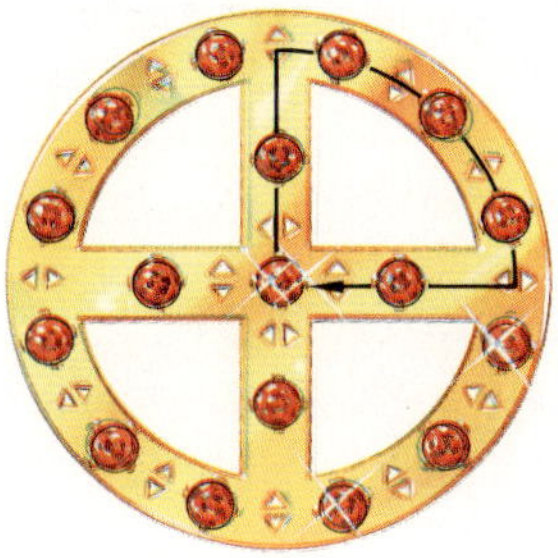

Wie kann ein Dieb ihr durch geschicktes Umsetzen 4 Steine „stehlen“, ohne dass sie es mit ihrer Merkregel feststellen kann? Kann er auf diese Weise sogar noch mehr Steine „stehlen“?

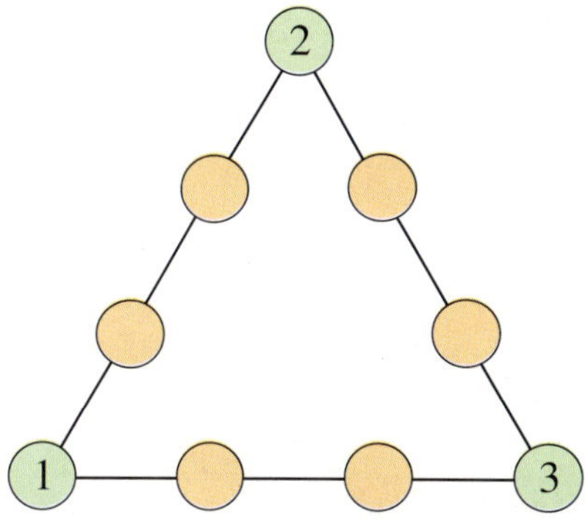

28

Setze in jeden der leeren Kreise eine der Zahlen 4, 5, 6, 7, 8, 9 so ein, dass die Summe der Zahlen auf jeder geraden Linie 17 ergibt.
Es gibt verschiedene Möglichkeiten.

29

In dieser Aufgabe vertritt jeder Buchstabe eine Ziffer. Die Buchstaben S, T, F vertreten nicht die 0.

```
   SURFEN
+ TENNIS
---------
  FREUDE
```

30

Gabriele ist 17 Jahre alt, Helmut 13 Jahre, Annette 10 Jahre. In wie viel Jahren werden sie zusammen 100 Jahre alt sein?

31

In einer Waldlichtung tummeln sich 20 Kaninchen und 18 Feldhasen. Es kommt ein Rudel Rehe mit 8 Tieren dazu. Als auch noch eine Wildschweinbache mit ihren 4 Frischlingen kommt, hoppeln 7 Kaninchen weg. Plötzlich fliegen 77 Saatkrähen an und lassen sich auf dem Feld nieder. Wie viele Tiere befinden sich noch auf der Lichtung, wenn 3 Wölfe hinzukommen?

Zauberquadrate

In einem alten chinesischen Rechenbuch aus der Zeit der Erbauung der Großen Chinesischen Mauer (etwa 200 v. Chr.) fand man das älteste überlieferte Zauberquadrat oder „magische“ Quadrat.

4	9	2
3	5	7
8	1	6

Die magische Zahl dieses Quadrats ist 15.

Hier sind die Zahlen 1 bis 9 so angeordnet, dass die Summe der Zahlen in einer Zeile, einer Spalte oder einer Diagonalen immer 15 ergibt. Man muss viel rechnen und überlegen, um ein solches Zauberquadrat fertig zu bringen. Deshalb dachte man früher, dass vielleicht Zauberei im Spiele sei.

Ein Zauberquadrat muss nicht aus verschiedenen Zahlen bestehen, und man kann auch anstelle der Zahlen 1 bis 9 andere Zahlen verwenden.

3	2	4
4	3	2
2	4	3

Aber immer muss die Summe der Zahlen in einer Zeile, einer Spalte oder einer Diagonalen gleich sein.

111	104	109
106	108	110
107	112	105

1
Welche magische Zahl haben folgende Quadrate?

4	11	6
9	7	5
8	3	10

18	3	24
21	15	9
6	27	12

2
Ergänze die passenden Zahlen, damit ein Zauberquadrat entsteht.

		10
13	9	5
	7	

24		
	20	14
		16

3
a) Welche magische Zahl haben folgende Quadrate?

12	22	8
10	14	18
20	6	16

17	27	13
15	19	23
25	11	21

9	19	5
7	11	15
17	3	13

36	66	24
30	42	54
60	18	48

b) Das grüne (gelbe, blaue) Quadrat ist auf einfache Weise aus dem roten Quadrat entstanden.
Nach welcher Methode ist dies jeweils geschehen?
c) Findest du auch heraus, auf welche Weise das rote Quadrat aus dem „chinesischen“ Quadrat entstanden ist?

Im Folgenden wird gezeigt, wie man einfache Zauberquadrate findet. Um ein Zauberquadrat aus den Zahlen von 1 bis 9 zu erstellen, schreibt man diese Zahlen zuerst nach dem folgenden Muster auf.

		1		
	2		4	
3		5		7
	6		8	
		9		

Dann wird ein Quadrat eingezeichnet.

		1		
	2		4	
3		5		7
	6		8	
		9		

Zuletzt werden die fehlenden Ziffern ergänzt.

		1		
	2	9	4	
3	7	5	3	7
	6	1	8	
		9		

4

Der Maler ALBRECHT DÜRER (1471 – 1528) aus Nürnberg hat 1514 einen Kupferstich hergestellt, in dem sich ein Zauberquadrat aus den Zahlen 1 bis 16 befindet.

a) Das Quadrat enthält die Jahreszahl der Entstehung des Bildes. Findest du sie?

b) Welches ist die magische Zahl?
Wie lautet die erste Zahl in der zweiten (dritten) Zeile?

c) Suche weitere vier, nicht in einer Zeile, Spalte oder Diagonalen stehende Zahlen, die ebenfalls die magische Zahl als Summe haben.

5

Erstelle nach dem angegebenen Muster ein Zauberquadrat für die Zahlen 3 bis 11 (von 10 bis 18, 95 bis 103).

6

Man kann nach dem nebenstehenden Muster auch größere Zauberquadrate erstellen. Hier wurde mit den Zahlen von 1 bis 25 begonnen. Stelle es fertig.

				1				
			2		6			
		3		7		11		
	4		8		12		16	
5		9		13		17		21
	10		14		18		22	
		15		19		23		
			20		24			
				25				

7

3	20	7	24	11
16	8	25	12	4
9	21	13	5	17
22	14	1	18	10
15	2	19	6	23

65

Bei diesem Zauberquadrat erhält man die magische Zahl auf überraschend viele Möglichkeiten. Suche einige davon.

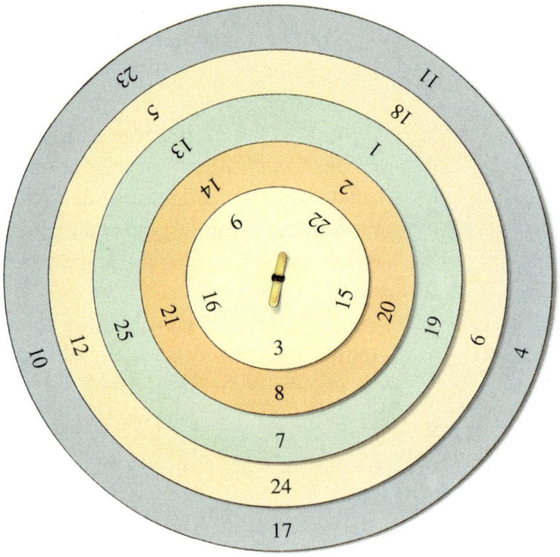

Dieses Bild zeigt ein Geduldsspiel, das aus dem Zauberquadrat von Aufgabe 7 hergestellt wurde. Es besteht aus fünf übereinander liegenden Scheiben aus Pappe; auf diesem Bild in den Farben gelb, rot, grün, braun und blau. Die Scheiben sind in der Mitte zusammengeheftet.
Sind die fünf Scheiben in der richtigen Stellung, entspricht jede nach außen verlaufende Zahlenreihe einer Zeile des Zauberquadrats. Die Summe jeder Zahlenreihe ist dann also 65.

8

Bei dem abgebildeten Spiel sind die Scheiben verdreht. Beschreibe, wie man durch Drehen zweier Scheiben die richtige Stellung erhält.

Im Jahre 1992 stellte ein Leipziger Mathematikstudent das größte Zauberquadrat der Welt auf. Es war ein Quadrat mit 2 121 Zeilen und 2 121 Spalten. Um das Quadrat selbst zu berechnen und es von Hand aufzuschreiben, hätte er über ein Jahr ununterbrochen arbeiten müssen. Deshalb hat er ein Computerprogramm zur Bildung des Quadrats geschrieben. Von einer Computerfirma wurden ihm leistungsfähige Computer, Drucker und Personal zur Verfügung gestellt, die die langen Papierrollen mit Zahlen bedruckten.
In einer Leipziger Turnhalle wurden dann die Papierrollen zu einem Zauberquadrat zusammengefügt. Schon nach der ersten Bahn zeigte sich, dass die Halle zu klein war. Deshalb wurde der Überhang mit Klebeband an der Hallenwand befestigt.

Die Daten des Weltrekordquadrats

Größe:	2 121 Zeilen und Spalten
Gedruckte Zahlen:	4 498 641
Gedruckte Ziffern:	30 379 384
Magische Zahl:	4 770 807 720
Platzbedarf:	Ein Feld von etwa 21 m Länge und Breite
Rechenzeit:	Zwei Computer liefen ununterbrochen je 59 Stunden.

Addieren

8 + 13 heißt Summe.
8 heißt 1. Summand, 13 heißt 2. Summand.

$8 + 13 = 21$

In einer Summe darf man die Summanden vertauschen (Kommutativgesetz).

$8 + 13 = 13 + 8$

In Summen mit mehreren Summanden darf man Klammern beliebig umsetzen (Assoziativgesetz).

$(7 + 11) + 16 = 7 + (11 + 16)$

Subtrahieren

16 – 9 heißt Differenz.
16 heißt Minuend, 9 heißt Subtrahend.

$16 - 9 = 7$

Minuend und Subtrahend darf man nicht vertauschen.

$23 - 14 = 9$, dagegen bedeutet $14 - 23$ keine natürliche Zahl.

Bei Differenzen darf man Klammern nicht umsetzen.

$30 - (25 - 2) = 7;\ (30 - 25) - 2 = 3$

Schriftliches Addieren und Subtrahieren

Schreibe die Zahlen mit den entsprechenden Stellen untereinander und bestimme die Ziffern der Summe (der Differenz) von rechts nach links.

	4	3	0	7
+		9	4	3
	1		1	
	5	2	5	0

	6	0	4	8
–	2	5	0	7
	1			
	3	5	4	1

Rechnen mit Größen

Vor dem Addieren (dem Subtrahieren) werden alle Größen in die kleinste auftretende Einheit verwandelt.

$2\,kg + 160\,g = 2000\,g + 160\,g = 2160\,g$

$4\,m\ 8\,cm + 3\,m\ 5\,cm$
$= 408\,cm + 305\,cm = 713\,cm$

Berechnung von Rechenausdrücken

Klammern legen die Reihenfolge der Rechenschritte fest.

Was in Klammern steht, wird zuerst berechnet.

Bei ineinander geschachtelten Klammern wird die innerste Klammer zuerst berechnet.

$$\begin{aligned} & 122 - (40 + (34 - 24)) \\ = \; & 122 - (40 + 10) \\ = \; & 122 - 50 \\ = \; & 72 \end{aligned}$$

Lösen von Anwendungsaufgaben

Lies den Aufgabentext sorgfältig durch und notiere dir die für die Lösung der Aufgabe notwendigen Angaben.
Zur besseren Übersicht kannst du eine Liste, Tabelle oder Skizze anfertigen.
Benütze Farben, um Teilergebnisse oder zusammenhängende Angaben zu unterstreichen.
Stelle einen Rechenausdruck für die gesuchte Größe auf und berechne ihn.
Schreibe einen Ergebnissatz, der die gestellte Frage beantwortet.

1 Multiplizieren

Summe
3 + 5
Summand *Summand*

Produkt
3 · 5
Faktor *Faktor*

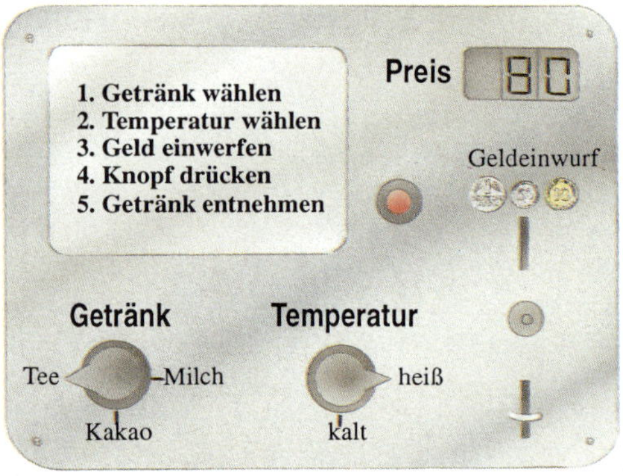

1

a) Welches Getränk liefert der Getränkeautomat bei der abgebildeten Einstellung?
b) Wie viele Einstellungen sind bei diesem Getränkeautomat möglich? Gib alle Möglichkeiten an.

2

Ein Teeladen führt 25 verschiedene Teesorten in kleinen und großen Dosen sowie in Teebeuteln. Wie viele verschiedene Teepackungen sind dies?

> Für $5 + 5 + 5$ schreiben wir auch $3 \cdot 5$.
> $3 \cdot 5$ heißt ein **Produkt** mit dem **1. Faktor** 3 und dem **2. Faktor** 5.

multiplicare *(lat.): vervielfachen*

Berechnet man $3 \cdot 5 = 15$, so wird dabei die Zahl 3 mit der Zahl 5 multipliziert. Diese Rechenart heißt **Multiplikation**.

Beispiele:
a) Nehmen an einem Jugendfußballturnier 6 Mannschaften mit je 15 Spielern teil, so hat das Turnier $6 \cdot 15 = 90$ Teilnehmer.
b) Ein Legespiel besteht aus Plättchen in den Formen

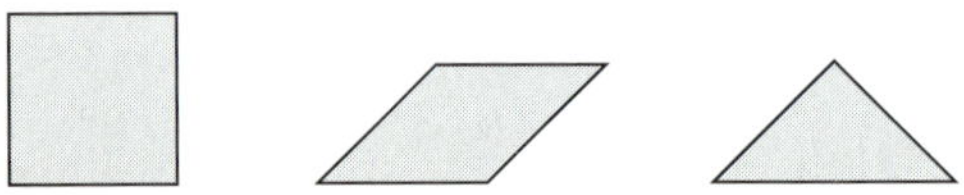

und den Farben rot, gelb, grün und blau. Wir können die Plättchen zuerst nach der Form ordnen, ohne auf die Farbe zu achten. Danach unterscheiden wir bei gleicher Form noch die verschiedenen Farben. Wir erhalten so ein Baumdiagramm.Es zeigt, dass es $3 \cdot 4$ verschiedene Plättchen gibt.

Baumdiagramm

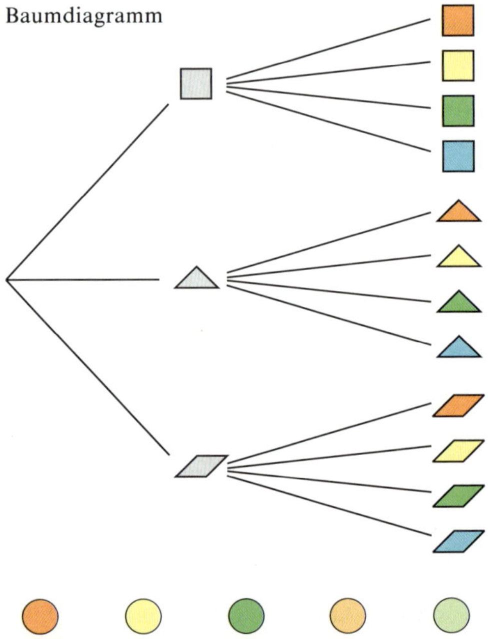

Legespiel

Zählt man die abgebildeten Kreise, so sind es entweder
3 Größen in jeweils 5 Farben
oder
5 Farben in jeweils 3 Größen.
Dies zeigt $3 \cdot 5 = 5 \cdot 3$.

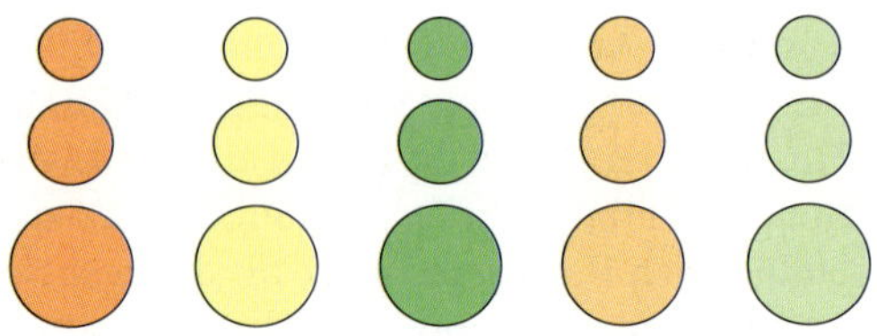

Die Anzahl der Kugeln in der durchsichtigen Schachtel kann man auf verschiedene Weise berechnen.
Man findet übereinander 3 Lagen von je $4 \cdot 5$ Kugeln, oder es sind $3 \cdot 4$ Reihen von je 5 Kugeln. Dies zeigt

$$3 \cdot (4 \cdot 5) = (3 \cdot 4) \cdot 5$$

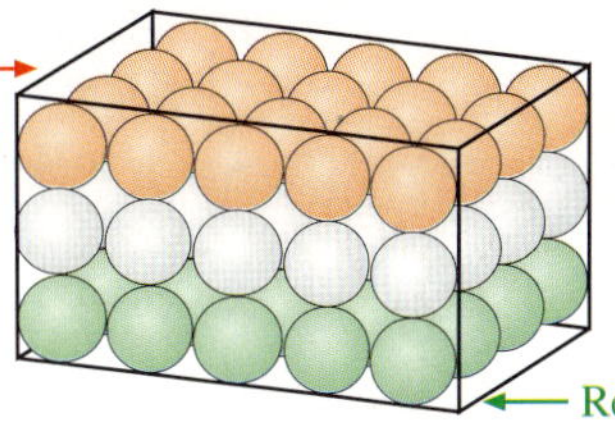

Kommutativgesetz = Vertauschungsgesetz
Assoziativgesetz = Verbindungsgesetz

In Produkten darf man
die Faktoren vertauschen: $4 \cdot 5 = 5 \cdot 4$
(Kommutativgesetz der Multiplikation)
die Klammern umsetzen oder weglassen: $(3 \cdot 2) \cdot 5 = 3 \cdot (2 \cdot 5) = 3 \cdot 2 \cdot 5$
(Assoziativgesetz der Multiplikation).

Beispiel:
Mit dem Kommutativ- und Assoziativgesetz ergeben sich oft Rechenvorteile.
a) (Kommutativgesetz)
$30 \cdot 5 = 5 \cdot 30 = 150$
b) (Assoziativgesetz)
$(13 \cdot 5) \cdot 2 = 13 \cdot (5 \cdot 2) = 13 \cdot 10 = 130$
c) (Kommutativ- und Assoziativgesetz)
$4 \cdot 23 \cdot 25 = (4 \cdot 25) \cdot 23 = 100 \cdot 23 = 2300$

Für die Multiplikation mit 0 und 1 merken wir uns:

$$1 \cdot \text{Zahl} = \text{Zahl} \cdot 1 = \text{Zahl}$$
$$0 \cdot \text{Zahl} = \text{Zahl} \cdot 0 = 0.$$

3
Es ist $4 + 4 + 4 = 3 \cdot 4 = 12$. Schreibe ebenso als Produkt und berechne:
a) $4 + 4 + 4 + 4 + 4$
b) $9 + 9 + 9 + 9 + 9 + 9 + 9$
c) $7 + 7 + 7 + 7 + 7 + 7 + 7 + 7$
d) $5 + 5 + 5 + 5 + 5 + 5 + 5 + 5 + 5$
e) $11 + 11 + 11 + 11 + 11 + 11 + 11$.

4
Es ist $2 \cdot 7 = 7 + 7$. Schreibe ebenso als Summe:
a) $2 \cdot 3$ b) $6 \cdot 2$ c) $4 \cdot 4$ d) $4 \cdot 6$
e) $5 \cdot 3$ f) $9 \cdot 2$ g) $2 \cdot 13$ h) $5 \cdot 14$.

5
Berechne im Kopf:
a) $7 \cdot 5$ b) $9 \cdot 8$ c) $8 \cdot 6$
d) $12 \cdot 1$ e) $0 \cdot 23$ f) $13 \cdot 4$
g) $20 \cdot 8$ h) $16 \cdot 4$ i) $15 \cdot 6$
j) $22 \cdot 4$ k) $9 \cdot 12$ l) $6 \cdot 17$.

6
Berechne zuerst den Klammerinhalt.
a) $(2 \cdot 5) \cdot 4$ b) $(3 \cdot 5) \cdot 6$ c) $2 \cdot (6 \cdot 7)$
d) $7 \cdot (6 \cdot 5)$ e) $(9 \cdot 6) \cdot 3$ f) $9 \cdot (2 \cdot 6)$
g) $(12 \cdot 5) \cdot 3$ h) $11 \cdot (7 \cdot 2)$ i) $(5 \cdot 25) \cdot 2$

7
Ergänze die Tabelle in deinem Heft.

·	2	3	4	5	10	12	15	20
2		6						
4								
6								
8								
10								
15								

1	11	12	13	14	15	16	17	18	19	20
2			26							
3			39							
4			52							
5			65							
6										
7										
8										
9										
10										

8

Das „Kleine Einmaleins“ und das „Große Einmaleins“ solltest du auswendig können. Stelle hierzu aus Pappe eine solche Tabelle her und ergänze sie.

Rechenvorteile beim Multiplizieren

Mit Köpfchen geht es im Kopf.

9

Durch Umsetzen der Klammern wird die Rechnung einfacher. (Beispiel:
$2 \cdot (5 \cdot 37) = (2 \cdot 5) \cdot 37 = 10 \cdot 37 = 370$)

a) $2 \cdot (5 \cdot 47)$ b) $5 \cdot (2 \cdot 34)$
c) $(67 \cdot 5) \cdot 2$ d) $(213 \cdot 2) \cdot 5$
e) $20 \cdot (5 \cdot 34)$ f) $5 \cdot (20 \cdot 47)$
g) $(18 \cdot 5) \cdot 5$ h) $(17 \cdot 5) \cdot 4$

10

Durch Vertauschen von Faktoren und Setzen von Klammern wird die Rechnung einfacher. (Beispiel:
$5 \cdot 22 \cdot 4 = (5 \cdot 4) \cdot 22 = 20 \cdot 22 = 440$)

a) $2 \cdot 34 \cdot 5$ b) $5 \cdot 145 \cdot 2$
c) $20 \cdot 56 \cdot 5$ d) $20 \cdot 52 \cdot 5$
e) $25 \cdot 19 \cdot 4$ f) $4 \cdot 26 \cdot 25$
g) $4 \cdot 26 \cdot 5$ h) $5 \cdot 23 \cdot 40$

11

Rechne geschickt.

a) $5 \cdot 7 \cdot 2$ b) $26 \cdot 5 \cdot 2$ c) $5 \cdot 23 \cdot 2$
d) $4 \cdot 51 \cdot 5$ e) $2 \cdot 39 \cdot 50$ f) $41 \cdot 4 \cdot 25$
g) $25 \cdot 29 \cdot 4$ h) $8 \cdot 12 \cdot 25$ i) $4 \cdot 27 \cdot 50$

Wappen *Zahl*

12

a) $5 \cdot 5 \cdot 2 \cdot 6$ b) $5 \cdot 22 \cdot 4 \cdot 5$
c) $5 \cdot 23 \cdot 20 \cdot 2$ d) $2 \cdot 4 \cdot 12 \cdot 25$
e) $4 \cdot 69 \cdot 5 \cdot 5$ f) $27 \cdot 2 \cdot 25 \cdot 4$
g) $2 \cdot 25 \cdot 6 \cdot 5$ h) $4 \cdot 17 \cdot 20 \cdot 25$

13

Es ist $80 = 5 \cdot 16$. Schreibe ebenso die Zahlen auf den farbigen Zetteln links als ein Produkt mit

a) 2 als Faktor b) 3 als Faktor
c) 5 als Faktor d) 6 als Faktor.

14

Schreibe die Zahlen 9, 15, 20, 24, 48, 72 und 144 als Produkt (ohne den Faktor 1)

a) mit 2 Faktoren
b) mit drei Faktoren (wenn möglich!)
c) mit möglichst vielen Faktoren.

15

Schreibt man eine Zahl geschickt als Produkt, so wird die Rechnung oft einfacher. (Beispiel:
$5 \cdot 28 = 5 \cdot 2 \cdot 14 = 10 \cdot 14 = 140$)

a) $36 \cdot 5$ b) $5 \cdot 48$
c) $5 \cdot 88$ d) $50 \cdot 48$
e) $44 \cdot 50$ f) $50 \cdot 120$
g) $25 \cdot 44$ h) $36 \cdot 25$

16

a) $8 \cdot 35$ b) $6 \cdot 35$
c) $45 \cdot 12$ d) $8 \cdot 75$
e) $8 \cdot 225$ f) $12 \cdot 175$
g) $8 \cdot 105$ h) $35 \cdot 18$

Baumdiagramme

17

Beim Werfen einer Münze fällt entweder Wappen (W) oder Zahl (Z). Diese Münze wird nun nacheinander dreimal geworfen. Welche Ergebnisse sind möglich? Ergänze dazu das Baumdiagramm in deinem Heft.

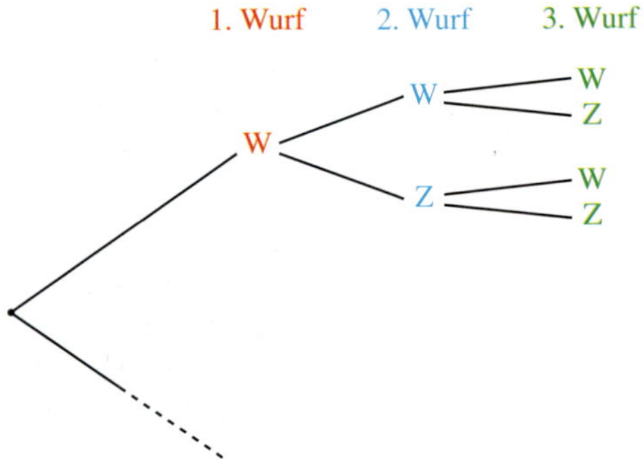

18

Zeichne ein entsprechendes Baumdiagramm wie in Aufgabe 17, wenn ein Würfel zweimal geworfen wird. Gib dabei an jedem „Ast“ die gewürfelte Zahl an.

19

Bei nebenstehendem Würfel haben gegenüberliegende Flächen dieselbe Farbe; das Plättchen ist auf einer Seite rot und auf der anderen grün. Der Würfel und das Plättchen werden gleichzeitig geworfen. Zeichne ein Baumdiagramm. Wie viele verschiedene Ergebnisse sind möglich?

20

Eugen reist über Stuttgart zu seinem Opa nach Esslingen. Bis Stuttgart kann er den InterCityExpress (ICE), den InterCity (IC) oder den InterRegio (IR) benützen. Ab Stuttgart kann er mit der S-Bahn (S) oder mit dem Nahverkehrszug (N) fahren. Zeichne einen Baum für die verschiedenen Reisemöglichkeiten. Wie viele Möglichkeiten sind es?

21

Ein Bekleidungshaus bietet Jeans-Hosen in den Größen 128, 140, 152 und 164 jeweils in den Farben blau und schwarz sowie mit und ohne Nieten an.
Unter wie vielen Hosen können die Kunden wählen? Zeichne ein Baumdiagamm.

Aus dem Alltag

22

Der Vater von Sabine fährt als Fernfahrer immer montags und mittwochs von Stuttgart nach Mailand und am nächsten Tag zurück. Die Entfernung beträgt etwa 520 km. Welche Strecke legt er in einer Woche zurück?

23

Ein Kolibri macht etwa 75 Flügelschläge in jeder Sekunde.
Wie viele Flügelschläge sind dies in einer Minute und wie viele wären es in einer Stunde?

24

Pia findet auf der Wanderkarte fünf Wege, die von Forst nach Grafen und sieben Wege, die von Grafen nach Häusern führen. Wie viele verschiedene Wege führen von Forst über Grafen nach Häusern?

25

Eine Wochenkarte mit der Bahn von Reutlingen nach Tübingen kostet 28 DM, die einzelne Rückfahrkarte 8,40 DM. Ab wie viel Fahrten in der Woche lohnt sich die Wochenkarte?

26

Die Einzelkarte im Hallenbad kostet 4 DM, die Zehnerkarte 30 DM.
a) Ab wie viel Badbesuchen lohnt sich der Kauf einer Zehnerkarte?
b) Wie viel hat Andrea gespart, wenn sie vier Zehnerkarten ganz benutzt hat?
c) Bei wie vielen Badbesuchen ist die Ersparnis mit Zehnerkarten so groß wie der Preis einer Zehnerkarte?

Zum Nachdenken

27

Setze in die Kästchen

$$\Delta \cdot \Delta\Delta$$

die Ziffern 5, 6 und 7 so ein, dass das Produkt
a) den Wert 380 hat b) den Wert 342 hat
c) einen möglichst großen Wert hat
d) einen möglichst kleinen Wert hat.

28

Ergänze in deinem Heft.

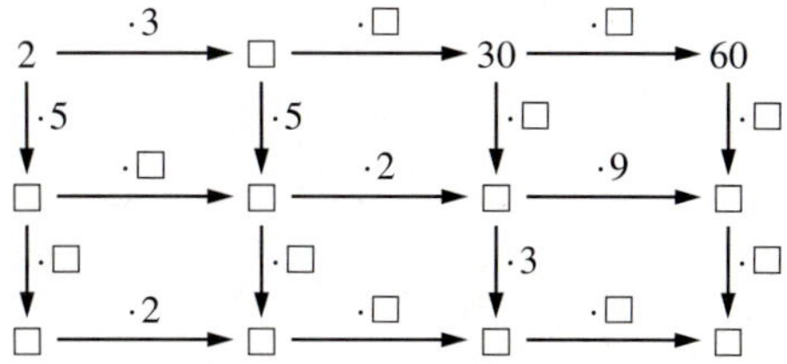

29

Wie lauten die fehlenden Ziffern?
a) $23 \cdot \square 4 = 55\square$ b) $38 \cdot 1\square = \square 70$
c) $1\square \cdot \square 1 = 399$ d) $\square 7 \cdot 2\square = 459$

2 Schriftliches Multiplizieren

1
Auf dem internationalen Flughafen von Chicago starten rund um die Uhr im Durchschnitt stündlich 45 Flugzeuge. Wie viele Starts und Landungen sind dies an einem Tag? Wie viele Menschen fliegen täglich von diesem Flughafen ab, wenn jedes Flugzeug durchschnittlich 78 Passagiere hat?

Größere Zahlen können wir meist nicht im Kopf multiplizieren. Die folgenden Beispiele zeigen, wie größere Zahlen schriftlich multipliziert werden.

Beispiel 1: (2. Faktor einstellig)
Wir berechnen $384 \cdot 9$.
$384 = 3\,H + 8\,Z + 4\,E$

		T	H	Z	E
$4\,E \cdot 9 = 36\,E$	=			3	6
$8\,Z \cdot 9 = 72\,Z$	=		7	2	
$3\,H \cdot 9 = 27\,H$	=	2	7		
$384 \cdot 9$	=	3	4	5	6

Ergebnis: $384 \cdot 9 = 3\,456$.

Wir können das Ergebnis der Multiplikation sofort anschreiben, wenn wir wie in Beispiel 1 mit den Einern beginnen und so vorgehen:

sprich:	schreibe:	merke:
$9 \cdot 4 = 36$	6	3
$9 \cdot 8 = 72$; $72 + 3 = 75$;	5	7
$9 \cdot 3 = 27$; $27 + 7 = 34$	34	

Schreibweise:

```
384 · 9
-------
3456
```

Beispiel 2: (2. Faktor mehrstellig)
Wir berechnen $384 \cdot 479$.

$479 = 400 + 70 + 9$

$$384 \cdot 400 = (384 \cdot 4) \cdot 100 = 153\,600$$
$$384 \cdot 70 = (384 \cdot 7) \cdot 10 = 26\,880$$
$$384 \cdot 9 = 3\,456$$
$$384 \cdot 479 = 183\,936$$

Schreibweise:

```
384 · 479
---------
 1536
  2688
   3456
  111
---------
 183936
```

Beispiel 3: (Die Ziffer 0 beim Multiplizieren)

a)	b)	c)
379 · 274	4052 · 2300	4052 · 2003
758	8104	810400
2653	1215600	12156
1516	9319600	8116156
103846		

Beachte: Bei Nullen im 2. Faktor wird keine Zeile nur mit Nullen geschrieben, sondern die Nullen werden an das vorige Teilergebnis angehängt.

Merkwürdige Produkte
1 · 1 = 1
11 · 11 = 121
111 · 111 = 12321
.
.
.
Setze die Zeilen fort.

2
Multipliziere

a)	17;	31;	53;	62	mit 3
b)	18;	55;	42;	45	mit 8
c	116;	235;	470;	902	mit 6
d)	124;	285;	504;	840	mit 7
e)	628;	727;	764;	465	mit 9.

3
Multipliziere

a)	1560;	2010;	1009	mit 6
b)	4306;	2543;	5040	mit 9
c)	10872;	17003;	28302	mit 7
d)	40028;	57227;	88843	mit 8
e)	297311;	158170;	254220	mit 9.

4
Berechne

a) 23 · 29 b) 42 · 17
c) 63 · 12 d) 48 · 66
e) 53 · 52 f) 88 · 27
g) 51 · 97 h) 47 · 86.

5
a) 367 · 19 b) 228 · 27
c) 603 · 42 d) 482 · 55
e) 503 · 57 f) 890 · 45
g) 571 · 96 h) 452 · 65

6
a) 457 · 789 b) 824 · 820
c) 504 · 775 d) 472 · 648
e) 380 · 602 f) 880 · 456
g) 681 · 192 h) 772 · 608

7
a) 4570 · 63 b) 1468 · 84
c) 2563 · 64 d) 3086 · 68
e) 4703 · 557 f) 5882 · 715
g) 6551 · 106 h) 5452 · 665

8
a) 44477 · 78 b) 60824 · 62
c) 57504 · 677 d) 59002 · 568
e) 40380 · 1682 f) 70210 · 7406
g) 56081 · 26924 h) 57655 · 72116

9
Leo löst die Aufgabe 23 · 71 · 13 so:

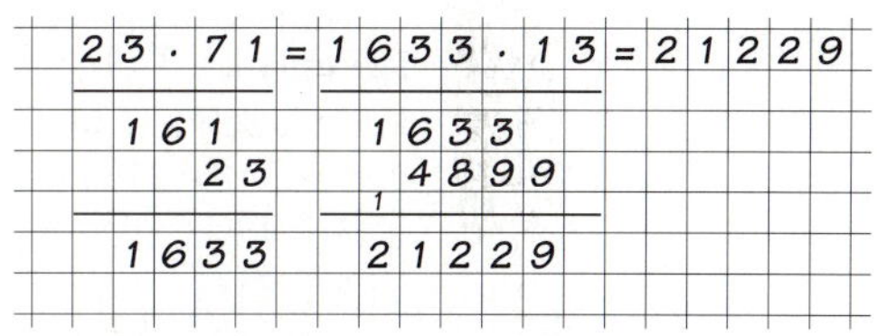

Warum ist dies trotz richtigem Ergebnis falsch? Schreibe es richtig.

10
Berechne

a) 35 · 76 · 13 b) 54 · 98 · 12
c) 35 · 23 · 64 d) 32 · 73 · 81
e) 450 · 52 · 17 f) 15 · 182 · 75
g) 61 · 16 · 237 h) 567 · 21 · 662.

Rechenvorteile

11
Nach Vertauschen der Faktoren werden Multiplikationen manchmal einfacher.

a) 122 · 38 b) 202 · 67
c) 444 · 98 d) 777 · 69
e) 4001 · 345 f) 3010 · 774

12
Wähle eine geschickte Reihenfolge der Faktoren und berechne.

a) 5 · 367 · 8 b) 2 · 257 · 25
c) 5 · 804 · 14 d) 277 · 12 · 25
e) 17 · 4 · 75 f) 15 · 12 · 69

Merkwürdige Produkte
1 · 11
11 · 111
111 · 1111
1111 · 11111
.
.
.
Berechne. Setze die Zeilen fort.

13
Zerlege einen Faktor in ein Produkt und berechne. (Beispiel:
15 · 216 = 15 · (2 · 108) = 30 · 108 = 3 240.)

a) 15 · 12	b) 16 · 35
c) 28 · 25	d) 12 · 75
e) 55 · 14	f) 45 · 24
g) 65 · 16	h) 35 · 42

14
Rechne möglichst geschickt.

a) 35 · 4 · 15	b) 45 · 8 · 5
c) 31 · 25 · 2	d) 14 · 6 · 55
e) 45 · 65 · 8	f) 55 · 4 · 22
g) 25 · 8 · 53	h) 19 · 75 · 4

15
Überschlage zunächst im Kopf und berechne dann das genaue Ergebnis.

(Beispiel:	61 · 29
Überschlag:	60 · 30 = 1 800
Genaues Ergebnis:	61 · 29 = 1 769)

a) 36 · 43	b) 51 · 79
c) 86 · 52	d) 98 · 48
e) 895 · 48	f) 785 · 22
g) 631 · 475	h) 781 · 155

16
Bearbeite wie in Aufgabe 15.

a) 263 · 932	b) 451 · 193
c) 1 964 · 42	d) 1 852 · 55
e) 2 975 · 38	f) 6 815 · 42
g) 8 611 · 521	h) 8 173 · 364

17
Die folgenden Aufgaben enthalten oft auftretende Fehler. Rechne in deinem Heft richtig.

a)	b)
323 · 24	214 · 304
646	642
1292	856
1	1
1938	7276

c)	d)
412 · 230	210 · 640
8240	1260
1236	840
	1
83636	13440

Rechenausdrücke suchen und berechnen

18
a) Multipliziere 56 mit 427.
b) Berechne das Produkt der Zahlen 63 und 823.
c) Berechne die Summe der 29 gleichen Summanden 532.

19
Multipliziere die Zahl 624
a) mit sich selbst
b) mit 2
c) mit ihrem Doppelten
d) mit ihrer Hälfte.

20
Multipliziere die Summe der Zahlen 42 und 291
a) mit sich selbst
b) mit ihrer Differenz
c) mit ihrem Produkt.

21
Schreibe zunächst einen Rechenausdruck und mache eine Überschlagsrechnung.
a) Multipliziere 31 mit dem Produkt von 89 und 158.
b) Multipliziere das Produkt von 105 und 32 mit dem Produkt von 42 und 27.
c) Verdopple das Produkt von 361 und 452.
d) Multipliziere das Produkt von 45 und 54 mit sich selbst.

22
Wie ändert sich das Produkt von 244 und 48, wenn man
a) beide Faktoren verdoppelt
b) den ersten Faktor halbiert und den zweiten verdoppelt?

23
Wie ändert sich ein Produkt mit drei Faktoren, wenn man
a) jeden Faktor verdoppelt
b) jeden Faktor verdreifacht
c) den ersten Faktor verdoppelt, den zweiten verdreifacht und den dritten vervierfacht?

Zeit und Geschwindigkeit

24
Wie viele Sekunden hat
a) eine Stunde
b) ein Tag
c) eine Woche
d) ein Jahr?

25
Kein Mensch wurde bisher älter als der Japaner Shigechivo Izumi. Er wurde genau 120 Jahre und 237 Tage alt. Sind das mehr als 1 Million Stunden?

a) Der Mensch macht etwa 16 Atemzüge in jeder Minute. Wie viele Atemzüge sind dies in einem Tag und wie viele in einem Monat mit 31 Tagen?
b) Das menschliche Herz schlägt etwa 70-mal in jeder Minute. Wie viele Herzschläge sind dies in 75 Jahren? (Rechne das Jahr zu 365 Jahren und runde.)

26
Bei einem tropfenden Wasserhahn geht in 3 Stunden etwa 1 Liter Wasser verloren. Wie viele Liter Wasser gehen
a) in einer Woche verloren
b) in einer Stadt im Jahr verloren, wenn dort 12 000 Wasserhähne tropfen?

27
Die Geschwindigkeit von Schiffen wird in Knoten (kn) angegeben. Bei einer Geschwindigkeit von 1 kn legt ein Schiff 1 Seemeile (sm) in einer Stunde zurück. 1 sm sind 1 852 m. Berechne die in einer Stunde zurückgelegte Strecke (auf Kilometer gerundet) für
a) ein Segelschiff mit 18 kn
b) ein Passagierschiff mit 35 kn
c) ein Sportboot mit 75 kn.

Aus dem Alltag

28
Ein Arbeiter verdient in der Stunde 23 DM. Wie viel verdient er an einem 7-Stunden-Tag und wie viel in einer 38-Stunden-Woche?

29
Herr Kaiser zahlt jeden Monat 52 DM auf ein Sparbuch ein.
Wie viel hat er nach 7 Jahren einbezahlt?

30
Zum Kauf von neuen Möbeln hat sich Herr Boll von der Bank 16 000 DM geliehen. Er muss das Geld in 48 Monatsraten zu 370 DM zurückzahlen. Wie viel Geld muss er insgesamt zurückzahlen? Warum sind dies viel mehr als 16 000 DM?

31
Frau Klee hat einen Sparvertrag mit der Bank abgeschlossen. Sie zahlt 6 Jahre lang monatlich 70 DM ein und erhält nach 6 Jahren 5 300 DM ausbezahlt. Wie viel Geld hat sie einbezahlt?

32
Frau Grün fährt mit dem Bus von ihrem Wohnort zu ihrer 16 km entfernten Arbeitsstelle. Sie arbeitet 5 Tage in der Woche und 38 Wochen im Jahr.
Wie viele Kilometer fährt sie dabei jährlich mit dem Bus?

33
Im Flugzeug wird die Flughöhe in Fuß (ft) angegeben. 1 000 ft sind etwa 305 m. Gib die Flughöhen 17 000 ft und 31 000 ft in Meter an.

34
Das neue Modell „Spara" eines Autoherstellers verbraucht auf 100 km 2 Liter Benzin weniger als sein Vorgänger. Wie viel Liter Benzin spart man bei einer jährlichen Fahrtstrecke von 15 200 km? Wie viel Geld spart man dabei, wenn 1 Liter Benzin 1,50 DM kostet?

Eine Mutter hat 5 Söhne, und jeder Sohn hat eine Schwester. Wie viele Kinder hat die Mutter?

Zählen und Rechnen

35
Ein Buch hat 240 Seiten, und jede Buchseite enthält etwa 42 Zeilen zu 60 Buchstaben.
Wie viele Buchstaben enthält das Buch etwa?

36
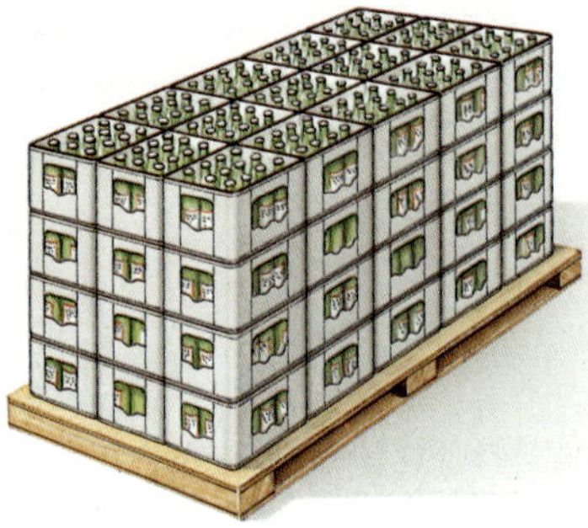

Wie viele Flaschen Mineralwasser sind auf der Palette, wenn jede Kiste 12 Flaschen enthält?

37
Herr Maier hat seine Dias in Magazinen für je 36 Stück aufbewahrt. Er hat 12 Reihen mit je 9 vollen Magazinen gestapelt. Wie viele Dias sind dies?

38
Ines möchte jeden Buchstaben ihres Vornamens in einer anderen Farbe schreiben. Sie hat Farbstifte in 6 verschiedenen Farben. Wie viele Möglichkeiten hat sie
a) für den Buchstaben I
b) für die Buchstaben I und N
c) für ihren Vornamen?

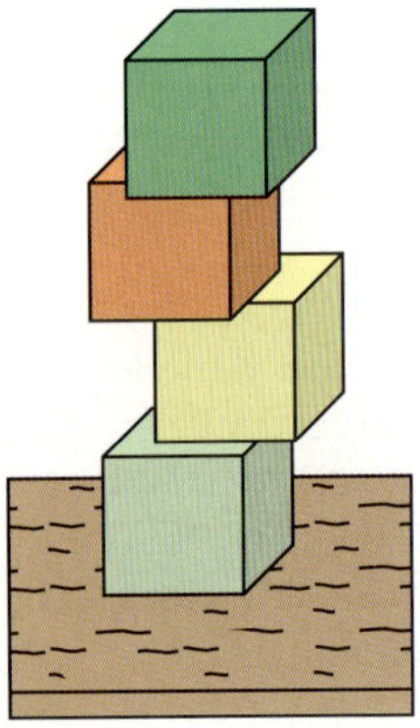

39
Der kleine Bruder von Uwe stapelt vier Würfel in den Farben rot, gelb, grün und blau übereinander.
a) Zeichne sechs verschiedene Türme aus einem roten, gelben, grünen und blauen Würfel, bei denen der unterste Würfel grün ist.
b) Wie viel verschiedene Türme kann man mit den vier Würfeln bauen?

40
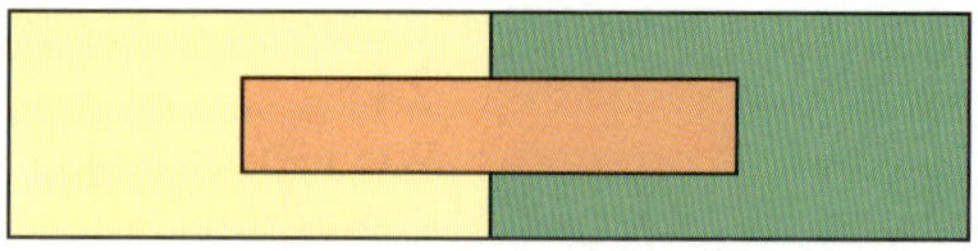

Auf wie viel verschiedene Arten kannst du die drei Felder ausmalen, wenn du vier Farbstifte hast?

In anderen Stellenwertsystemen

41
Wie im Zehnersystem kann man auch in jedem anderen Stellenwertsystem schriftlich multiplizieren:

$$\begin{array}{r} \underline{(2043)_5 \cdot (24)_5} \\ 4141 \\ \underline{13332} \\ (110242)_5 \end{array}$$

a) $(32)_5 \cdot (30)_5$
b) $(201)_5 \cdot (33)_5$
c) $(102)_5 \cdot (24)_5$
d) $(441)_5 \cdot (13)_5$
e) $(144)_5 \cdot (20)_5$
f) $(403)_5 \cdot (203)_5$

42
a) $(11)_2 \cdot (10)_2$
b) $(101)_2 \cdot (110)_2$
c) $(1101)_2 \cdot (100)_2$
d) $(1010)_2 \cdot (101)_2$
e) $(1210)_3 \cdot (201)_3$
f) $(2021)_3 \cdot (110)_3$

Zum Knobeln

43
Setze die Zeichen „·“ und „=“ zwischen die Zahlen. (Beispiel:
1 3 1 4 1 8 2 ergibt $13 \cdot 14 = 182$.)
a) 2 2 1 2 2 6 4
b) 4 1 3 5 1 4 3 5
c) 1 1 5 8 9 2 0
d) 7 2 1 1 1 4 7 7

44
Ersetze die Sterne durch die richtigen Ziffern.

a)
$$\begin{array}{r} \underline{3{\star}4 \cdot {\star}3} \\ {\star}618 \\ \underline{{\star}12{\star}} \\ 27{\star}02 \end{array}$$

b)
$$\begin{array}{r} \underline{6{\star}3 \cdot 4{\star}{\star}} \\ 2{\star}120 \\ \underline{4{\star}2{\star}} \\ 2{\star}60{\star}4 \end{array}$$

c)
$$\begin{array}{r} \underline{6{\star}{\star} \cdot 927} \\ {\star}{\star}79 \\ {\star}26{\star} \\ \underline{{\star}41{\star}} \\ 5{\star}4{\star}3{\star} \end{array}$$

d)
$$\begin{array}{r} \underline{{\star}3{\star} \cdot {\star}7{\star}} \\ 1740 \\ {\star}{\star}45 \\ \underline{{\star}1{\star}5} \\ {\star}06{\star}2{\star} \end{array}$$

3 Addieren und Multiplizieren

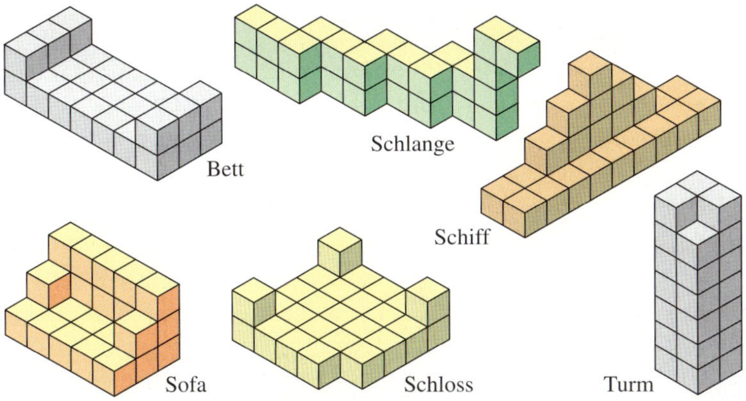

1
Mit den Bausteinen eines Spiels kann man die abgebildeten Körper bauen. Die Anzahl der Würfel beim „Bett“ kannst du mit dem Rechenausdruck $7 \cdot 3 + 2 \cdot 3$ berechnen. Gib auch bei den anderen Körpern jeweils einen Rechenausdruck an, mit dem du die Anzahl der Würfel berechnen kannst.

2
Bei dem Rechenausdruck $3 + 4 \cdot 5$ erhält Karl das Ergebnis 35, während Leila auf 23 kommt. Wie haben die beiden gerechnet?

Müssen wir bei einem Rechenausdruck sowohl addieren als auch multiplizieren, so kommt es auf die **Reihenfolge der Rechenschritte** an. Wir legen dann durch **Klammern** fest, was zuerst berechnet werden soll.

$(3 + 7) \cdot 4$ Hier soll zuerst addiert werden.
$3 + (7 \cdot 4)$ Hier soll zuerst multipliziert werden.

Damit wir aber nicht in jedem Fall Klammern schreiben müssen, vereinbaren wir:
Bei fehlenden Klammern sollen Punktrechnungen (· oder :) zuerst ausgeführt werden.

$3 + 7 \cdot 4$ Hier soll zuerst multipliziert werden.

Klammerregel: Rechnungen in Klammern werden zuerst ausgeführt.
Punkt-vor-Strich-Regel: Punktrechnungen (· und :) werden vor Strichrechnungen (+ und –) ausgeführt.

Ist bei einem Rechenausdruck der letzte Rechenschritt eine Addition (Subtraktion, Multiplikation, Division), so nennen wir den Rechenausdruck eine Summe (Differenz, Produkt, Quotient).

Beispiel 1:

a) (Klammerregel)
$4 \cdot (5 + 2) = 4 \cdot 7$
$= 28$
$4 \cdot (5 + 2)$ ist ein Produkt.

b) (Punkt-vor-Strich-Regel)
$4 \cdot 5 + 2 = 20 + 2$
$= 22$
$4 \cdot 5 + 2$ ist eine Summe.

c) (Verwendung beider Regeln)
$30 - (2 + 3) \cdot 4 = 30 - 5 \cdot 4$
$= 30 - 20 = 10$
$30 - (2 + 3) \cdot 4$ ist eine Differenz.

Beispiel 2: (Nebenrechnungen)
Sind Rechnungen zum Kopfrechen zu schwer, verwenden wir Nebenrechnungen.

$145 \cdot (6134 - 5304)$
$= 145 \cdot 830$
$= 120350$

NR:
$6134 - 5304 = 830$

$145 \cdot 830$:
1160
 4350
120350

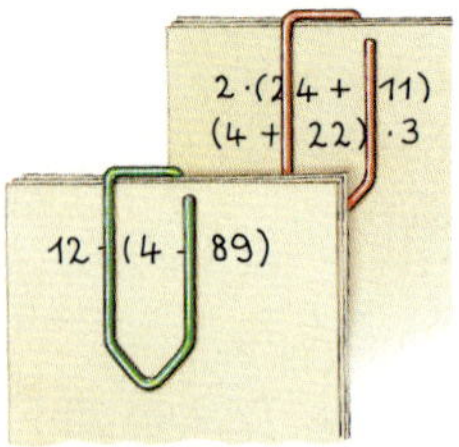

Klammern zeigen, was zusammengehört.

aber

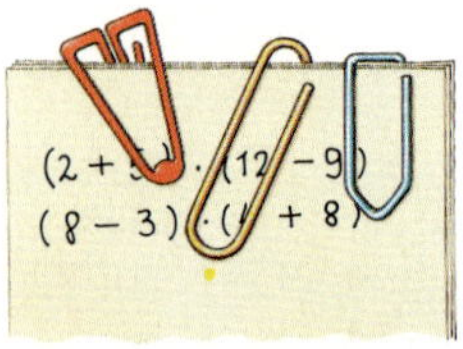

Klammern sparen!

Klammerregel

3

Berechne:

a) 6·(3 + 17) b) 5·(23 – 16)
c) 2·(24 + 11) d) 12·(4 + 89)
e) (4 + 22)·3 f) (22 – 14)·12
g) (34 – 13)·4 h) (41 – 23)·5
i) 4·(24 + 11 – 22) j) (4 + 8 – 7)·5.

4

a) (4 + 2)·(1 + 7) b) (9 – 4)·(9 – 2)
c) (2 + 5)·(12 – 9) d) (8 – 3)·(4 + 8)
e) (18 + 22)·(24 – 14)
f) (120 – 115)·(34 – 22)
g) (413 – 113)·(54 + 16)
h) (41 – 21)·(34 + 36 + 20)
i) (2 + 48 – 45)·(45 – 30 – 6)

5

Berechne wie in Beispiel 2:

a) 46·(124 + 217) b) 475·(623 – 516)
c) 512·(264 + 521) d) 742·(584 – 379)
e) (334 + 932)·253 f) (1482 – 414)·34
g) (476 – 357)·(497 + 502)
h) (297 + 256)·(752 – 397)
i) (2084 – 397)·(528 + 349).

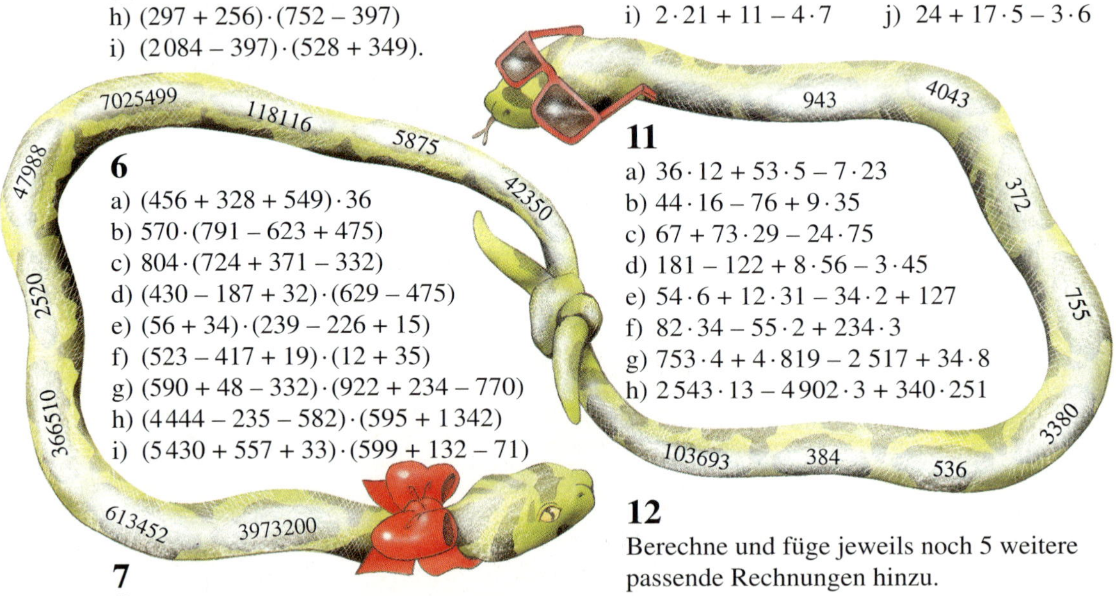

6

a) (456 + 328 + 549)·36
b) 570·(791 – 623 + 475)
c) 804·(724 + 371 – 332)
d) (430 – 187 + 32)·(629 – 475)
e) (56 + 34)·(239 – 226 + 15)
f) (523 – 417 + 19)·(12 + 35)
g) (590 + 48 – 332)·(922 + 234 – 770)
h) (4444 – 235 – 582)·(595 + 1342)
i) (5430 + 557 + 33)·(599 + 132 – 71)

7

Übertrage ins Heft und setze dabei für ⋆ die richtige Zahl ein.

a) 5·(4 + ⋆) = 30 b) 7·(⋆ – 16) = 14
c) 2·(⋆ + 11) = 26 d) ⋆·(4 +7) = 55
e) (4 + 5)·⋆ = 45 f) (⋆ – 4)·7 = 63
g) (15 – 3)·⋆ = 48 h) (34 – ⋆)·5 = 5

8

Übertrage ins Heft und füge dabei eine Klammer sowie zwei der Rechenzeichen +, – und · richtig ein.
(Beispiel: Aus 4 7 2 = 22 wird (4 + 7)·2 = 22)

a) 5 3 5 = 40 b) 7 2 3 = 27
c) 16 12 9 = 36 d) 34 23 7 = 77
e) 24 5 2 = 38 f) 23 21 3 = 132

Punkt-vor-Strich-Regel

9

Berechne:

a) 6·3 + 17 b) 6·13 – 16
c) 3·22 – 11 d) 20·4 + 8
e) 4 + 22·3 f) 23·4 – 52
g) 54 – 12·4 h) 94 – 23·4
i) 2·24 + 11 j) 4 + 17·5.

10

a) 6·2 + 3·5 b) 4·6 – 6 + 9
c) 3·9 – 4·5 d) 30 – 12·2 + 8
e) 5·6 + 2·3 f) 82 – 12·2 – 4·3
g) 4·4 + 3·9 – 17 h) 54 – 12·4 + 2
i) 2·21 + 11 – 4·7 j) 24 + 17·5 – 3·6

11

a) 36·12 + 53·5 – 7·23
b) 44·16 – 76 + 9·35
c) 67 + 73·29 – 24·75
d) 181 – 122 + 8·56 – 3·45
e) 54·6 + 12·31 – 34·2 + 127
f) 82·34 – 55·2 + 234·3
g) 753·4 + 4·819 – 2517 + 34·8
h) 2543·13 – 4902·3 + 340·251

12

Berechne und füge jeweils noch 5 weitere passende Rechnungen hinzu.

a) 9·1 + 2
9·12 + 3
9·123 + 4

b) 9·9 + 7
9·98 + 6
9·987 + 5

c) 8·12 + 2
8·123 + 3
8·1234 + 4

13

Übertrage ins Heft und setze dabei für $\star$ die richtige Zahl ein.

a) $5 \cdot 14 + \star = 76$ b) $5 \cdot \star - 6 = 34$
c) $2 \cdot \star + 12 = 36$ d) $\star - 4 \cdot 7 = 12$
e) $5 + 5 \cdot \star = 65$ f) $\star - 4 \cdot 7 = 20$
g) $75 - 3 \cdot \star = 12$ h) $34 - \star \cdot 5 = 9$

14

Welche Ergebnisse erhältst du, wenn du zwischen die Zahlen die Rechenzeichen + und · auf alle möglichen Arten einfügst? Wie viele Möglichkeiten gibt es stets?
(Beispiel: Aus 4 6 9 wird
$4 + 6 + 9 = 19$ oder
$4 \cdot 6 + 9$ usw.)

a) 5 7 9 b) 8 6 3
c) 7 2 5 d) 4 9 6
e) 12 6 3 f) 4 17 19

Klammer- und Punkt-vor-Strich-Regel

In welcher Stadt steht diese Kirche?

Ordne die Ergebnisse von Aufgabe 16:

12 A 474 A
305 D 1 225 I
7 L 231 M
179 N.

Die „Lösungsstadt" von Aufgabe 16 liegt in dem „Lösungsland" von Aufgabe 17:

3 671 A 3 192 E
493 I 198 I
10 L 98 125 N
2 676 T.

15

Berechne und gib an, ob der Rechenausdruck eine Summe, eine Differenz, ein Produkt oder ein Quotient ist.

a) $5 \cdot (4 + 7) + 8$ b) $6 \cdot 5 + 2 \cdot (8 - 2)$
c) $5 \cdot (14 + 5 \cdot 2)$ d) $17 \cdot (14 \cdot 4 - 23)$
e) $(4 + 8) \cdot 3 + 17$ f) $19 \cdot (5 \cdot 6 + 7 \cdot 3)$
g) $7 \cdot (14 - 3) - 6$ h) $6 \cdot (45 - 4 \cdot 5) \cdot 4$
i) $9 + 2 \cdot (42 - 23)$ j) $29 \cdot (4 \cdot 16 - 19)$

16

Berechne:

a) $7 \cdot (14 - 3) \cdot (4 + 2 \cdot 6 - 13)$
b) $8 + 12 \cdot (14 - 9) - 8 \cdot 7$
c) $(5 \cdot 3 + 24 \cdot 8 - 32) \cdot 7$
d) $43 - 12 \cdot (2 + 45 \cdot 2 - 89)$
e) $(45 - 3 \cdot 13) \cdot (67 + 2 \cdot 6)$
f) $(72 - 2 \cdot 9) \cdot 5 - 13 \cdot (16 - 9)$
g) $(31 + 2 \cdot 7 + 3 \cdot 7 \cdot 5 - 3) \cdot 2 + 11$.

17

a) $(6 + 34) \cdot (21 - 2 \cdot 7 + 5) + 13$
b) $33 - 3 + 7 \cdot 6 \cdot (77 - 4 \cdot 5 + 6)$
c) $53 \cdot 3 + (7 + 6 \cdot 72) \cdot (56 - 24 \cdot 2)$
d) $38 \cdot 4 - 2 \cdot (134 - 9 \cdot 12 + 45)$
e) $250 + (5 \cdot 16 + 15 \cdot 6) - 37 \cdot 6$
f) $(390 - 4 \cdot 72 + 2 \cdot 9 - 6) \cdot (12 + 2 \cdot 8)$
g) $(382 \cdot 3 - 5 \cdot 82 + 49) \cdot (31 \cdot 2 + 7 \cdot 9)$

18

Bei ineinander geschachtelten Klammern beginnt man mit der inneren Klammer.
(Beispiel:
$2 \cdot [3 \cdot (4 + 9) - 8] = 2 \cdot [3 \cdot 13 - 8]$
$= 2 \cdot [39 - 8] = 2 \cdot 31$
$= 62$)

a) $3 \cdot [5 - (9 - 2 \cdot 3)]$
b) $[7 + (14 - 3)] \cdot 4 + 3$
c) $9 + [12 - 2 \cdot (14 - 9)]$
d) $5 \cdot [3 + (24 \cdot 8 - 32)] \cdot 3$
e) $373 - 12 \cdot [(2 + 45) \cdot 2 - 89]$
f) $[(45 - 3) \cdot 13 + 2] \cdot (17 + 2 \cdot 4)$

19

a) $(31 - 2 \cdot 7) \cdot (3 + (6 \cdot 8 - 3) \cdot 2)$
b) $(6 + (4 \cdot 21 - 2) \cdot 7) \cdot 5 - 23$
c) $3 \cdot (65 - 3 \cdot 6 + (67 - 4 \cdot 5 + 6))$
d) $7 \cdot 65 + (63 \cdot 2 + 56 \cdot (3 \cdot 7 - 5)) \cdot 4$
e) $(39 + 43 \cdot (65 - 5 \cdot 6) \cdot (34 - 24)) \cdot 5$
f) $[3 \cdot (65 - (3 \cdot 6 + 7)) + 9] \cdot 3$

20

Schreibe folgende Rechenausdrücke zuerst ohne unnötige Klammern und rechne dann.

a) $(7 \cdot 14) - 3 + 13$
b) $88 + (12 \cdot (15 - 5))$
c) $(5 \cdot 7 \cdot 3) \cdot (3 + 6)$
d) $(3 + 12 - 5) + 4 - (2 \cdot 5) + 52$
e) $[45 - (3 \cdot 13)] \cdot [67 + (2 \cdot 6)]$
f) $31 + (2 \cdot 7) \cdot 5 + 3 \cdot (7 \cdot 4) \cdot 2 + 61$
g) $[23 + 9 + 4 \cdot (4 \cdot 6) \cdot 2] \cdot (7 \cdot 5)$

21

Ergänze in deinem Heft.

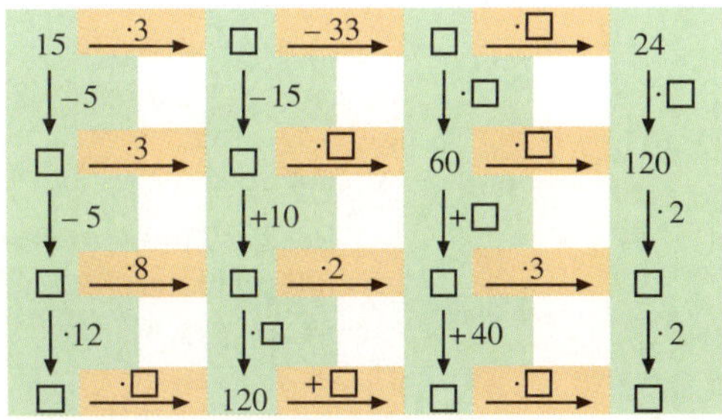

Welche Rechenausdrücke ergeben die grün unterlegten Spalten, welche die braun unterlegten Zeilen? Verwende keine unnötigen Klammern.

17	**S**iebzehn
18	**a**chtzehn
100	**h**undert
9	**n**eun
11	**e**lf

22
Schreibst du die Ergebnisse der folgenden Aufgaben mit Buchstaben statt mit Ziffern, so ergeben die Anfangs- oder Endbuchstaben das „Lösungswort".

a) Nimm die Anfangsbuchstaben.
$4 \cdot (15 - 3) + 2 \cdot 8 + 11$
$19 + 4 \cdot 9 + 11 + 2 \cdot 7$
$80 - (11 + 2) \cdot 3 + 4 \cdot 4$
$(7 + 11) \cdot 3 - 6 \cdot (34 - 28)$
$25 + 9 \cdot 17 - 11 \cdot (14 - 6)$

b) Nimm die Endbuchstaben.
$(24 - 9) \cdot 13 + 18 - (14 + 7 - 9)$
$(35 - 19 - 3) \cdot 28 - 7 \cdot 8$
$15 + 9 \cdot (12 + 29) - 9 \cdot 9$
$619 - 9 \cdot (43 - 28) \cdot 4 + 26$
$78 + (4 + 112 - 10) \cdot 5$

c) Nimm abwechselnd die Anfangs- und Endbuchstaben.
$[25 \cdot 13 + 17 - (19 + 18) \cdot 9] \cdot 10$
$[18 + 3 \cdot (13 + 21) - 8] \cdot 3 + 66$
$18 + [19 - 2 \cdot (6 - 1) + 7] \cdot 4 - 71$
$(5043 \cdot 2 - 6243) + 61$
$(45 - 3) \cdot (502 - 407) - 9 \cdot 7 \cdot 7 \cdot 9$

23
Wie lautet die unlesbare Ziffer #?

a) $(9 - 3) \cdot \# = 48$ b) $\# \cdot (2 + 7) = 36$
c) $2 \cdot \# - 6 = 10$ d) $\# \cdot 2 + 23 = 37$
e) $3 \cdot (\# - 6) = 12$ f) $(19 - \#) \cdot 2 = 12$

24
Setze Klammern so, dass du das angegebene Ergebnis erhältst.

a) $4 \cdot 5 + 9 \cdot 3$ Ergebnis: 168
b) $2 \cdot 3 + 11 \cdot 5$ Ergebnis: 85
c) $5 \cdot 26 - 3 \cdot 6$ Ergebnis: 40
d) $8 + 2 \cdot 14 - 7$ Ergebnis: 70

25
Setze Klammern so, dass du jeweils eine möglichst große Zahl erhältst.

a) $4 - 1 \cdot 2 + 1$ b) $3 + 3 \cdot 3 - 3$
c) $7 \cdot 8 - 2 \cdot 3$ d) $2 + 3 \cdot 8 - 7$
e) $2 \cdot 9 - 4 \cdot 2$ f) $9 - 2 \cdot 3 + 3$

26
Setze in Aufgabe 25 die Klammern so, dass du jeweils eine möglichst kleine Zahl erhältst.

Zum Knobeln

27
Der Rechenbaukasten von Ute enthält nur noch die Bausteine

Doch kann man mit den Bausteinen Rechenausdrücke für alle Zahlen von 1 bis 33 bilden. (Beispiel: $31 = 5 \cdot 5 + 4 + 2$.)

a) Bilde Rechenausdrücke für die Zahlen von 1 bis 33. Oft gibt es dabei mehrere Möglichkeiten.

b) Für welche Zahlen von 34 bis 50 findest du mit den Bausteinen einen Rechenausdruck? Gib diesen Rechenausdruck an.

28
Jede der Farben , , und bedeutet eine der Zahlen 2, 4, 6 oder 8. Welche Zahl zu welcher Farbe gehört, zeigen die folgenden Rechnungen. Überlege dabei zuerst, welche der Zahlen zur Farbe rot gehören muss.

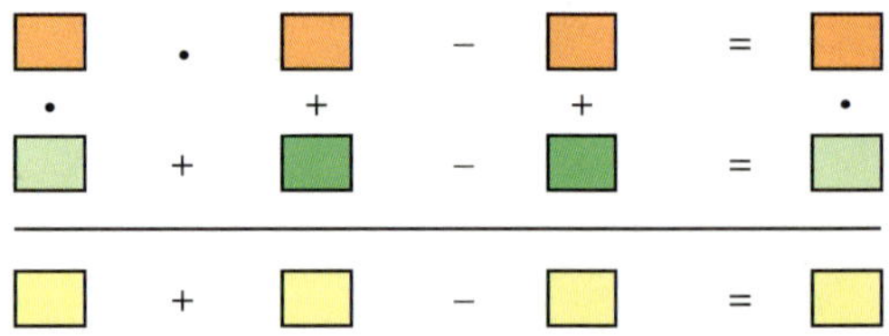

29
Jedes der Zeichen , , und bedeutet eine der Ziffern 1, 2, 3 oder 5. Welche Ziffer zu welchem Zeichen gehört, zeigen dir folgende Rechnungen. Suche zuerst das Zeichen für die Ziffer 1, dann für die Ziffer 2.

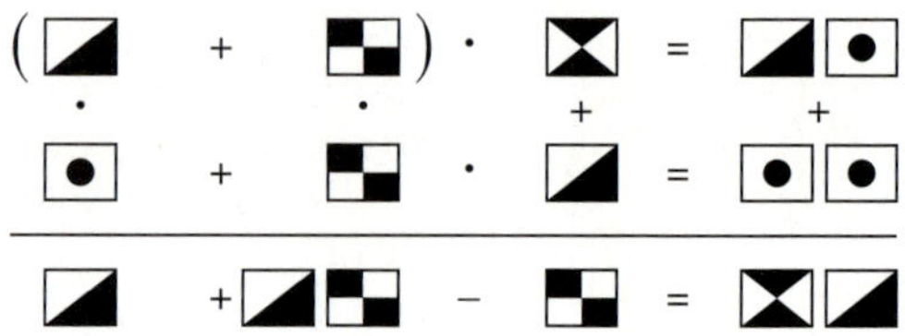

4 Anwendungen

1
Anne kauft auf dem Markt 4 kg Äpfel und 6 Honigmelonen. Sie hat einen 20-DM-Schein dabei. Reicht ihr Geld?

2
Eine Baukolonne besteht aus einem Vorarbeiter, sechs Facharbeitern und vier Gehilfen. Die Arbeitsstunde des Vorarbeiters kostet 62 DM, die eines Facharbeiters 54 DM und die eines Gehilfen 48 DM. Wie viel kostet die ganze Baukolonne für eine Stunde?

Bei umfangreichen Aufgaben ist folgendes Vorgehen beim Lösen zu empfehlen:

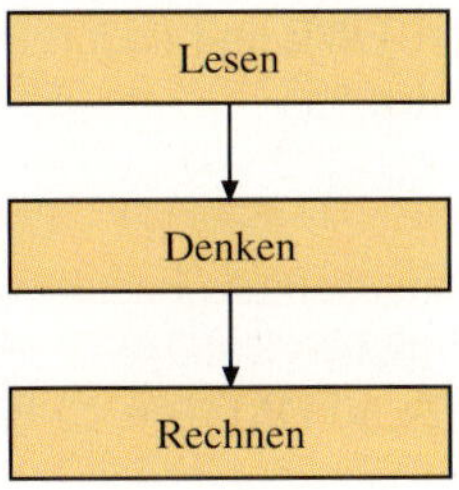

1. Lies die Aufgabe genau durch. Achte darauf, welche Angaben wichtig sind und wonach gefragt wird.
2. Stelle für die gesuchte Größe einen Rechenausdruck auf, rechne aber noch nicht.
3. Berechne den zuvor erhaltenen Rechenausdruck und schreibe das Ergebnis in einem Satz auf.

Beispiel 1:
Familie Kühl fährt mit dem Auto in den Urlaub. Die Entfernung zum Urlaubsort beträgt 600 km. Die Fahrtkosten betragen 65 DM für je 100 km. Die Verpflegung an jedem Reisetag kostet etwa 35 DM. Wie viel kosten Hin- und Rückreise, wenn die Fahrtstrecke von 600 km an einem Tag zurückgelegt wird?
Lösung:
Kosten der Hinreise (in DM): Fahrtkosten: $6 \cdot 65$
Verpflegung für 1 Tag: 35
Kosten für Hin- und Rückreise (in DM): $(6 \cdot 65 + 35) \cdot 2$
$(6 \cdot 65 + 35) \cdot 2 = (390 + 35) \cdot 2 = 425 \cdot 2 = 850.$
Ergebnis: Hin- und Rückreise kosten zusammen 850 DM.

Beispiel 2:
Jan bastelt ein Spiel, für das er 25 Spielmarken aus Karton ausschneidet und auf beiden Seiten bemalt. Wie lange dauert die Herstellung der Spielmarken, wenn bei jeder Marke das Aufzeichnen und Ausschneiden 4 min und das Bemalen einer Seite 3 min dauert?
Lösung:
Herstellungszeit für eine Spielmarke (in min): $4 + 2 \cdot 3$
Herstellungszeit für 25 Spielmarken (in min): $25 \cdot (4 + 2 \cdot 3)$
$25 \cdot (4 + 2 \cdot 3) = 25 \cdot (4 + 6) = 25 \cdot 10 = 250.$
250 min sind 4 h 10 min.
Ergebnis: Die Herstellung der 25 Spielmarken dauert 4 h 10 min.

Wasseruhr

Elektrizitätszähler

Gaszähler

Aus den fünf Ziffern 4, 4, 4, 4, 4 kannst du Rechenausdrücke erhalten, die 0, 4, 8, 16, 32, 64, 256, 512, 1 024 ergeben.
Du musst alle fünf Zahlen verwenden und darfst beliebig viele der Zeichen +, –, · und Klammern hinzufügen.

Aufsuchen von Rechenausdrücken

3

a) Addiere zu 25 das Produkt der Zahlen 19 und 21.
b) Multipliziere die Summe der Zahlen 19 und 21 mit der Zahl 25.
c) Addiere zum Produkt der Zahlen 47 und 13 das Produkt der Zahlen 29 und 31.
d) Multipliziere die Summe der Zahlen 36 und 29 mit ihrer Differenz.

4

a) Addiere zum Produkt aus 49 und 17 die Differenz von 591 und 362.
b) Subtrahiere von der Summe aus 539 und 621 das Produkt von 9 und 67.
c) Multipliziere das Produkt von 37 und 15 mit der Differenz von 37 und 15.
d) Addiere zur Differenz von 736 und 689 das Produkt von 264 und 52.
e) Subtrahiere von der Differenz von 13 266 und 11 279 das Produkt von 29 und 24.

5

a) Addiere zum Produkt von 45 und 24 die 5fache Summe aus 43 und 39.
b) Multipliziere das Produkt aus 49 und 28 mit der 5fachen Differenz von 38 und 21.
c) Addiere 34 zum Produkt von 25 und 41 und multipliziere dann diese Summe mit 13.
d) Subtrahiere 235 vom Produkt der Zahlen 11 und 307 und multipliziere dann diese Differenz mit 511.
e) Multipliziere die Summe der Zahlen 36 und 39 mit 32 und subtrahiere 145 von diesem Produkt.

6

a) Welche Zahl muss man zu dem Produkt von 42 und 49 addieren, damit man die Differenz von 3 469 und 1 318 erhält?
b) Welche Zahl muss man von der Summe von 357 und 290 subtrahieren, damit man das Produkt von 12 und 49 erhält?
c) Um wie viel ist das Produkt von 24, 25 und 26 größer als die mit 35 multiplizierte Summe von 14, 15 und 16?

Kosten für Wasser, Strom, . . .

7

Familie Klar verbraucht im Jahr etwa 145 000 *l* Wasser. Für je 1 000 *l* Wasser bezahlt sie 3,10 DM und für je 1 000 *l* Abwasser nochmals 2,25 DM. Wie viel kostet dies?

8

Der Elektroenergieverbrauch im Haushalt wird mit dem Elektrizitätszähler in Kilowattstunden (kWh) gemessen. Eine kWh kostet 22 Pf, hinzu kommt eine monatliche Grundgebühr von 15,20 DM.
a) Wie hoch sind die Stromkosten, wenn der Zählerstand am Anfang und Ende des Monats 70 681 und 71 247 war?
b) Nachts kostet eine kWh nur 12 Pf. Wie hoch sind die Stromkosten, wenn in einem Monat tagsüber 210 kWh und nachts 356 kWh verbraucht wurden?

9

Ein Telefonanschluss kostet eine monatliche Grundgebühr von 24,60 DM. Beim Telefonieren werden je nach Dauer des Gesprächs und je nach Entfernung mehr oder weniger Tarifeinheiten verbraucht. Jede Tarifeinheit kostet 23 Pf, doch sind 10 Tarifeinheiten im Monat frei. Wie hoch sind die Telefonkosten in einem Monat, in dem 218 Tarifeinheiten verbraucht wurden?

10

Familie Jung hat eine Ölheizung, für die sie jährlich etwa 3 200 *l* Heizöl braucht. Vor zwei Jahren kosteten 100 Liter Öl noch 48 DM, letztes Jahr schon 54 DM, und dieses Jahr waren es 58 DM.
a) Wie viel musste Familie Jung in den letzten drei Jahren für Heizöl bezahlen, wenn sie jährlich 3 200 Liter Öl kauft?
b) Wie viel DM hätte Familie Jung gespart, wenn sie vor zwei Jahren einen Dreijahresvorrat eingekauft hätte?

Radeln, Reisen, Fahren

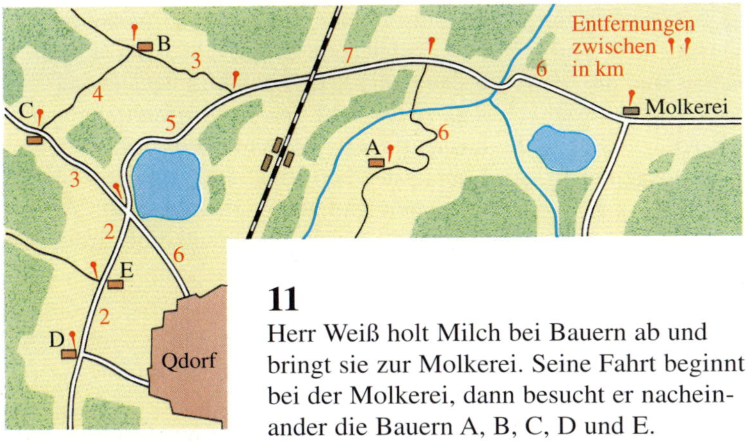

11
Herr Weiß holt Milch bei Bauern ab und bringt sie zur Molkerei. Seine Fahrt beginnt bei der Molkerei, dann besucht er nacheinander die Bauern A, B, C, D und E. Danach fährt er auf dem kürzesten Weg zum Milchwerk zurück. Wie lang ist seine Fahrtstrecke?

12
Sandra macht mit ihren Freundinnen einen Radausflug. Sie fahren um 8.00 Uhr weg und schaffen bis 11.00 Uhr 15 km je Stunde. Nach einer Rast von zweieinhalb Stunden fahren sie weiter, schaffen aber ab jetzt nur noch 12 km je Stunde. Dann rasten sie nochmals eine halbe Stunde und sind um 18.00 Uhr zu Hause. Wie weit sind sie gefahren?

13
Bei einem Tunnelbau fahren 6 Lastwagen mit je 10 t Tragfähigkeit, 7 Lastwagen mit je 12 t Tragfähigkeit und 15 Lastwagen mit je 15 t Tragfähigkeit die Erde ab. Jeder Lastwagen fährt täglich 8-mal. Wie viel Erde wird an einemTag abgefahren?

14
Familie Boll (Eltern, 2 Kinder) fährt in Urlaub. Die Unterkunft kostet täglich mit Frühstück 35 DM für jeden Erwachsenen und 26 DM für jedes Kind. Für Essen, Eintritte usw. rechnen sie mit 90 DM je Urlaubstag. Außerdem machen sie zwei Busausflüge mit, die 12 DM und 14 DM je Person kosten. Wie hoch sind die Kosten für einen 14-tägigen Urlaub, wenn für Hin- und Rückreise noch je 260 DM hinzukommen?

Einkaufen, Verkaufen, Sparen

15
Ulrich kauft Schulhefte, und zwar 8 Hefte zu 1,60 DM und 3 Hefte zu 2,20 DM.
Wie viel muss er bezahlen?

16
Eine Großküche erhält von einem Händler 5 000 Eier zu je 20 Pf das Stück, 100 kg Butter zu 5,60 DM je kg und 50 Kopf Salat zu 55 Pf je Kopf.
Wie hoch ist die Rechnung?

17
Eine Waschmaschine kostet bei Barzahlung 722 DM, bei Ratenzahlung muss man 18 Monatsraten zu 45 DM bezahlen.
Wie viel spart man bei Barzahlung?

18

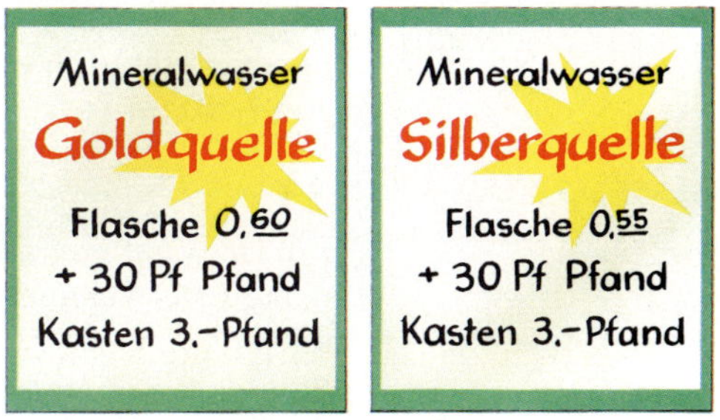

Was kostet jeweils ein Kasten mit 12 Flaschen einschließlich Pfand?

19
Marion spart von ihrem Taschengeld jeden Monat 18 DM. Zu Weihnachten, zu ihrem Geburtstag und für ihr Zeugnis erhält sie je 35 DM, die sie ebenfalls spart.
Wie viel spart Marion in einem Jahr?

20
An einer Tankstelle werden 6 000 Liter verbleites Benzin zu 1,45 DM, 9 000 Liter bleifreies Super zu 1,54 DM und noch 5 000 Liter Diesel zu 1,28 DM je Liter angeliefert.
Wie viel kostet die gesamte Lieferung, wenn für den Transport nochmals 17 DM für je 1 000 Liter berechnet werden?

Tribüne	35.–
Sitzplatz	22.–
Stehplatz	6.50

21
Ein Fußballstadion hat 30 000 Plätze. Davon sind 4 000 überdachte Tribünenplätze, 21 000 Sitzplätze im Freien, der Rest sind Stehplätze. An einem Spieltag sind die Hälfte der überdachten Tribünenplätze, ein Drittel der Sitzplätze im Freien und alle Stehplätze verkauft. Berechne die Einnahmen dieses Tages.

Handwerker und Heimwerker

22
Herr Witt will in Bad und Flur Fußbodenplatten verlegen. Im Bad braucht er in der Breite 18 und in der Länge 19 Platten, im Flur in der Breite 8 und in der Länge 11 Platten. Eine Firma macht für den Auftrag ein Angebot über 1 976 DM. Wie viel spart er, wenn er die Arbeit selbst durchführt? Dabei kann er die Platten in 20-Stück-Packungen zu 38,50 DM kaufen und benötigt noch einen Eimer Klebstoff zu 87,40 DM.

23
Ein Haus mit sechs Wohnungen wird geplant. Jede Wohnung bekommt vier breite und drei schmale Zimmertüren, eine Kellertür und eine Wohnungstür. Zusätzlich braucht man noch zwei Haustüren. Der Architekt hat die Preise von drei Firmen zusammengestellt.

	Firma Säge	Span & Sohn	Hobel Nachf.
schmale Tür	320.–	310.–	340.–
breite Tür	345.–	342.–	354.–
Wohnungstür	512.–	560.–	548.–
Haustür	943.–	872.–	804.–
Kellertür	145.–	138.–	122.-
Montagekosten je Tür	48.–	52.–	42.–

Berechne die Gesamtkosten für die Türen bei den verschiedenen Firmen.

24
Beim Bau eines Achtfamilienhauses liefert eine Installationsfirma in jede Wohnung eine Badewanne zu 498 DM, zwei Waschbecken zu 178 DM und eine Toilettenanlage zu 247 DM. Die benötigten Leitungen kosten für jede Wohnung 870 DM. Die Lohnkosten betragen 3 145 DM pro Wohnung. Wie viel muss der Bauherr des Achtfamilienhauses an die Installationsfirma bezahlen?

Zum Knobeln

25

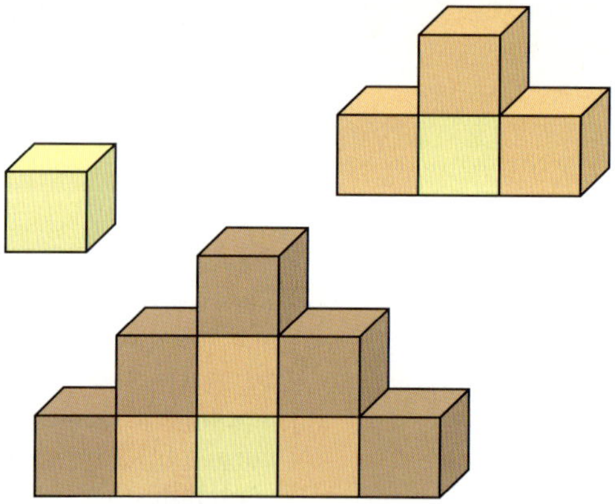

Karin baut aus Würfeln Treppen. Um die Höhe ihrer Treppen vergleichen zu können, stellt sie folgende Tabelle auf.

Höhe der Treppe	1	2	3	
Würfel in der unteren Reihe	1	3	5	
Gesamtzahl der Würfel	1	4	9	

a) Zeichne zwei Treppen, deren Höhen 4 und 5 Würfel betragen. Ergänze dann in deinem Heft die Tabelle bis zur Höhe 8.
b) Karin möchte eine Treppe der Höhe 12 bauen. Wie viele Würfel muss sie in die untere Reihe legen und wie viele Würfel benötigt sie insgesamt?
c) Wie erhältst du aus der Höhe der Treppe die Anzahl der Würfel in der unteren Reihe und die Gesamtzahl der Würfel?

5 Rechenvorteile. Das Distributivgesetz

1
Die 8 Mitglieder einer Tischtennismannschaft erhalten neue Sportkleidung. Für jeden Spieler werden eine Sporthose zu 26 DM, ein Hemd für 39 DM, ein Paar Socken zu 11 DM sowie ein passender Trainingsanzug zu 154 DM benötigt. Der Trainer rechnet: „8 Hosen zu 26 DM kosten $8 \cdot 26\,\text{DM} = 208\,\text{DM}$, 8 Hemden zu 39 DM kosten …“. Martina findet dies umständlich. Könnte man anders rechnen?

2
Du sollst $7 \cdot 42$ im Kopf multiplizieren. Wie rechnest du?

Wenn wir $6 \cdot 14$ im Kopf multiplizieren sollen, dann rechnen wir

$$6 \cdot 14 = 6 \cdot (10 + 4) = 6 \cdot 10 + 6 \cdot 4 = 60 + 24 = 84.$$

Wir rechnen hier anders, als es die Klammerregel vorschreibt.

distribuere (lat.): verteilen

> Man kann eine Summe mit einer Zahl multiplizieren, indem man jeden Summanden mit der Zahl multipliziert und die erhaltenen Ergebnisse addiert.
> **(Distributivgesetz)**

Der Faktor wird auf die beiden Summanden „verteilt“.

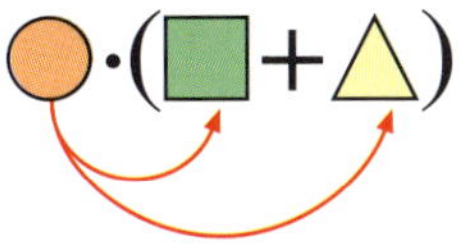

Entsprechend rechnen wir bei $9 \cdot 14 + 9 \cdot 16 = 126 + 144 = 270$ geschickter so:

$$9 \cdot 14 + 9 \cdot 16 = 9 \cdot (14 + 16) = 9 \cdot 30 = 270.$$

Beispiel 1: (Ausmultiplizieren und Ausklammern)

a) $9 \cdot (70 + 4) = 9 \cdot 70 + 9 \cdot 4 = 630 + 36 = 666$

$6 \cdot (100 + 20 + 4) = 6 \cdot 100 + 6 \cdot 20 + 6 \cdot 4 = 600 + 120 + 24 = 744$

Dies nennt man **Ausmultiplizieren**.

b) $9 \cdot 12 + 9 \cdot 18 = 9 \cdot (12 + 18) = 9 \cdot 30 = 270$

$6 \cdot 11 + 6 \cdot 7 + 6 \cdot 2 = 6 \cdot (11 + 7 + 2) = 6 \cdot 20 = 120$

Dies nennt man **Ausklammern**.

Beispiel 2: (Distributivgesetz für Differenzen)

a) Ausmultiplizieren

$6 \cdot (40 - 3) = 6 \cdot 40 - 6 \cdot 3 = 240 - 18 = 222$

$(60 - 5) \cdot 4 = 60 \cdot 4 - 5 \cdot 4 = 240 - 20 = 220$

b) Ausklammern

$7 \cdot 38 - 7 \cdot 18 = 7 \cdot (38 - 18) = 7 \cdot 20 = 140$

$29 \cdot 18 - 19 \cdot 18 = (29 - 19) \cdot 18 = 10 \cdot 18 = 180$

Manchmal ist es wie beim Distributivgesetz:
viel (essen und trinken) = viel essen und viel trinken
ohne (Schuhe und Strümpfe) = ohne Schuhe und ohne Strümpfe

manchmal auch nicht:
(Sand und Kies) mischen ≠ Sand mischen und Kies mischen
(ab und zu) arbeiten ≠ abarbeiten und zuarbeiten

Findest du auch solche Beispiele?

Ausmultiplizieren und Ausklammern

3
Berechne durch Ausmultiplizieren.
(Beispiel: $7 \cdot (10 + 4) = 7 \cdot 10 + 7 \cdot 4 = 70 + 28 = 98$)

a) $5 \cdot (20 + 3)$ b) $9 \cdot (40 + 1)$
c) $14 \cdot (20 + 2)$ d) $25 \cdot (6 + 10)$
e) $7 \cdot (50 + 6)$ f) $5 \cdot (300 + 2)$
g) $6 \cdot (600 + 3)$ h) $15 \cdot (100 + 6)$

4
a) $(30 + 7) \cdot 5$ b) $(50 + 2) \cdot 4$
c) $(30 - 2) \cdot 7$ d) $(70 + 1) \cdot 9$
e) $(50 - 6) \cdot 12$ f) $5 \cdot (400 - 3)$
g) $(600 + 20) \cdot 6$ h) $(500 - 40) \cdot 7$

5
a) $(200 + 50 + 7) \cdot 4$
b) $6 \cdot (400 + 20 - 3)$
c) $3 \cdot (800 - 20 + 1)$
d) $(700 + 40 - 1) \cdot 9$
e) $(700 - 60 + 2) \cdot 8$
f) $5 \cdot (600 - 30 - 1)$
g) $12 \cdot (200 - 10 - 1)$
h) $(200 - 10 + 2) \cdot 15$

6
Berechne durch Ausklammern.
(Beispiel: $8 \cdot 22 + 8 \cdot 18 = 8 \cdot (22 + 18) = 8 \cdot 40 = 320$.)

a) $6 \cdot 7 + 6 \cdot 13$ b) $9 \cdot 14 + 9 \cdot 6$
c) $7 \cdot 23 + 7 \cdot 7$ d) $15 \cdot 16 + 15 \cdot 4$
e) $7 \cdot 23 + 7 \cdot 17$ f) $3 \cdot 32 + 3 \cdot 28$
g) $6 \cdot 61 + 6 \cdot 9$ h) $25 \cdot 11 + 25 \cdot 19$

7
a) $12 \cdot 6 + 18 \cdot 6$ b) $31 \cdot 4 + 9 \cdot 4$
c) $36 \cdot 9 - 26 \cdot 9$ d) $73 \cdot 4 - 53 \cdot 4$
e) $23 \cdot 7 - 19 \cdot 7$ f) $5 \cdot 46 - 5 \cdot 37$
g) $641 \cdot 3 + 59 \cdot 3$ h) $552 \cdot 7 - 546 \cdot 7$

8
a) $27 \cdot 6 + 6 \cdot 23$ b) $8 \cdot 45 - 39 \cdot 8$
c) $3 \cdot 84 - 24 \cdot 3$ d) $277 \cdot 11 - 11 \cdot 275$
e) $71 \cdot 14 + 14 \cdot 29$ f) $5 \cdot 630 + 370 \cdot 5$
g) $8 \cdot 37 + 45 \cdot 8 + 18 \cdot 8$
h) $12 \cdot 39 + 38 \cdot 12 - 57 \cdot 12$
i) $34 \cdot 9 - 31 \cdot 9 + 9 \cdot 87$
j) $7 \cdot 67 + 7 \cdot 61 - 87 \cdot 7 - 7 \cdot 35$

9
Berechne im Kopf. (Beispiel:
$8 \cdot 48 = 8 \cdot (50 - 2) = 8 \cdot 50 - 8 \cdot 2 = 400 - 16 = 384$)

a) $31 \cdot 8$ b) $42 \cdot 7$ c) $38 \cdot 4$
d) $72 \cdot 4$ e) $61 \cdot 9$ f) $78 \cdot 7$
g) $93 \cdot 5$ h) $83 \cdot 6$ i) $88 \cdot 9$

10
a) $39 \cdot 5$ b) $76 \cdot 8$ c) $9 \cdot 49$
d) $42 \cdot 6$ e) $7 \cdot 49$ f) $8 \cdot 64$
g) $65 \cdot 7$ h) $9 \cdot 72$ i) $7 \cdot 69$

11
Achte auf Rechenvorteile. (Beispiel:
$39 + 3 \cdot 87 = 3 \cdot 13 + 3 \cdot 87 = 3 \cdot (13 + 87) = 3 \cdot 100 = 300$)

a) $28 + 14 \cdot 48$ b) $45 + 27 \cdot 15$
c) $56 \cdot 11$ d) $403 \cdot 13$
e) $56 + 8 \cdot 83$ f) $1500 - 3 \cdot 497$
g) $92 \cdot 12 - 24$ h) $59 \cdot 9 - 81$
i) $66 \cdot 4$ j) $129 \cdot 5$
k) $72 + 9 \cdot 72$ l) $59 \cdot 5 - 95$

12
Multipliziere mit dem Distributivgesetz.
(Beispiel: $3 \cdot (4\,\text{m}\ 6\,\text{dm}) = 3 \cdot (4\,\text{m} + 6\,\text{dm}) = 12\,\text{m} + 18\,\text{dm} = 13\,\text{m}\ 8\,\text{dm}$)

a) 5 · (8 m 3 dm) b) 8 · (7 m 2 dm)
c) 4 · (12 dm 6 cm) d) 3 · (4 dm 9 cm)
e) 6 · (13 cm 7 mm) f) 2 · (6 cm 9 mm)
g) 7 · (2 m 6 dm 5 cm)
h) 8 · (1 m 2 dm 5 cm)
i) 2 · (6 dm 3 cm 6 mm)
j) 5 · (4 dm 7 cm 2 mm)
k) 4 · (12 m 5 dm 6 cm 9 mm)

13
a) 3 · (7 kg 500 g) b) 4 · (12 kg 300 g)
c) 7 · (6 t 700 kg) d) 5 · (2 t 900 kg)
e) 6 · (5 t 700 kg 200 g)
f) 9 · (9 t 400 kg 600 g)

14
a) 2 · (8 min 20 s) b) 3 · (5 min 30 s)
c) 4 · (8 h 15 min) d) 5 · (3 h 45 min)
e) 6 · (4 d 12 h) f) 3 · (2 d 18 h)
g) 6 · (1 h 20 min 30 s)
h) 7 · (2 h 30 min 10 s)

Zum Nachdenken und Rechnen

15

Sonja hat Summen mit 2 Summanden ausmultipliziert. Ein umgefallenes Getränk hat ihre Rechnungen zum Teil unleserlich gemacht. Kannst du ihr helfen?

a) $13 \cdot (9 +$ … $= 221$

b) $15 \cdot (14 +$ … $= 255$

c) $(28 +$ … $+ 60 = 200$

d) $($ … $+ 13) \cdot 12 = 420$

e) $(271 + 29) \cdot 11 =$ …

f) $24 \cdot (45 + 21) =$ …

16

Setze für ⋆ und # die richtigen Ziffern ein.

a) (3 + ⋆)·9 = 4# b) (7 + #)·12 = 9⋆

c) (4 + #)·7 = ⋆6 d) (18 + ⋆)·5 = #5

e) (# + 4)·9 = ⋆0 f) (4 + ⋆)·6 = #0

K(l)eine Zauberei

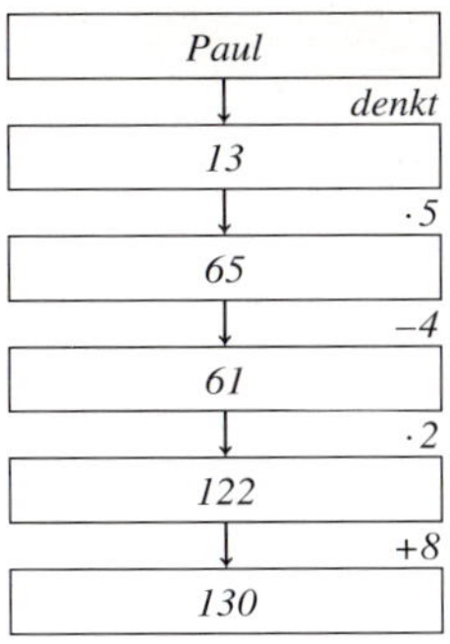

17

Otto sagt zu Paul:
„Denke dir eine Zahl, multipliziere sie mit 5 und ziehe 4 ab. Verdopple nun die Differenz, addiere 8 und nenne mir das Ergebnis."

a) Welche Zahl nennt Paul, wenn er 8 (11; 15) gedacht hat? Schreibe den Rechenausdruck auf.

b) Wie kann Otto aus der genannten Zahl die gedachte Zahl erraten?

18

Gabi sagt zu Heidi:
„Denke dir zwei einstellige Zahlen. Verdopple die erste Zahl und addiere 5. Nun multipliziere die Summe mit 5 und addiere zum Produkt noch 10 und deine zweite Zahl. Gib mir das Ergebnis an!"

a) Heidi hat sich 3 und 8 (4 und 7) gedacht. Welches Ergebnis nennt sie? Schreibe einen Rechenausdruck auf.

b) Gabi subtrahiert vom Ergebnis 35 und kennt dann die gedachten Zahlen. Wie geht das?

Kleine Rechenkniffe

19

Zweistellige Zahlen, deren Ziffern zusammen kleiner als 10 sind, kann man leicht mit 11 multiplizieren. Es ist

$11 \cdot 23 = 253$; $11 \cdot 42 = 462$

$11 \cdot 54 = 594$; $11 \cdot 16 = 176$.

a) Vergleiche die Ziffern des 2. Faktors mit dem Ergebnis. Was fällt auf?

b) Gib das Ergebnis sofort an:

$11 \cdot 43$; $11 \cdot 51$; $11 \cdot 80$; $11 \cdot 26$.

20

Auch zweistellige Zahlen, deren Ziffern zusammen größer als 9 sind, kann man im Kopf mit 11 multiplizieren. Es ist

$11 \cdot 57 = 627$; $11 \cdot 49 = 539$

$11 \cdot 66 = 726$; $11 \cdot 87 = 957$.

a) Wie erhält man aus den Ziffern des 2. Faktors sofort das Ergebnis?

b) Gib das Ergebnis sofort an:

$11 \cdot 79$; $11 \cdot 48$; $11 \cdot 77$; $11 \cdot 93$.

21

Sogar mit Vielfachen von 11 kann man leicht multiplizieren. Es ist

$33 \cdot 18 = 11 \cdot 3 \cdot 18 = 11 \cdot 54 = 594$.

Berechne ebenso:

$22 \cdot 23$; $44 \cdot 15$; $55 \cdot 18$; $66 \cdot 12$.

22

Bei Multiplikationen mit 9 gilt z. B.

$17 \cdot 9 = 17 \cdot (10 - 1) = 170 - 17 = 153$.

Man benötigt also nur die Subtraktion $170 - 17 = 153$. Berechne ebenso:

$19 \cdot 9$; $23 \cdot 9$; $47 \cdot 9$; $83 \cdot 9$; $97 \cdot 9$.

23

Mit Vielfachen von 9 kann man auch einfach multiplizieren. Es ist

$7 \cdot 27 = 7 \cdot 3 \cdot 9 = 21 \cdot 9 = 210 - 21 = 189$.

Berechne ebenso:

$17 \cdot 18$; $63 \cdot 27$; $47 \cdot 54$; $38 \cdot 63$.

24

Berechne $33 \cdot 9$; $555 \cdot 9$ und $7777 \cdot 9$. Achte auf die erste und letzte Ziffer. Wie erhältst du fast ohne Rechnung das Ergebnis von $666 \cdot 9$, $222 \cdot 9$ und $9999 \cdot 9$?

6 Dividieren

1
Ein Quartettspiel besteht aus 36 Karten, die gleichmäßig an 3 Mitspieler zu verteilen sind. Wie viele Karten erhält jeder? Wie viele Karten bekommt jeder, wenn ein Mitspieler hinzukommt? Welches Problem gibt es bei 5 Mitspielern?

Wenn 48 Brötchen in gleiche Beutel abgepackt werden, so können zwei „Verpackungsprobleme“ auftreten:

a) In jeden Beutel kommen 6 Brötchen. Wie viele Beutel brauchen wir?

b) Es sind 12 Beutel vorhanden. Wie viele Brötchen kommen in jeden Beutel?

$? \cdot 6 = 48$

$12 \cdot ? = 48$

dividere *(lat.): teilen*

Quotient
48 : 6
Dividend *Divisor*

In beiden Fällen ist das Produkt 48 und ein Faktor bekannt, nämlich 6 oder 12, und wir suchen den anderen Faktor. Wir erhalten ihn durch **Dividieren**.

Bei der **Division** von 48 durch 6 schreiben wir $48:6$ und erhalten das Ergebnis 8, da $8 \cdot 6 = 48$ ist. Dafür schreiben wir $48:6 = 8$.
$48:6$ heißt **Quotient** mit dem **Dividenden** 48 und dem **Divisor** 6.

Beispiel 1:
80 Schrauben werden in kleine Klarsichtbeutel verpackt.

a) In jeden Beutel gehören vier Schrauben.
Wie viele Beutel erhält man?
$? \cdot 4 = 80$
$80:4 = 20$
Man erhält 20 Beutel.

b) Man möchte 16 Beutel füllen.
Wie vieleSchrauben gehören in jeden Beutel?
$16 \cdot ? = 80$
$80:16 = 5$
In jeden Beutel gehören 5 Schrauben.

Beispiel 2:
Es ist $7 \cdot 13 = 91$ und somit $91:7 = 13$ sowie $91:13 = 7$.
Es ist $9 \cdot 11 = 99$ und somit $99:9 = 11$ sowie $99:11 = 9$.

„Ich bin nie Divisor“

Beim **Rechnen mit 0** ist zu beachten:
Weil $1 \cdot 0 = 0$; $2 \cdot 0 = 0$; $3 \cdot 0 = 0$; … gilt,
ist $0:1 = 0$; $0:2 = 0$; $0:3 = 0$; …
Weil alle Produkte mit einem Faktor 0 stets 0 ergeben, kann man eine von 0 verschiedene Zahl nicht durch 0 dividieren. Auch $0:0$ bedeutet keine bestimmte Zahl.
Wir merken uns: Durch 0 kann man nicht dividieren.

Beispiel 3: (Besondere Quotienten; Klammern)
a) $15:15 = 1$; $15:1 = 15$ $0:15 = 0$; $15:0$ bedeutet keine Zahl
b) Es ist $(40:10):2 = 4:2 = 2$,
aber $40:(10:2) = 40:5 = 8$.
Es ist $8:2 = 4$,
aber $2:8$ ist keine natürliche Zahl.
Wie b) und c) zeigen, ist beim Dividieren das Umsetzen oder Weglassen von Klammern sowie das Vertauschen von Dividend und Divisor nicht erlaubt.

Beispiel 4: (Division bei Größen)
Da $3 \cdot 4\,\text{m} = 12\,\text{m}$ ist, schreiben wir auch $12\,\text{m}:3 = 4\,\text{m}$ sowie $12\,\text{m}:4\,\text{m} = 3$.
$12\,\text{m}:3$ gibt an, wie lang ein Teil ist, wenn man 12 m in 3 gleiche Teile teilt.
$12\,\text{m}:4\,\text{m}$ gibt an, wie oft die Länge 4 m in der Länge 12 m enthalten ist.

2
Berechne die Quotienten.
a) 27:3; 35:7; 42:2; 64:8
b) 54:9; 63:7; 36:6; 54:6
c) 42:14; 34:17; 65:13; 56:14
d) 75:15; 57:19; 84:12; 77:11
e) 45:3; 68:4; 52:4; 72:4
f) 57:3; 91:7; 42:7; 84:4

3
Dividiere
a) 48 durch 2; 3; 4; 6; 8; 12
b) 72 durch 2; 3; 4; 6; 8; 9
c) 84 durch 2; 3; 6; 7; 12; 14
d) 90 durch 3; 5; 6; 9; 15; 18
e) 96 durch 2; 3; 6; 8; 12; 16.

4
Dividiere
a) 50 durch 2; 5; 10; 25; 50
b) 100 durch 2; 5; 10; 20; 50
c) 200 durch 2; 5; 10; 100; 200
d) 1 000 durch 2; 5; 10; 100; 200
e) 2000 durch 2; 5; 10; 100; 200.

5
Berechne, wenn möglich:
a) 5:1; 1:5; 5:0; 0:5; 5:5
b) 13:13; 13:1; 1:13; 0:1; 13:0
c) 47:1; 47:0; 1:47; 47:47 0:47.

6
Es ist $76:4 = 19$, weil $4 \cdot 19 = 76$.
Berechne ebenso mit dieser „Probe“:
a) 36:3; 44:11; 68:17; 120:8
b) 91:7; 144:8; 72:24; 128:32.

7
Wegen $4 \cdot 7 = 28$ ist $28:4 = 7$ und $28:7 = 4$. Gib ebenso 2 Quotienten an:
a) $5 \cdot 3 = 15$; $7 \cdot 5 = 25$; $8 \cdot 5 = 40$
b) $22 \cdot 4 = 88$; $4 \cdot 25 = 100$; $18 \cdot 5 = 90$
c) $12 \cdot 6 = 72$; $37 \cdot 3 = 111$; $39 \cdot 5 = 195$.

8
Achte auf die Einheit.
a) 12 kg : 4; 12 kg : 3 kg; 12 kg : 6 kg
b) 15 km : 3 km; 15 km : 3; 18 km : 3
c) 45 s : 9 s; 25 s : 5; 90 s : 15 s
d) 63 cm : 9 cm; 27 mm : 3; 60 dm : 3 dm
e) 78 t : 13 72 g : 12 g; 75 mg : 3 mg

9

Zahl	kann man dividieren durch
15	1, 3, 5, 15,

Untersuche ebenso die Zahlen
a) von 10 bis 25 b) von 25 bis 35
c) von 35 bis 50 d) 64, 71, 72.

Als Jörg die Ergebnisse von Aufgabe 15 sieht, meint er: „Ich brauche bei 9 Stücken nur 4 Schnitte und bei 15 cm langen Stücken 5 Schnitte.“ Wie macht er das?

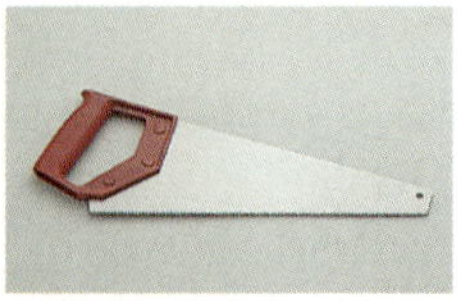

10

11	35	39	75	41
28	31	60	51	90
8	23	26	37	32
18	9	36	33	66

Übertrage die Zahlen in dein Heft. Streiche nun die Zahlen durch, die man durch 2, 3, 5 oder 7 dividieren kann, und zwar bei 2 mit |, bei 3 mit –, bei 5 mit \ und bei 7 mit /. Welche Figur erkennst du?

6 : 3 = 2
60 : 30 = 2
600 : 300 = 2
6 000 : 3 000 = 2
60 000 : 30 000 = 2
. . . : . . . =

11

Es ist 3 200 : 400 = 320 : 40 = 32 : 4 = 8.
Berechne ebenso:

a) 150 : 30; 450 : 90; 640 : 40
b) 2 500 : 500; 3 500 : 700; 5 400 : 900
c) 5 400 : 90; 48 000 : 1 200; 72 000 : 800
d) 63 000 : 900; 5 500 : 50; 78 000 : 1 300.

6 : 3 = 2
60 : 3 = 20
600 : 3 = 200
6 000 : 3 = 2 000
60 000 : 3 = 20 000
. . . : 3 = . . .

12

Weil 35 : 7 = 5, ist 3 500 : 7 = 500.
Berechne ebenso:

a) 350 : 5; 420 : 7; 360 : 4
b) 1 200 : 4; 2 500 : 5; 2 700 : 9
c) 72 000 : 6; 24 000 : 6; 28 000 : 7
d) 4 800 : 12; 4 200 : 14; 12 500 : 25.

13

Berechne:

a) (72 : 6) : 2; 72 : (6 : 2)
b) 88 : (44 : 2); (88 : 44) : 2
c) (64 : 16) : 4; 64 : (16 : 4)
d) 10 : (10 : 1); (10 : 10) : 1
e) 50 : (125 : 25); (90 : 2) : 9; (80 : 4) : 5
f) 72 : (64 : 8); (64 : 2) : 8; 80 : (28 : 7)
g) (96 : 2) : 12; 77 : (63 : 9); 120 : (48 : 2).

Teilen im Alltag

14

Ein Lkw kann 8 t laden. Wie oft muss dieser Lkw zum Transport von 56 t Kies fahren? Wie viele Fahrten braucht man mit einem Lkw, der 6 t laden kann?

15

Jörg will eine 180 cm lange Latte in Stücke gleicher Länge zersägen.
a) Er braucht 9 Stücke. Wie lang wird jedes Stück und wie viele Schnitte sind höchstens notwendig?
b) Jedes Stück wird 15 cm lang. Wie viele Stücke erhält er?
Wie viele Schnitte braucht er höchstens?

16

Eine Familie mit 3 Kindern fährt mit der Bahn. Die Fahrt kostet insgesamt 84 DM. Kinder zahlen „halbe Preise“.
Wie viel kostet die Fahrt für jeden?

17

Eine Klasse mit 33 Schülern plant eine Busfahrt. Jeder muss 20 DM bezahlen. Kurz vor der Fahrt erkranken drei Schüler und erhalten ihr Geld zurück.
Wie viel DM muss jeder mitfahrende Schüler nachzahlen? (Gib zwei Lösungswege an.)

18

Herbert, Barbara und Hans kaufen gemeinsam ein Los. Herbert bezahlt 2 DM, Barbara 2,50 DM und Hans 3 DM. Wie ist der Gewinn von 300 DM zu verteilen?

19

Rio de Janeiro hat das größte Fußballstadion der Welt. Es fasst etwa 200 000 Zuschauer.
a) Wie viele Personenwagen mit 4 Personen (Omnibusse mit 80 Personen; Züge mit 1 600 Personen) wären nötig, um das Stadion zu füllen?
b) Wie lang wäre die Fahrzeugschlange, wenn die Fahrzeuge 5-spurig fahren und jeder Pkw 8 m (jeder Bus 15 m) benötigt?

7 Schriftliches Dividieren

1
Du möchtest 5 Tafeln Schokolade an 3 Freunde verteilen. Jeder soll gleich viel bekommen. Wie machst du das?

Drei Personen, die einen Geldbetrag von 411 DM gleichmäßig untereinander aufteilen wollen, können dabei so vorgehen:
1. Jeder nimmt sich zuerst einen 100-DM-Schein. Es bleiben 111 DM übrig.
2. Der verbliebene 100-DM-Schein wird in 10-DM-Scheine gewechselt, und jeder nimmt sich drei 10-DM-Scheine. Es bleiben 21 DM übrig.
3. Die beiden übrig gebliebenen 10-DM-Scheine werden in Markstücke gewechselt. Jeder bekommt noch 7 DM.

Insgesamt hat jeder 137 DM erhalten.

Wir fassen das Vorgehen zusammen:

Staffeldivision

411 : 3 = 137	Wie oft geht 3 in 4?
− 3	Subtrahiere 3 von 4.
11	Wie viele Zehner bleiben übrig? Wie oft geht 3 in 11?
− 9	Subtrahiere 9 von 11.
21	Wie viele Einer bleiben übrig? Wie oft geht 3 in 21?
− 21	Subtrahiere 21 von 21.
0	

Beispiel 1: (Dividieren durch eine zweistellige Zahl)

3036 : 12 = 253	Wie oft geht 12 in 30?	
− 24	Subtrahiere 24 von 30.	Probe: 253 · 12
63	Wie oft geht 12 in 63?	253
− 60	Subtrahiere 60 von 63.	₁506
36	Wie oft geht 12 in 36?	3036
− 36	Subtrahiere 36 von 36.	
0		

Beispiel 2: (Dividieren mit Rest)

853 : 15 = 56 Rest 13	Die Division 853 : 15 „geht nicht auf".
− 75	Da wir 13 nicht mehr durch 15 teilen können,
103	bleibt 13 als **Rest**.
− 90	Wir schreiben 853 : 15 = 56 Rest 13
13	oder 853 = 56 · 15 + 13.

Achte darauf, was mit mir geschieht

Beispiel 3: (Die Ziffer 0 beim Dividieren)

a) 5104 : 36 = 141 Rest 28
– 36
150
– 144
64
– 36
28

b) 2704 : 13 = 208
– 26
10
– 0
104
– 104
0

c) 8550 : 57 = 150
– 57
285
– 285
00
– 0
0

Dividieren ohne Rest

2

Dividiere nacheinander.

a) 104; 148; 274; 1342; 2568 durch 2
b) 126; 183; 6666; 66666; 2250 durch 3
c) 124; 184; 436; 2744; 4968 durch 4
d) 105; 355; 730; 1650; 4755 durch 5
e) 126; 186; 642; 5754; 7890 durch 6
f) 147; 217; 819; 3647; 7497 durch 7
g) 144; 248; 528; 4568; 8352 durch 8
h) 126; 171; 855; 7389; 9504 durch 9

Jede der Zahlen

2438195760
3785942160
4753869120
4876391520

enthält alle Ziffern und lässt sich ohne Rest dividieren durch 1; 2; 3; . . .; 17; 18.

Da kannst du üben!

3

Berechne.

a) 3025 : 25; 2139 : 31; 4183 : 47
b) 5278 : 58; 2835 : 81; 7252 : 98
c) 8424 : 24; 7011 : 57; 3534 : 38
d) 8722 : 89; 1775 : 71; 4140 : 92
e) 16389 : 27; 15720 : 24; 16362 : 18
f) 28704 : 39; 33129 : 81; 62604 : 94
g) 30552 : 67; 20075 : 25; 49941 : 93
h) 33894 : 42; 26524 : 38; 46257 : 51

4

a) 53142 : 102 79788 : 122
b) 136525 : 215 113336 : 457
c) 204204 : 572 213877 : 391
d) 183388 : 508 290628 : 598
e) 145068 : 471 500633 : 833
f) 1407600 : 255 4374552 : 728
g) 1317998 : 431 8079400 : 4060
h) 6208136 : 29704 4327148 : 21316

5

Für welche Zahl steht das Zeichen Δ?

a) 3776 : 59 = Δ b) 2754 : Δ = 54
c) Δ : 572 = 7436 d) 6768 : Δ = 752
e) 8073 : 621 = Δ f) Δ : 37 = 5772
g) 14616 : Δ = 504 h) Δ : 257 = 17219

Welche Zahlen haben bei Division durch 3 den Rest 1, 4 den Rest 2, 5 den Rest 3, 6 den Rest 4?

6

Mache zuerst einen Überschlag, berechne dann und überprüfe das Ergebnis durch eine Probe. (Beispiel: 6032 : 29.
Überschlag: 6032 : 29 ≈ 6000 : 30 = 200
Rechnung: 6032 : 29 = 208
Probe: 29 · 208 = 6032)

a) 6169 : 31; 2898 : 42; 4779 : 59
b) 7139 : 59; 7189 : 91; 8051 : 97
c) 7399 : 151; 4564 : 163; 8910 : 135
d) 91756 : 203; 92904 : 392; 75674 : 482
e) 192478 : 673; 332937 : 531; 157262 : 658

Dividieren mit Rest

7

Berechne.

a) 479 : 34; 629 : 39; 821 : 29
b) 531 : 52; 208 : 47; 938 : 73
c) 4282 : 48; 6721 : 59; 3902 : 47
d) 2006 : 45; 3020 : 51; 7771 : 66
e) 5420 : 235; 6020 : 402; 9402 : 717
f) 335577 : 446; 316729 : 436; 502058 : 551

8

Wie oft passt die kleinere Zahl in die größere Zahl? Gib den Rest an.

a) 472 und 71 b) 59 und 491
c) 4921 und 38 d) 3081 und 47
e) 732 und 7926 f) 6703 und 97
g) 27531 und 253 h) 382 und 33661
i) 928374 und 258 j) 603 und 229751

9

Ersetze das Zeichen Δ durch die größtmögliche Zahl. Berechne den Rest □.

a) 89 = Δ · 11 + □ b) 175 = 12 · Δ + □
c) 344 = Δ · 3 + □ d) 205 = 34 · Δ + □
e) 394 : Δ = 13 Rest □
f) 534 : Δ = 37 Rest □

Dividieren bei Größen

10
Berechne.

a) 210 m : 5	b) 264 kg : 11
c) 3 696 t : 231	d) 8 421 km : 401
e) 9 633 h : 507	f) 6 579 g : 387

11

a) 45 kg : 9 kg	b) 363 kg : 11 kg
c) 5 073 t : 267 t	d) 8 442 km : 603 km
e) 8 802 h : 326 h	f) 9 548 g : 308 g

12
Verwandle erst in eine kleinere Einheit.

a) 38 cm : 10	b) 94 dm : 10
c) 12 DM : 25	d) 4 km : 200
e) 16 t : 400	f) 5 h : 150

13

a) 27 DM : 30 Pf	b) 97 kg : 250 g
c) 83 km : 25 m	d) 17 t : 125 kg
e) 26 h : 30 min	f) 39 h : 45 min

14

a) 2 m 15 cm : 5	b) 2 kg 400 g : 8
c) 36 t 90 kg : 18	d) 28 km 750 m : 25
e) 12 h 45 min : 15	f) 65 g 360 mg : 80

15

a) 30 m : 5 cm	b) 12 t : 400 g
c) 13 kg : 250 mg	d) 72 km : 40 dm
e) 4 h : 15 s	f) 15 h : 25 s

Aus der Wirtschaft

16
12 000 Glaskugeln werden zum Verkauf in Netze verpackt.
a) Wie viele Netze erhält man, wenn in jedes Netz 15 (20; 30; 40; 48; 100) Kugeln kommen?
b) Wie viele Kugeln kommen in jedes Netz, wenn man 150 (200; 400; 600) Netze haben möchte?

17
Ein Teeaufgussbeutel enthält 2 250 mg Tee. Wie viele solcher Beutel lassen sich aus 300 kg Tee herstellen?

18
Eine Rolle Draht wiegt 3 400 g. Wie lang ist der Draht, wenn ein 5 m langes Drahtstück 17 g wiegt?

19
An einem Fließband dauert die Verpackung einer Kaffeemaschine 4 Minuten. Wie viele Maschinen werden in einem 8-Stunden-Tag verpackt?

Vom Geld

20
Eine Klasse mit 28 Schülern hat einen Bus gemietet, der 378 DM kostet. Wie viel muss jeder Schüler bezahlen?

21
Fünf Freundinnen haben zusammen einen 7-tägigen Ausflug gemacht. Die Gesamtkosten von 1 277,50 DM wollen sie gleichmäßig aufteilen.
Wie viel hat für jede der Freundinnen ein Tag gekostet?

22
Herr Klotz hat bei der Bank eine Schuld von 30 000 DM, die er in gleichen Monatsraten zurückzahlen muss.
Wie hoch ist seine Monatsrate, wenn die Rückzahlung in einem Jahr (5 Jahren; 20 Jahren) erfolgt?

23
Wie viel kostet ein Heft
a) einer Monatsschrift, deren Jahresabonnement 162 DM kostet
b) einer Wochenzeitschrift, deren Halbjahresabonnement 114,40 DM kostet?

24
Frau Schleicher und ihre 3 Kinder erben zusammen 18 600 DM. Wie viel bekommt jeder, wenn
a) alle Erben gleich viel
b) Frau Schleicher doppelt so viel wie ein Kind
c) die Kinder zusammen so viel wie Frau Schleicher erhalten sollen?

25

Name: *Eugen Bast*				
Datum	Ort	km-Stand	Liter	DM
24. 05.	*Stuttgart, Goethestr.*	*46 750*	*50*	*73,50*
28. 05.	*Karlsruhe, Rheinallee*	*47 350*	*60*	*89,40*
01. 06.	*Konstanz, Seeufer*	*48 010*	*45*	*68,40*
03. 06.	*Reutlingen, Baumstr.*	*48 595*	*55*	*80,30*

Monteur Bast hat seine Benzinkosten in ein Fahrtenbuch eingetragen.

a) Wo war das Benzin am billigsten?

b) Wann ist er mit 1 Liter Benzin am weitesten gefahren?

26

Briefmarken werden in Bögen gedruckt. Die Zahlen oben an einem Bogen geben an, wie viel die Briefmarken darunter und links davon kosten.

a) Was gibt die Zahl rechts oben am Bogen an?

b) Wie viele Briefmarken befinden sich untereinander auf dem Bogen, wie viele Briefmarken enthält der Bogen?

27

Sammlung für das Kinderheim in der Pestalozzistraße:

Klasse 5 a:	31 Schüler	117,80 DM
Klasse 5 b:	30 Schüler	126,00 DM
Klasse 5 c:	28 Schüler	120,40 DM
Klasse 6 a:	27 Schüler	110,70 DM
Klasse 6 b:	32 Schüler	124,80 DM

Vergleiche die Ergebnisse.

Mensch und Umwelt

28

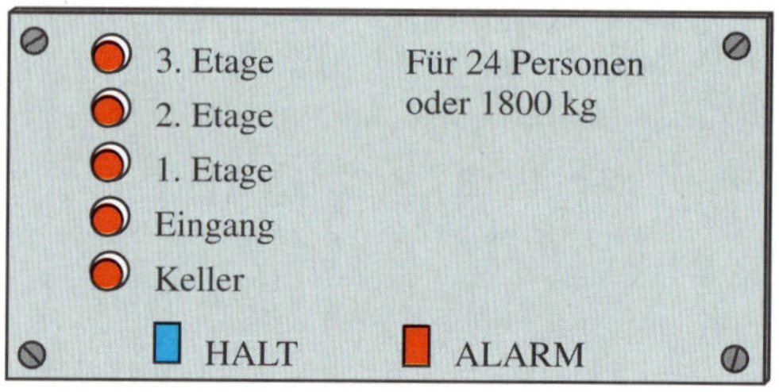

Mit welchem mittleren Gewicht eines Menschen hat der Hersteller des Aufzuges gerechnet?

29

Ilana möchte die Länge eines Schrittes messen. Dazu geht sie den etwa 100 m langen Sportplatz entlang und zählt 154 Schritte.

30

Bei einer Grippewelle erkrankten von den 42 380 Einwohnern einer Stadt 8 476. Von den 127 050 Einwohnern einer anderen Stadt erkrankten 21 175. In welcher Stadt trat die Grippewelle stärker auf? Berechne dazu, auf wie viele Personen eine Erkrankung kommt.

31

Frau Buhl fährt mit dem Auto zur Arbeit. Bei einer 5-Tage-Woche ergibt dies in 17 Wochen eine Fahrtstrecke von 3 230 km. Wie groß ist ihre wöchentliche und wie groß ihre tägliche Fahrtstrecke?

32

Familie Kühl hat in den Wintermonaten 2 700 Liter Heizöl für Heizung und Warmwasser verbraucht, in den Sommermonaten 600 Liter für Warmwasser.

a) Wie viel Liter sind dies jeweils täglich, wenn in den Monaten Oktober bis März geheizt wird und im Sommerurlaub die Heizung für einen Monat abgeschaltet war? (Rechne die Monate zu 30 Tagen.)

b) Wie viel Liter Öl verbraucht die Familie täglich für Warmwasser?

Zeit und Geschwindigkeit

33

Frau Rauck hat mit dem Auto eine 840 km lange Strecke in 9 h 20 min zurückgelegt.
a) Welche Strecke hat sie durchschnittlich in einer Stunde zurückgelegt?
b) Wie lange braucht sie bei gleicher Geschwindigkeit für 300 km?

34

Ein Radrennfahrer benötigt 1 h für 36 km, ein Sprinter 10 s für 100 m.
Vergleiche die von beiden in 1 s zurückgelegte Strecke.

35

Ein Autofahrer bremst beim Auftauchen einer Gefahr nicht sofort, sondern es vergeht eine so genannte „Schrecksekunde“. Welchen Weg legt ein Auto in dieser Sekunde bei einer Geschwindigkeit von 50 km je Stunde zurück?

36

Bei einem Skirennen durchfuhr der Sieger die 3270 m lange Rennstrecke in 1 min 49 s.
a) Wie weit fuhr er durchschnittlich in jeder Sekunde?
b) Bei Fernsehübertragungen wird manchmal die Geschwindigkeit des Läufers in Kilometer pro Stunde (km/h) eingeblendet. Wie groß war diese hier?

Sonne, Mond und Erde

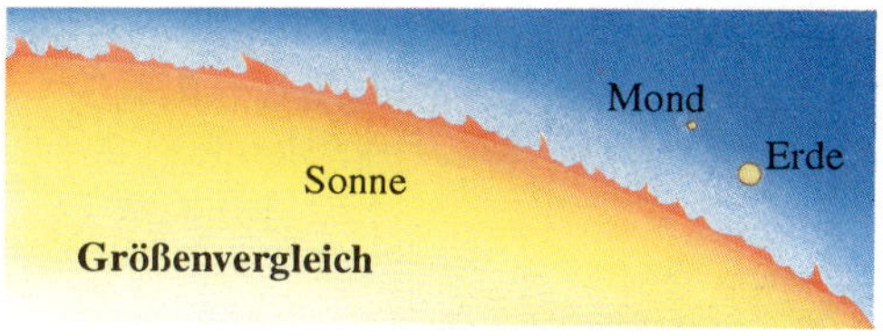

37

In einer Stunde legt ein Radfahrer etwa 25 km, ein Pkw etwa 95 km und ein Verkehrsflugzeug etwa 950 km zurück. Wie lange würde mit diesen Verkehrsmitteln eine Reise zum Mond oder zur Sonne dauern? Der Mond ist etwa 380 000 km, die Sonne etwa 150 000 000 km von der Erde entfernt. Runde sinnvoll und verwende eine geeignete Einheit.

38

	Durchmesser
Sonne	1 392 000 km
Erde	12 742 km
Mond	3 476 km

Vergleiche die Durchmesser; berechne dazu geeignete Quotienten.

Zum Nachdenken und Rechnen

39

Die folgenden Rechnungen enthalten mindestens einen Fehler. Schreibe die Rechnungen richtig in dein Heft.

a) 8235 : 27 = 341
– 81
135
– 108
27
– 27
0

b) 38133 : 19 = 207
– 38
013
– 0
133
– 133
0

c) 330001 : 47 = 825 Rest 7
– 329
10
– 0
101
– 94
7

40
Welche Endziffern hat eine Zahl, die bei Division durch
a) 10 den Rest 3
b) 5 den Rest 2
c) 25 den Rest 14
d) 50 den Rest 11
e) 100 den Rest 1 lässt?

41
Schreibe alle Zahlen zwischen 100 und 300 auf, die bei Division durch
a) 17 den Rest 0
b) 23 den Rest 7
c) 33 den Rest 11
d) 32 den Rest 5 oder 7
e) 46 den Rest 44 oder 45 haben.

42
Führe die Reihen so lange weiter, bis du wieder den Rest des ersten Quotienten erhältst. Schreibe dann ohne weitere Rechnung die nächsten 4 Reste auf.

a) 100 : 11	b) 100 : 16	c) 100 : 15
200 : 11	200 : 16	200 : 15
300 : 11	300 : 16	300 : 15
…	…	…

43
Welche Ziffern kannst du für ⋆ schreiben, damit die Division aufgeht?

a) 35⋆ : 6	b) 4⋆7 : 9	c) 33⋆ : 8
d) 65⋆ : 5	e) 2⋆5 : 25	f) 82⋆ : 6
g) ⋆25 : 125	h) ⋆37 : 19	i) ⋆76 : 12

44
Direktor König feiert ein Jubiläum mit 49 Personen. Er kennt seine Gäste und weiß, dass sie nacheinander kommen und wenn möglich an einem Tisch Platz nehmen, an dem schon Gäste sitzen. Warum sind weder Vierer-, noch Sechser-, noch Achter- oder Zwölfertische, sondern nur Zehnertische geeignet? (Hinweis: Wo sitzt der zuletzt gekommene Gast?)

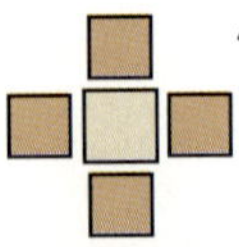
4er-Tisch

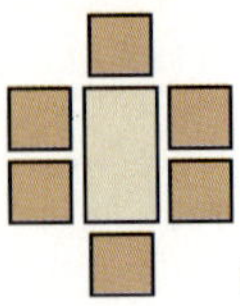
6er-Tisch

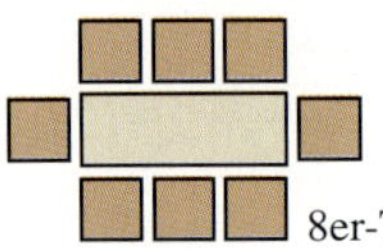
8er-Tisch

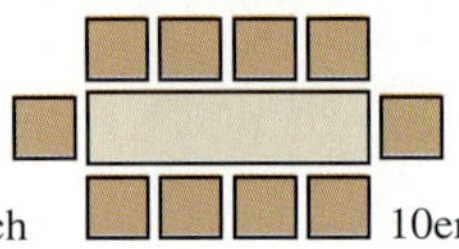
10er-Tisch

Zum Knobeln

45

Eine Honigmelone wiegt so viel wie zwei Orangen und zwei Äpfel, eine Orange wiegt so viel wie fünf Kiwis und drei Kiwis so viel wie ein Apfel. Wie viel wiegen die Früchte, wenn die Melone 720 g wiegt?

46
Ein Lehrer antwortet auf die Frage, wie viele Schüler an der Schule sind: „Stellt man alle in 3er-Reihen auf, so bleibt einer übrig, ebenso bei 4er-Reihen, 5er-Reihen und 6er-Reihen, aber bei 7er-Reihen geht es auf."
Wie viele Schüler sind es?

47
Setze für die Sterne die richtigen Ziffern ein.

a)
```
⋆⋆0⋆ : 111 = ⋆⋆
– ⋆⋆⋆
   ⋆⋆5
 – ⋆⋆⋆
     0
```

b)
```
⋆8⋆⋆⋆ : ⋆46 = ⋆⋆
– 2⋆⋆8
   ⋆⋆⋆8
 – ⋆0⋆⋆
      0
```

48
Jeder Buchstabe steht für eine der Ziffern 0, 1, 2, 4, 5, aber für welche?

```
ABB : C = DE
 :    :    :
AB  : D = E
AB  : D = E
```

49
Die folgenden Zahlen kann man nur durch zwei zweistellige Zahlen dividieren. Wie heißen die Zahlen? Probieren mit vielen Zahlen dauert zu lange, durch Nachdenken geht es viel rascher.
a) 667   b) 697   c) 799

8 Berechnen von Rechenausdrücken

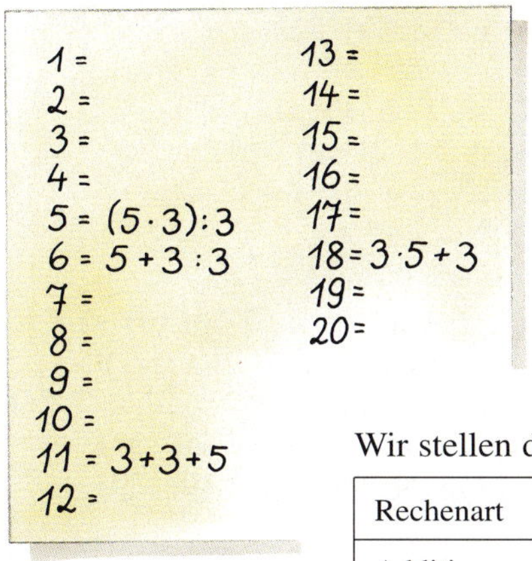

1

Bei einem Würfelspiel wird gleichzeitig mit 3 Würfeln gewürfelt. Dann versucht man, möglichst viele Zahlen von 1 bis 20 durch Rechenausdrücke aus den gewürfelten Augenzahlen zu erhalten. Karla hat bereits Rechenausdrücke für einige Zahlen gefunden. Findest du Rechenausdrücke für weitere Zahlen?

Wir stellen die uns bisher bekannten Rechenarten nochmals zusammen:

Rechenart	Rechenzeichen	Name des Rechenausdrucks	
Addition	+	Summe	Strichrechnung
Subtraktion	–	Differenz	
Multiplikation	·	Produkt	Punktrechnung
Division	:	Quotient	

Bei Rechenausdrücken mit mehreren Rechenarten ist die Reihenfolge der Rechenschritte wichtig. Sie ist geregelt durch:

1. **Klammerregel:** Was in Klammern steht, wird zuerst berechnet.
2. **Punkt-vor-Strich-Regel:** Punktrechnungen kommen vor Strichrechnungen.
3. Das **Distributivgesetz** zeigt, wie man von der Klammerregel abweichen darf. Dies bringt manchmal Rechenvorteile.

Beispiele:

a) $3\cdot(8+12)$

Der Term ist ein Produkt. Nach der Klammerregel muss zuerst die Summe $8+12$ berechnet werden: $3\cdot(8+12)=3\cdot 20=60$.

b) $65-24:8$

Der Term ist eine Differenz. Nach der Punkt-vor-Strich-Regel muss zuerst der Quotient $24:8$ berechnet werden: $65-24:8=65-3=62$.

c) $3\cdot(90+4)$

Die Klammerregel verlangt: $3\cdot(90+4)=3\cdot 94=282$,

das Disbritutivgesetz erlaubt $3\cdot(90+4)=3\cdot 90+3\cdot 4=270+12=282$.

2

Berechne im Kopf.

a) $4\cdot 5-2$ b) $4\cdot(5-2)$

c) $24:8+4$ d) $24:(8+4)$

e) $(9+6):3$ f) $9+6:3$

3

a) $20:5+5\cdot 3$ b) $20:(5+5\cdot 3)$

c) $54-45:5+4$ d) $(54-45):(5+4)$

e) $6\cdot 3+15:3$ f) $(6\cdot 3+15):3$

g) $45-(18:3)\cdot 6$ h) $45-18:(3\cdot 6)$

4

Berechne.

a) $(25 - 5):(3 + 2)$
b) $(25:5)\cdot(7 + 3)$
c) $(24:3)\cdot 4 - 12$
d) $24:(3\cdot 4) - 2$
e) $72:[8\cdot(7 - 4)]$
f) $72:(8 - 2) + 3$
g) $34 - 36:(4 + 8)$
h) $[(9 - 5)\cdot 9]:12$
i) $45\cdot 12 - 64:16$
j) $75:[(3 + 2)\cdot 3]$
k) $98:7 + (93 - 12)$
l) $(72:6)\cdot(91:7)$

5

Gib den Namen des Rechenausdrucks an und berechne ihn.

a) $147:49 + 45$
b) $423:(45 - 36)$
c) $521 - 38\cdot 12$
d) $(39 - 17):2 + 8$
e) $986:(86 - 52)$
f) $(176:8 + 4)\cdot 3$
g) $(62 + 5)\cdot(9 - 3)$
h) $(41\cdot 8 + 12):68$
i) $54\cdot(35:7 + 37)$
j) $(3\cdot 67 + 24):75$

6

a) $(325 - 55):(43 + 2) + 120$
b) $24\cdot(495:15 - 27) + 19$
c) $(124 + 3)\cdot(24 - 14) + 81$
d) $[492:(3\cdot 4) + 15] - 22$
e) $(472\cdot 3):(6\cdot 7 - 34)$
f) $552:(18:3) + 42\cdot 6$
g) $34\cdot 66 - 748:(14 + 8)$
h) $[(149 - 5)\cdot 9]:(12\cdot 4)$
i) $(135\cdot 216):(255:15 + 13)$
j) $4625:(13\cdot 17 - 8\cdot 12)$

7

Berechne.

a) $32\cdot 7 - 6\cdot 23 + 296:8 + 2$
b) $478\cdot 7 - (34 + 19\cdot 52):2$
c) $(84\cdot 2 - 43)\cdot(234:18 + 512:16)$
d) $592 + [945:(3\cdot 5\cdot 7) + 117\cdot 9]$
e) $(6912:18):24 - (368:46 + 3)$
f) $21\cdot 286 - [25\cdot(234 - 2\cdot 13)]$
g) $5\cdot(24 + 58\cdot 6) - [45\cdot(92 - 6\cdot 14)]$
h) $(238:34 - 5)\cdot[15\cdot(64 - 4\cdot 11)]$

8

a) $34\cdot 62 + 1674:62 + 6936:17$
b) $85\cdot 58 + 3344:76 - 3198:26$
c) $8646:11 + (41\cdot 17 - 3953:67)$
d) $27\cdot 66 - (968:44 + 3024:84)$
e) $5\cdot(71 - 23) - (5278:26 - 2516:34)$
f) $3283:49 - (31\cdot 41 - 35\cdot 36):11$
g) $(2548:52 - 494:13)\cdot 34 - 247$
h) $395 + 24\cdot(3444:41 + 4\cdot 402\cdot 13)$

9

Mache erst eine Überschlagsrechnung.

a) $(17\cdot 11 - 1131:13)\cdot 63$
b) $28\cdot(3686:38 + 1648:16)$
c) $(24\cdot 32 + 928:29)\cdot 523$
d) $(7596:36 + 891:99):110$
e) $(35\cdot 27 - 6930:11):315$
f) $(6120:85 - 1368:19):100$

10

a) $(65\cdot 23 + 13\cdot 184):299 + 187$
b) $(1008:28 + 2624:41):25 + 16$
c) $(3936:41 + 1482:38)\cdot 102 - 3770$
d) $1727 + 3003:(25\cdot 35 - 24\cdot 36)$
e) $12000 - 22\cdot(9191:13 - 7659:37)$
f) $400 - 8235:(3599:61 - 2368:74)$

11

Die Ergebnisse der folgenden Rechnungen findest du auf den Briefmarken.

a) $4\cdot(2197:13 + 2198:7)$
b) $(3706\cdot 2):34 - 1885:13 - 3$
c) $(124\cdot 9 + 153)\cdot 2 - 2010:3$
d) $(1508:29 + 816:48)\cdot 25 + 200$
e) $(59\cdot 31 + 14\cdot 18 - 1563:3):13$
f) $1403:23 + 2\cdot(19 + 18\cdot 51)$
g) $929\cdot(3335:145 - 609:29)$
h) $(585:13 - 620:31)\cdot(44\cdot 3 - 2210:17)$
i) $9\cdot(18\cdot(23 - 2) - 89\cdot 2) + 8\cdot 8 - 17$

12

Notiere zuerst einen Rechenausdruck.

a) Dividiere die Summe der Zahlen 87 und 810 durch 13.
b) Dividiere 1 323 durch die Summe der Zahlen 41 und 22.
c) Dividiere die Differenz der Zahlen 4 000 und 1 504 durch 64.
d) Subtrahiere 12 vom Quotienten der Zahlen 234 und 18.

13

a) Dividiere 2 788 durch das Produkt der Zahlen 41 und 4.
b) Addiere zum Produkt von 126 und 14 den Quotienten von 7 062 und 11.
c) Dividiere die Summe von 64 und 12 durch die Differenz von 35 und 16.
d) Multipliziere die Summe von 28 und 7 mit dem Quotienten dieser Zahlen.

14
Übertrage die Zahlenpyramiden in dein Heft und vervollständige sie.

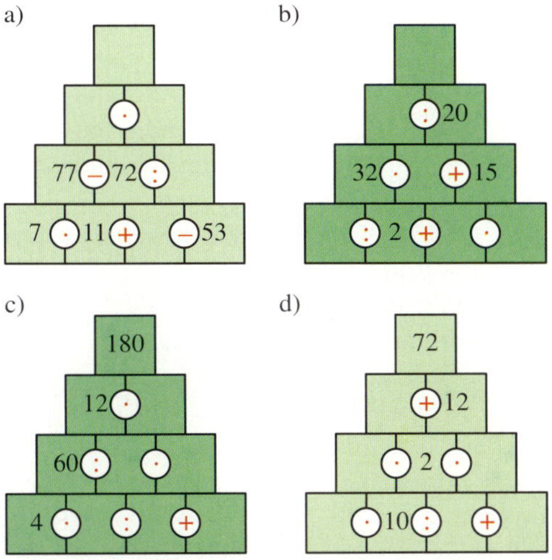

Welcher Rechenausdruck ergibt die Zahl an der Spitze der Zahlenpyramide aus den Zahlen der nächsten, der übernächsten, der untersten Zeile?

Carmen 16 Jahre

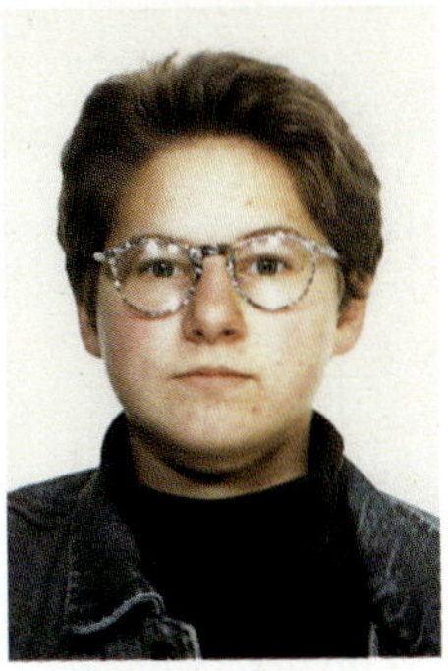
Doris 17 Jahre

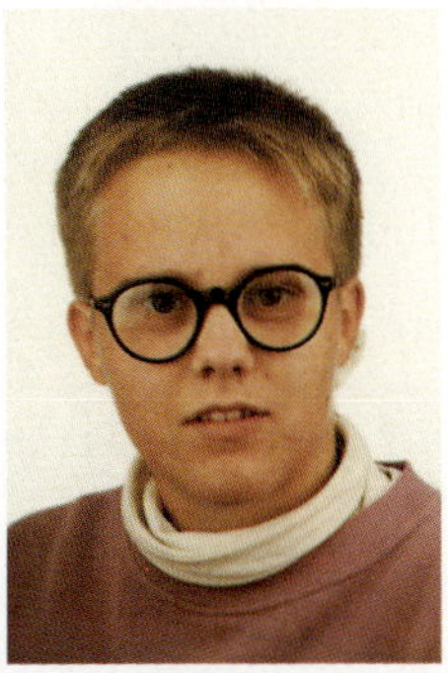
Eva 16 Jahre

Aus dem Alltag

15
Ein Wasserbehälter, der 1 188 Liter fasst, wird durch zwei Zuleitungen gefüllt. Die eine Zuleitung liefert 21 Liter, die andere 15 Liter in jeder Minute. Wie lange dauert es, bis der Behälter voll ist, wenn er zu Beginn

a) leer war

b) 270 Liter enthielt?

16
Auf einer Rolle, die leer 1 300 g wiegt, ist ein Drahtseil gewickelt. Die gesamte Rolle wiegt mit dem Seil 7 970 g.
Wie lang ist das Drahtseil auf der Rolle, wenn 5 m Seil 230 g wiegen?

17
Carmen, Doris und Eva versprechen einander, sich zu treffen, wenn sie zusammen 100 Jahre alt sind. In wie viel Jahren wird dies der Fall sein?

18
Heidi und Ina haben eine Woche lang aufgeschrieben, wie lange die täglichen Hausaufgaben dauerten.
Wie lange brauchte jede durchschnittlich für ihre Hausaufgaben?

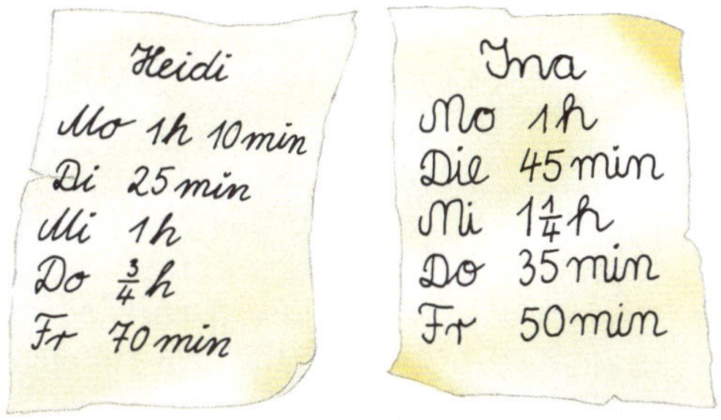

19
Jörg und Klaus haben mehrmals die Mittagstemperaturen in ihren Ferienorten gemessen.
Jörg maß 2-mal 28 °C, 8-mal 32 °C, 2-mal 33 °C, 6-mal 35 °C und 2-mal 36 °C.
Klaus maß 6-mal 28 °C, 3-mal 31 °C, 4-mal 32 °C, 4-mal 33 °C, 1-mal 35 °C und 5-mal 36 °C.
Gib für jeden Ort einen Rechenausdruck für die durchschnittliche Mittagstemperatur an. Berechne damit diese Temperatur.

20
Ein Buch hat einen Umfang von 177 Seiten. 9 Seiten enthalten nur Bilder, jede andere Seite ist voll mit Text und hat 48 Zeilen mit durchschnittlich 75 Zeichen.

a) Wie viele Zeichen enthält das Buch etwa?

b) Zur leichteren Lesbarkeit werden bei einem Neudruck größere Buchstaben verwendet, jetzt hat jede Seite nur noch 42 Zeilen mit je etwa 64 Zeichen. Welchen Umfang hat das Buch nun?

21
An einem Kanal sollen von Kilometerstein 203 bis zu Kilometerstein 212 auf beiden Seiten Bäume im Abstand von 72 m gepflanzt werden.
Wie viele Bäume braucht man, wenn man bei Kilometerstein 212 beginnt?

22
Wie viele Honigbienen haben so viele Beine wie 27 Spinnen, 206 Eintagsfliegen und 6 Frösche zusammen?

23
Bei einer Wahl haben 451 Wähler ihre Stimme abgegeben, 23 Stimmen waren ungültig. Dem Sieger fehlten 8 Stimmen zur Hälfte aller gültigen Stimmen, der zweite Kandidat erhielt 12 Stimmen mehr als die Hälfte der Stimmen des Siegers, der dritte Kandidat erhielt den Rest der Stimmen. Wie viele Stimmen bekam jeder?

Vom Geld

24
Eine einzelne Konzertkarte kostet an der Abendkasse 12,50 DM, ein Abonnement für 12 Konzerte 123,60 DM.
Um wie viel ist eine Konzertkarte im Abonnement billiger als eine Karte im Einzelverkauf?

25
Peter kauft einen Film für 36 Aufnahmen zu 7,15 DM. Das Entwickeln des Films kostet 1,60 DM und jedes Papierbild dann noch 45 Pf. Wie teuer kommt ein Papierbild, wenn Peter von jeder gelungenen Aufnahme ein Papierbild machen lässt und auf dem Film 3 Aufnahmen misslungen sind?

26
Schüler der Klasse 5 d) haben auf Zetteln aufgeschrieben, was sie zum Klassenfest mitgebracht haben. Diese Kosten sollen gleichmäßig auf alle 19 Schüler der Klasse umgelegt werden. Der Klassenlehrer spendet zum Fest 30 DM. Wie viel muss jeder Schüler bezahlen?

Zum Nachdenken

27
Ein Bücherwurm frisst sich durch ein fünfbändiges Lexikon. Jeder Band hat 520 Seiten. Der Wurm beginnt bei Seite 1 des ersten Bandes und hört bei Seite 520 des letzten Bandes auf. Er „schafft“ 20 Blätter an jedem Tag und einen Einbanddeckel in 4 Tagen.
Wie lange hat er „zu tun“?

28
Es ist $12 = 11 + 11 : 11$. Schreibe die Zahl 100 entsprechend mit
a) 4 b) 6 c) 8 d) 10
gleichen Ziffern.

29
Füge sieben Pluszeichen und einen Malpunkt so in die Reihe

8 8 8 8 8 8 8 8 8 8 8

ein, dass sich 1 000 ergibt.

30
Fügst du zwischen die ungeraden Zahlen 1, 3, 5, 7, 9 in dieser Reihenfolge beliebig Rechenzeichen und Klammern ein, so kannst du manche – aber nicht alle – der Zahlen 1 bis 10 erhalten.
Es ist etwa

$$(1 + 3) \cdot 5 - 7 - 9 = 4.$$

Für welche Zahlen von 1 bis 10 findest du Rechenausdrücke?

31
Wenn du in Aufgabe 30 die Reihenfolge der Zahlen 1, 3, 5, 7, 9 vertauschen darfst, kannst du auch für die dir noch fehlenden Zahlen von 1 bis 10 Rechenausdrücke finden. Suche sie.

9 Potenzieren

Der König müsste Sessa etwa 370 Milliarden t Reis geben. Das wären für jeden Menschen der Erde 64 t.

1

Eine Sage erzählt: „Der indische König Sheram ließ Sessa Ebn Daher, den Erfinder des Schachspiels, zu sich kommen. Er bat ihn, sich eine Belohnung für seine Erfindung auszuwählen. Verschmitzt bat der Erfinder den König, er möge auf das erste Feld eines Schachbrettes ein Reiskorn, auf das zweite Feld zwei Reiskörner, auf das dritte Feld 4 Reiskörner, auf das vierte Feld 8 Reiskörner usw. legen. Der König wollte den Wunsch sofort erfüllen, aber …“.
Wie viele Reiskörner kommen auf die Felder 5, 6, …, 12 des Schachbrettes?

Für die Summe $3 + 3 + 3 + 3$ mit gleichen Summanden schreiben wir kürzer $3 \cdot 4$; entsprechend vereinbaren wir für ein Produkt wie $3 \cdot 3 \cdot 3 \cdot 3$ mit gleichen Faktoren eine Kurzschreibweise.

Für $3 \cdot 3 \cdot 3 \cdot 3$ schreiben wir

3^4 (lies: 3 hoch 4)

und sagen: Die Zahl 3 wird mit der Zahl 4 **potenziert**.
3^4 heißt **Potenz**; 3 heißt **Grundzahl** (oder Basis), 4 heißt **Hochzahl** (oder Exponent).

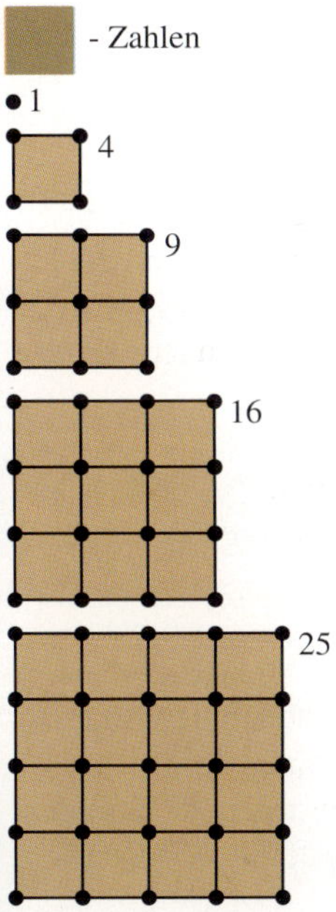

Beispiel 1:
a) Für $2 \cdot 2 \cdot 2 \cdot 2 \cdot 2$ schreiben wir 2^5. Dagegen ist $5^2 = 5 \cdot 5 = 25$.
b) Manchmal schreiben wir auch 3^1 für 3.
c) Potenzen mit der Grundzahl 10 nennt man kurz **Zehnerpotenzen**. Sie sind Stufenzahlen des Zehnersystems:

$10^1 = 10$ $10^2 = 100$ $10^3 = 1\,000$
$10^4 = 10\,000$ $10^5 = 100\,000$ $10^6 = 1\,000\,000$.

Bei Zehnerpotenzen gibt die Hochzahl an, wie viele Nullen die Zahl hat.
d) Potenzen mit der Hochzahl 2 nennt man **Quadratzahlen**:

$1^2 = 1$; $2^2 = 4$; $3^2 = 9$; $4^2 = 16$; $5^2 = 25$;
$6^2 = 36$; $7^2 = 49$; $8^2 = 64$; $9^2 = 81$; $10^2 = 100$.

Um Klammern zu sparen, vereinbaren wir für Rechenausdrücke mit Potenzen:

Potenzieren kommt **vor** Multiplizieren oder Dividieren.

Beispiel 2:
a) $5 \cdot 3^2 = 5 \cdot 3 \cdot 3 = 45$
b) $(5 \cdot 3)^2 = (5 \cdot 3)\,(5 \cdot 3) = 225$
c) $16 : 2^3 = 16 : (2 \cdot 2 \cdot 2) = 16 : 8 = 2$
d) $(16 : 2)^2 = (16 : 2) \cdot (16 : 2) = 8 \cdot 8 = 64$
e) $5 + 2^3 = 5 + 2 \cdot 2 \cdot 2 = 5 + 8 = 13$
f) $(5 + 2)^3 = 7^3 = 7 \cdot 7 \cdot 7 = 343$

$3^2 \neq 3 \cdot 2$

Potenz

4^5

Grundzahl *Hochzahl*

hoch
vor
Punkt
vor
Strich

2

Schreibe als Produkt und berechne.

a) 2^3; 3^3; 4^3; 6^2; 5^3; 1^7; 10^4; 20^3

b) 2^5; 3^4; 4^4; 5^4; 6^3; 7^3; 8^3; 11^3

3

Schreibe als Potenz mit möglichst kleiner Grundzahl.

a) 16 25 64 36 49 72 81

b) 128 125 216 243 625 256 343

4

Ergänze die Tabelle in deinem Heft.

Grundzahl	Hochzahl	Potenz
3		243
	5	1 024
7	4	
6		1 296
	3	343
11		1 331
	5	3 125

5

Schreibe als Produkt von Potenzen.
(Beispiel: $2 \cdot 2 \cdot 2 \cdot 5 \cdot 5 = 2^3 \cdot 5^2$)

a) $3 \cdot 3 \cdot 4 \cdot 4 \cdot 4$ b) $2 \cdot 2 \cdot 2 \cdot 7 \cdot 7 \cdot 7$

c) $5 \cdot 5 \cdot 5 \cdot 6 \cdot 6 \cdot 5$ d) $3 \cdot 8 \cdot 8 \cdot 3 \cdot 8 \cdot 3$

e) $9 \cdot 2 \cdot 9 \cdot 2 \cdot 2 \cdot 2 \cdot 9$ f) $4 \cdot 10 \cdot 10 \cdot 4 \cdot 4 \cdot 4$

6

Schreibe kürzer mit einer Zehnerpotenz.
(Beispiel: $30\,000 = 3 \cdot 10\,000 = 3 \cdot 104$)

a) 400 b) 8 000 c) 7 000

d) 20 000 e) 130 000 f) 4 200 000

g) 5 000 000 h) 6 100 000 i) 9 050 000

7

Berechne.

a) $5 \cdot 10^2$ b) $8 \cdot 10^3$ c) $2 \cdot 10^9$

d) $12 \cdot 10^4$ e) $24 \cdot 10^5$ f) $58 \cdot 10^7$

g) $103 \cdot 10^3$ h) $200 \cdot 10^5$ i) $760 \cdot 10^7$

8

Vergleiche die Potenzen und Produkte.
(Beispiel: $3^4 = 3 \cdot 3 \cdot 3 \cdot 3 = 81$ und
$3 \cdot 4 = 3 + 3 + 3 + 3 = 12$)

a) 4^2 und $4 \cdot 2$ b) 5^2 und $5 \cdot 2$

c) 4^3 und $4 \cdot 3$ d) 3^4 und $3 \cdot 4$

e) 1^4 und $1 \cdot 4$ f) 2^6 und $2 \cdot 6$

9

Es ist $2^3 = 2 \cdot 2 \cdot 2 = 8$, jedoch $3^2 = 3 \cdot 3 = 9$. Vergleiche ebenso:

a) 3^4 und 4^3 b) 4^2 und 2^4

c) 5^3 und 3^5 d) 2^7 und 7^2

e) 9^3 und 3^9 f) 7^4 und 4^7.

10

Berechne.

a) $5 \cdot 2^3$ b) $(5 \cdot 2)^3$ c) $5^3 \cdot 2$

d) $3 \cdot 2^4$ e) $(3 \cdot 2)^4$ f) $3^4 \cdot 2$

g) $6 \cdot 3^2$ h) $(6 \cdot 3)^2$ i) $6^2 \cdot 3$

j) $24 : 2^3$ k) $24^3 : 2$ l) $(24 : 2)^3$

m) $(45 : 3)^2$ n) $45^2 : 3$ o) $45 : 3^2$

11

a) $3^2 \cdot 5^3$ b) $7^2 \cdot 5^2$ c) $2^5 \cdot 5^1$

d) $5 \cdot 2^4 \cdot 3$ e) $3^2 \cdot 6 \cdot 2^4$ f) $7^3 \cdot 2 \cdot 5^2$

g) $15^2 \cdot 5^2 \cdot 2$ h) $6^3 \cdot 2^2 \cdot 7$ i) $12^3 \cdot 5 \cdot 4^2$

12

a) $6^2 + 5^3$ b) $9^3 - 5^3$ c) $10^3 - 31^2$

d) $3 \cdot (8^3 - 7^2)$ e) $7^2 \cdot 5 - 2^4$ f) $6^3 + 2 \cdot 5^3$

g) $5^4 - 4 \cdot 5^3$ h) $8^3 \cdot 2 + 2$ i) $2^8 \cdot 5 - 4^5$

13

a) $9 + 2 \cdot (8^2 - 6)$ b) $(5^3 - 2 \cdot 5^2) \cdot 4$

c) $3 \cdot (8^3 - 7^2)$ d) $2 \cdot (3^3 - 2^4)^5$

e) $4^3 - (5^3 - 3^4)$ f) $2 \cdot (7^3 - 3^5)^2$

Große Zahlen durch Potenzieren

14

Bakterien vermehren sich schnell. Bei bestimmten Bakterien verdoppelt sich die Anzahl etwa alle fünf Stunden. Wenn zu Beginn 100 Bakterien vorhanden sind, so sind es nach fünf Stunden 200, nach weiteren fünf Stunden 400, usw.
Wie viele Bakterien sind nach

a) 20 h b) 30 h c) 50 h

vorhanden, wenn es zu Beginn etwa 60 Bakterien waren?

15

Die Anzahl der Keime in frisch gemolkener Kuhmilch verdoppelt sich alle halbe Stunde. Wie viele Keime sind nach vier Stunden vorhanden, wenn es zu Beginn 700 Keime waren?

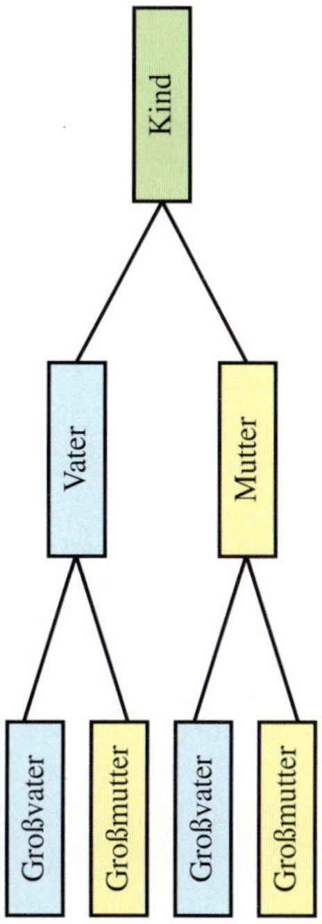

16

Jeder Mensch hat zwei Eltern und vier Großeltern. Wie viele Urgroßeltern, Ururgroßeltern hat jeder Mensch?

17

Die greise Gräfin Maritza sagt: „Ich habe fünf Kinder. Jedes meiner Kinder hat wieder fünf Kinder, von denen jedes wiederum fünf Kinder hat. Ururenkel habe ich noch keine.“ Wie viele Urenkel und wie viele Nachkommen hat die Gräfin?

18

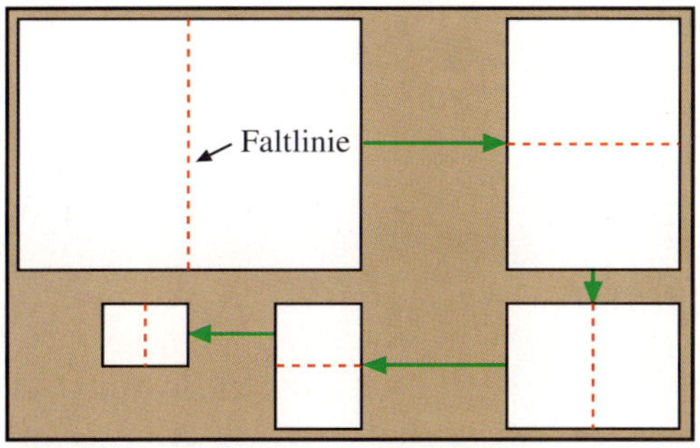

Gabi faltet eine Zeitung 1-mal, 2-mal, 3-mal usw.

a) Wie viele Lagen hat Gabi nach 2-maligem, 5-maligen, 7-maligen Falten?

b) 16 Lagen ergeben zusammen eine Dicke von 1 mm. Wie oft muss Gabi falten, bis die Zeitung mehr als 1 cm dick ist?

19

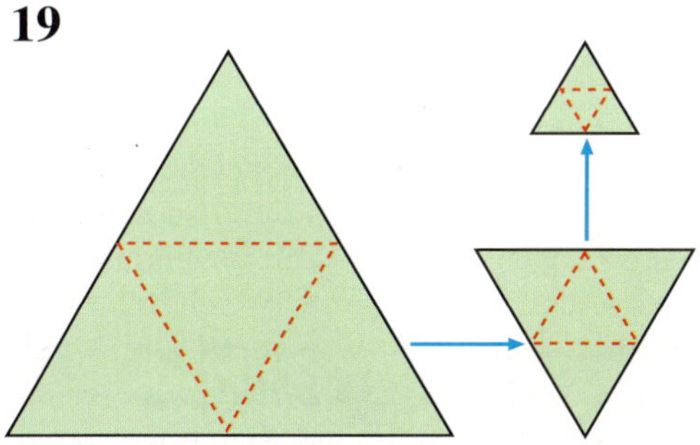

Hans legt ein Papierdreieck mit gleich langen Seiten – wie gezeichnet – einmal zusammen und erhält wieder ein Dreieck mit gleich langen Seiten. Wie viele Lagen hat er nach 3-maligem, 5-maligem Zusammenlegen?

20

Max darf zur Belohnung unter einem der folgenden Angebote auswählen:

Angebot 1: Du erhältst diese Woche 1 DM, nächste Woche das Doppelte und in den folgenden 6 Wochen immer das Doppelte der Vorwoche.

Angebot 2: Du erhältst diese Woche 1 DM, nächste Woche das Dreifache und in den folgenden 4 Wochen immer das Dreifache der Vorwoche.

Angebot 3: Du erhältst diese Woche 1 DM, nächste Woche das Vierfache und in den folgenden 3 Wochen immer das Vierfache der Vorwoche.

Berechne das für Max beste Angebot.

Zum Knobeln und Nachdenken

21

Vergleiche die Ergebnisse bei

$1^3 + 2^3$ und $(1 + 2)^2$

$1^3 + 2^3 + 3^3$ und $(1 + 2 + 3)^2$

$1^3 + 2^3 + 3^3 + 4^3$ und $(1 + 2 + 3 + 4)^2$

Welchen Zusammenhang zwischen den Rechenausdrücken links und rechts erkennst du? Berechne damit

$1^3 + 2^3 + 3^3 + 4^3 + 5^3$,

$1^3 + 2^3 + 3^3 + 4^3 + 5^3 + 6^3$ und

$1^3 + 2^3 + 3^3 + 4^3 + 5^3 + 6^3 + 7^3$.

22

Bei den Rechenausdrücken

$2^3 + 4^3$ und $(2 + 4)^2$

$2^3 + 4^3 + 6^3$ und $(2 + 4 + 6)^2$

$2^3 + 4^3 + 6^3 + 8^3$ und $(2 + 4 + 6 + 8)^2$

gibt es zwischen links und rechts einen Zusammenhang, welchen?

Berechne damit

$2^3 + 4^3 + 6^3 + 8^3 + 10^3$ und

$2^3 + 4^3 + 6^3 + 8^3 + 10^3 + 12^3$.

23

Anke sagt zu Nadine: „Denke dir eine Zahl zwischen 1 und 1 024. Nach 10 Fragen, auf die du nur mit ‚ja‘ oder ‚nein‘ zu antworten brauchst, kenne ich die von dir gedachte Zahl.“ Wie fragt Anke? Wie viele Fragen braucht sie für eine Zahl zwischen 1 und 4 096?

10 Vermischte Aufgaben

1

Berechne.

a) $3 \cdot 15 + 2 \cdot (26 - 12) + 7$

b) $75 \cdot (631 - 529) - 59 \cdot 67$

c) $(348 - 149) \cdot 217 - 99 \cdot (813 - 429)$

2

a) $(17 + 27) \cdot 4 - (16 + 23) : 13$

b) $(24 + 5 \cdot 3) : (28 - 3 \cdot 5)$

c) $(384 + 83 \cdot 96) : (23 \cdot 14 - 18 \cdot 17)$

d) $(37 \cdot 21 + 53 \cdot 42) : (98 \cdot 33 - 7 \cdot 319)$

3

a) $3^4 - 2 \cdot 5^2 + 3^2 \cdot (30 - 5^2)$

b) $(2 + 2 \cdot 4^3) \cdot (3 \cdot 5^2 - 15)$

c) $(3 + 7^2)^2 - (2^7 - 5^3)^3$

d) $6^2 \cdot (13^2 - 11^2) - 6 \cdot (13 - 11)^2$

4

Die Rechenausdrücke enthalten jeweils dieselben Zahlen und Rechenzeichen.
Zeige: Alle Ergebnisse sind verschieden.

a) $4 \cdot 5 + 2 \cdot 7 - 1$ $\quad (4 \cdot 5 + 2) \cdot 7 - 1$
$4 \cdot (5 + 2) \cdot 7 - 1$ $\quad 4 \cdot (5 + 2 \cdot 7) - 1$
$4 \cdot (5 + 2 \cdot 7 - 1)$ $\quad 4 \cdot 5 + 2 \cdot (7 - 1)$

b) $6 + 5 \cdot 7 - 3 \cdot 2$ $\quad (6 + 5) \cdot 7 - 3 \cdot 2$
$(6 + 5 \cdot 7 - 3) \cdot 2$ $\quad 6 + (5 \cdot 7 - 3) \cdot 2$
$6 + 5 \cdot (7 - 3) \cdot 2$ $\quad 6 + 5 \cdot (7 - 3 \cdot 2)$

c) $120 : 12 - 2 + 5$ $\quad 120 : (12 - 2) + 5$
$120 : (12 - 2 + 5)$ $\quad 120 : 12 - (2 + 5)$

d) $48 + 24 : 2 + 6$ $\quad (48 + 24) : 2 + 6$
$48 + 24 : (2 + 6)$

5

Berechne für jede Farbe den Rechenausdruck auf dem Kärtchen. Füge dann in den Rechenausdruck eine Klammer so ein, dass du ein neues Ergebnis erhältst. Versuche, auf diese Art möglichst viele verschiedene Ergebnisse zu bekommen (vgl. Aufgabe 4).

$2 \cdot 3 + 4 \cdot 6$	$2 \cdot 25 - 3 \cdot 5$	$5 + 3 \cdot 5 + 12$
$80 - 2 \cdot 5 + 3 \cdot 5$	$5 \cdot 12 - 2 \cdot 3 + 15$	$72 : 2 + 2 - 1$

Rechenausdrücke angeben und berechnen

6

a) Dividiere die halbe Summe der Zahlen 17 und 15 durch ihre Differenz.

b) Subtrahiere vom doppelten Produkt der Zahlen 8 und 4 den halben Quotienten dieser Zahlen.

c) Multipliziere den Quotienten der Zahlen 66 und 11 mit dem Produkt von 8 und 2.

d) Dividiere das Produkt von 5 und 18 durch den Quotienten von 60 und 4.

e) Addiere zur Summe der Zahlen 14 und 98 ihr Produkt und subtrahiere dann ihren Quotienten.

7

a) Multipliziere 7 mit der Summe aus 12 und 15 und subtrahiere die Differenz von 33 und 26.

b) Addiere 16 zum Produkt von 15 und 12 und dividiere die Summe durch 7.

c) Subtrahiere vom Produkt der Zahlen 12 und 9 den Quotienten von 45 und 3.

d) Multipliziere die Summe von 5 und 11 mit 9, addiere dann 6 und dividiere die Summe schließlich durch 5.

e) Dividiere das um 9 vergrößerte Produkt von 7 und 8 durch die Differenz von 24 und 19.

8

a) Welche Zahl muss man zur Summe von 17 und 32 addieren, um das Produkt von 8 und 9 zu erhalten?

b) Welche Zahl muss man von der Summe von 201 und 405 subtrahieren, um die Differenz dieser Zahlen zu erhalten?

c) Durch welche Zahl muss man $25 + 11$ dividieren, um $54 : 3$ zu erhalten?

d) Mit welcher Zahl muss man die Summe von 17 und 25 multiplizieren, um 3 864 zu erhalten?

e) Durch welche Zahl muss man die halbe Summe von 918 und 990 dividieren, um 18 zu erhalten?

Andere Stellenwertsysteme

9
Im Zehnersystem gilt

$$527 = 5 \cdot 100 + 2 \cdot 10 + 7$$
$$= 5 \cdot 10^2 + 2 \cdot 10^1 + 7.$$

Schreibe entsprechend:

a) 896	b) 6237	c) 2345
d) 73071	e) 12340	f) 504005.

Es kommt auf das System an:

$(11)_2 = 3$	$(111)_2 = 7$
$(11)_3 = 4$	$(111)_3 = 13$
$(11)_4 = 5$	$(111)_4 = 21$
$(11)_5 = 6$	$(111)_5 = 31$

Setze das Feld nach rechts und nach unten fort. Was fällt dir auf?

10
Es gilt $(423)_5 = 4 \cdot 25 + 2 \cdot 5 + 3$

$$= 4 \cdot 5^2 + 2 \cdot 5^1 + 3.$$

Schreibe entsprechend:

a) $(241)_5$	b) $(203)_5$	c) $(2340)_5$
d) $(11001)_2$	e) $(10100)_2$	f) $(11100)_2$
g) $(120)_3$	h) $(1022)_3$	i) $(2100)_3$.

11
Schreibe im Zehnersystem:

a) $(321)_5$	b) $(304)_5$	c) $(1230)_5$
d) $(11101)_2$	e) $(10001)_2$	f) $(101001)_2$
g) $(221)_3$	h) $(2201)_3$	i) $(1222)_3$.

12
Schreibe im Fünfersystem:

a) 35	b) 52	c) 77
d) 89	e) 120	f) 126
g) 245	h) 674	i) 2455.

13
Schreibe im Zweiersystem:

a) 5	b) 12	c) 34
d) 52	e) 137	f) 278
g) 351	h) 555	i) 1000.

14
Ergänze die Tabelle in deinem Heft.

10er-System	304	111	
5er-System		$(421)_5$	
2er-System			
3er-System			
6er-System			$(504)_6$

$(1201)_2 = 17$

Was ist hier nicht in Ordnung?

15
Berechne im angegebenen System:

a) $(321)_5 \cdot (21)_5$	b) $(124)_5 \cdot (34)_5$
c) $(1010)_2 \cdot (101)_2$	d) $(11001)_2 \cdot (110)_2$
e) $(2202)_3 \cdot (120)_3$	f) $(22101)_3 \cdot (202)_3$.

Aus dem Alltag

16
Ein Reitpferd bekommt täglich 4 kg 250 g Hafer. Wie viel bekommen 8 Pferde in einer Woche?

17
Eine Orange wiegt durchschnittlich 210 g, ihre Schale 60 g. Wie viele Orangen muss man mindestens schälen, um 4500 g Fruchtfleisch zu erhalten?

18
Bernd hält einige Hühner, für die er wöchentlich 8 kg Futter braucht. Wie viel ist von drei 50-kg-Säcken nach 13 Wochen noch vorhanden?

19
Von einer 4 m langen Latte werden 8 Stücke von 26 cm Länge abgesägt. Der Rest wird in 6 Stücke gleicher Länge geteilt. Welche Länge hat jedes dieser 6 Stücke?

20
Die Entfernung Dresden – Köln beträgt etwa 460 km Luftlinie. Wie lang ist diese Strecke auf einer Karte mit Maßstab 1 : 2000000? Wie groß ist die Entfernung Leipzig – Frankfurt in Wirklichkeit, wenn sie auf dieser Karte 145 mm beträgt?

21
Die Sprossen einer Leiter haben einen Abstand von 26 cm. Wie lang ist die Leiter, wenn sie 19 Sprossen hat und die Leiterholme oben und unten je 30 cm überstehen?

Fahrpreise	
Erwachsene	
Einzelfahrt	2.20
Wochenkarte	12.70
Monatskarte	46.20
Kinder/Schüler	
Einzelfahrt	1.30
Wochenkarte	7.50
Monatskarte	24.00

22
Frau Boll fährt mit dem Bus häufig zum Arzt. Ab wie vielen Arztbesuchen lohnt sich für sie eine Monatskarte?

23
Alexandra fährt bei gutem Wetter mit dem Fahrrad und bei Regen oder Kälte mit dem Bus zur Schule. Wie oft muss sie in einem Monat mit 23 Schultagen mit dem Fahrrad fahren, damit sich eine Monatskarte für sie nicht mehr lohnt?

Kaufen und Verkaufen

24
Ein Getränkehändler verlangt für vier Kästen Limonade 50,40 DM. In jedem Kasten sind 12 Flaschen. An jeder Flasche verdient der Händler 25 Pf.
Wie viel hat der Händler selbst für einen Kasten bezahlt?

25
Björn erhält von seinem Vater 50 DM. Dafür soll er 12 Postkarten zu 60 Pf, 18 Briefmarken zu 1 DM und für den Rest 80-Pf-Briefmarken kaufen.
Wie viele 80-Pf-Briefmarken erhält er?

26
Frau Klar kauft eine Waschmaschine für 1 120 DM. Eine Anzahlung von 280 DM muss sofort bezahlt werden, der Rest in 12 gleichen Monatsraten.
Wie hoch ist eine Monatsrate?

27
Ein Sportfahrrad kostet bei Barzahlung 985 DM. Bei Ratenzahlung sind für das Rad 12 Monatsraten von 91 DM zu bezahlen. Wie viel spart man bei Barzahlung?

28
Herr Grün kauft sich ein Gewächshaus. Den Kaufpreis von 2 540 DM bezahlt er bar, da er so im Vergleich zur Bezahlung in 24 Monatsraten 484 DM spart.
Wie hoch wäre die Monatsrate von Herrn Grün gewesen?

?

Warum muss man beim Ratenkauf wohl mehr bezahlen?

29
Frau Bader hat eine Stereoanlage ausgewählt, die sie kaufen möchte.
a) In einem Geschäft kostet diese Anlage 2 520 DM, wovon die Hälfte sofort und der Rest in sechs gleichen Monatsraten zu bezahlen ist.
Wie hoch sind die Raten?
b) Ein anderer Händler verlangt für dasselbe Gerät 800 DM Anzahlung und fünf Monatsraten zu 340 DM.
Muss Frau Bader hier insgesamt mehr oder weniger bezahlen?

30
Für ein Konzert kosten die Karten im Vorverkauf 24 DM und an der Abendkasse 21 DM.
a) Wie hoch wären die Einnahmen, wenn 810 Karten im Vorverkauf und der Rest der insgesamt 1 560 Karten an der Abendkasse verkauft werden?
b) Wie hoch müsste ein Einheitspreis für alle Karten sein, damit man dieselben Einnahmen erhält, wie wenn der dritte Teil der Karten im Vorverkauf und der Rest der 1 560 Karten an der Abendkasse verkauft werden?

Zum Nachdenken und Probieren

31
Die Summe von zwei Zahlen ist 150. Wie heißen die beiden Zahlen, wenn sie sich um 2 (10; 26; 46) unterscheiden?

32
Von zwei Zahlen liegt die eine ebenso viel über 50 wie die andere unter 50. Wie groß ist die Summe der beiden Zahlen?

33
In der Eisdiele stehen einige Tische gleicher Größe. Setzen sich je sechs Schüler an einen Tisch, so bleibt ein Tisch übrig, an dem nur drei Schüler sitzen. Wenn sich aber an jeden Tisch nur fünf Schüler setzen, so haben vier Schüler keinen Tisch.
Wie viele Tische und wie viele Schüler sind es?

34

Aus dem römischen Recht um 100 v. Chr. stammt folgendes Problem:
Eine Frau erwartet ein Kind, dessen Vater vor der Geburt stirbt. In seinem Testament steht: „Ist mein Kind ein Sohn, so erhält er doppelt so viel von meinem Vermögen wie seine Mutter; ist mein Kind aber eine Tochter, so erhält meine Witwe doppelt so viel von meinem Vermögen wie mein Kind."
Wie ist das Vermögen von 63 Goldmünzen aufzuteilen, wenn

a) ein Sohn
b) eine Tochter
c) Zwillinge verschiedenen Geschlechts

geboren werden?

35

Ein Zimmer soll mit 16 Glühbirnen der Leistungen 40 Watt, 60 Watt oder 75 Watt so beleuchtet werden, dass alle Glühbirnen zusammen die Leistung 900 Watt haben. Es gibt 2 Möglichkeiten, die Glühbirnen auszuwählen, welche?

waagrecht

1 Quadratzahl
4 Vielfaches von 14 senkrecht
6 Vielfaches von 97
7 Potenz mit Hochzahl 5
8 Potenz mit Grundzahl 7
10 Potenz
11 $3^2 \cdot (12^2 + 3 \cdot 2^5)$
14 $(11^2 + 10) \cdot 33 - 1$
15 Potenz
16 hat die gleichen Ziffern wie 14 senkrecht
17 hat nur gleiche Ziffern

senkrecht

1 Potenz mit Grundzahl 11
2 Vielfaches von 23 und 9
3 Quadratzahl
4 Quadratzahl
5 siehe 10 waagrecht
7 10fache von 7 waagrecht
9 Potenz mit Hochzahl 5
11 Vielfaches von 26
12 Potenz mit Hochzahl 4
13 7fache einer Quadratzahl
14 Vielfaches von 14
15 Quadratzahl

36

Ein Händler verkauft 600 alte Schallplatten zu Schleuderpreisen. 300 Schallplatten verkauft er in 3-Stück-Packungen zu 5 DM je Packung. Die anderen 300 Stück verkauft er in 2-Stück-Packungen zu 4 DM je Packung. Als der Händler wieder 600 Schallplatten zu verkaufen hat, ist ihm das Sortieren zu umständlich. Er verkauft sie jetzt in 5-Stück-Packungen zu 9 DM.

a) Berechne die beiden Einnahmen.
b) Warum sind im zweiten Fall seine Einnahmen geringer, obwohl er doch wie zuvor $2 + 3 = 5$ Schallplatten zu $4\,\text{DM} + 5\,\text{DM} = 9\,\text{DM}$ verkauft?

37

Mathematiker haben gezeigt, dass man jede beliebige Zahl als Summe von höchstens 4 Quadratzahlen schreiben kann.
Es ist z. B. $125 = 9^2 + 6^2 + 2^2 + 2^2$ und $157 = 12^2 + 3^2 + 2^2$. Schreibe die Zahlen von 160 bis 180 ebenso als Summe von höchstens 4 Quadratzahlen.

38

1	2	3	4		5
	6			7	
8		9	10		
	11		12		13
14				15	
16		17			

Übertrage das Kreuzzahlenrätsel in dein Heft und fülle es aus. Beginne mit 11 waagrecht und 14 waagrecht.

Wie man vor 3 000 Jahren in Ägypten rechnete

Vor mehr als 3 000 Jahren im Ägypten der Pharaonen konnten die Schreiber – das waren hohe Staatsbeamte – bereits Zahlen addieren, subtrahieren, multiplizieren und auch dividieren. Man hat Aufgaben mit Lösungen gefunden, in denen die Verpflegung von Soldaten, die Lohnverteilung auf mehrere Arbeiter oder der Getreidebedarf zur Brotherstellung berechnet wurde. Für Inschriften auf Bauwerken benutzte man damals die Hieroglyphenschrift, während die Schreiber auf ihren Papyrus- oder Lederrollen die so genannte hieratische Schrift benutzten; so wie wir heute Druck- und Schreibschrift verwenden. Wir verwenden hier nur die Hieroglyphenschrift, da sie leichter lesbar ist.

Die Darstellung von Zahlen war ganz einfach. Es gab Zeichen für die Stufenzahlen 1, 10, 100, 1 000, 10 000, 100 000 und 1 000 000, nämlich:

Unsere Zahlzeichen	1	10	100	1 000	10 000	100 000	1 000 000
Ägyptische Zahlzeichen	𓏺	𓎆	𓍢	𓆼	𓂭	𓆐	𓁨

Bei einer Zahl wurde dann einfach aufgeschrieben, wie viele Einer, Zehner, Hunderter, Tausender, ... sie enthielt.

32 = 𓎆𓎆𓎆𓏺𓏺   636 = 𓍢𓍢𓍢𓍢𓍢𓍢𓎆𓎆𓎆𓏺𓏺𓏺𓏺𓏺𓏺   3 581 = 𓆼𓆼𓆼𓍢𓍢𓍢𓍢𓍢𓎆𓎆𓎆𓎆𓎆𓎆𓎆𓎆𓏺

Dabei spielte die Anordnung der Zeichen keine Rolle, zum Beispiel bedeutete 𓎆𓎆𓎆𓏺𓏺 oder 𓎆𓎆𓎆𓏺𓏺 ebenfalls 32.

1
Schreibe die folgenden Zahlen mit unseren Ziffern.

a) 𓎆𓎆𓎆𓎆𓏺𓏺𓏺𓏺𓏺   b) 𓍢𓍢𓍢𓎆𓎆𓏺
c) 𓆼𓍢𓍢𓍢𓎆𓎆𓏺𓏺𓏺𓏺𓏺𓏺𓏺   d) 𓆼𓆼𓎆𓎆𓎆𓎆𓎆𓏺𓏺

2
Schreibe in Hieroglyphenschrift.

a) 42   b) 37
c) 207   d) 461
e) 1 237   f) 2 305
g) 23 145   h) 36 136

Rechenzeichen wie + oder : kannten die Ägypter nicht; auch kein Gleichheitszeichen

Das **Addieren** wie das **Subtrahieren** in Hieroglyphenschrift ist einfach. Man muss sich nur die folgenden Abkürzungen merken:

𓎆 = 𓏺𓏺𓏺𓏺𓏺𓏺𓏺𓏺𓏺𓏺 ; 𓍢 = 𓎆𓎆𓎆𓎆𓎆𓎆𓎆𓎆𓎆𓎆 ; 𓆼 = 𓍢𓍢𓍢𓍢𓍢𓍢𓍢𓍢𓍢𓍢 ; 𓂭 = 𓆼𓆼𓆼𓆼𓆼𓆼𓆼𓆼𓆼𓆼

Dann sehen Addition und Subtraktion in Hieroglyphenschrift so aus:

Mathematische Exkursionen

1
Strich vom Zählen

10 
Fessel

100 
Seil

1 000 
Lotusblume mit Blättern und Stil

10 000 
leicht abgeknickter Finger

100 000 
Kaulquappe, von denen es am Nil „unzählige" gibt

1 000 000 
Gott, der „wegen der großen Zahl" die Arme zum Himmel hebt

Addition:

$$\begin{array}{r} 34 \\ +\ 52 \\ \hline 86 \end{array}$$

$$\begin{array}{r} 335 \\ +\ 729 \\ {\scriptstyle 1\ 1\ } \\ \hline 1\,064 \end{array}$$

 = 

Subtraktion:

$$\begin{array}{r} 356 \\ -\ 142 \\ \hline 214 \end{array}$$

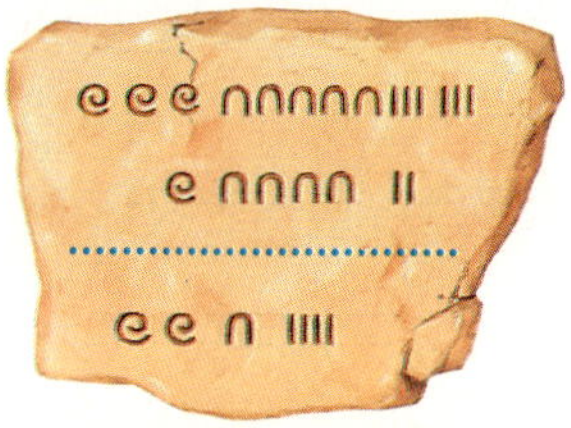

$$\begin{array}{r} 2\,156 \\ -\ 837 \\ {\scriptstyle 1\ 1\ } \\ \hline 1\,319 \end{array}$$

 = 

3
Addiere.

a)  und 
b)  und 
c)  und 

4
Schreibe in Hieroglyphenschrift und berechne danach die Summe.
a) 24 + 31　　b) 143 + 314
c) 348 + 527　　d) 2 503 + 1 628

5
Subtrahiere.

a)  von 
b)  von 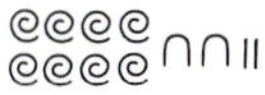
c)  von 

6
Schreibe in Hieroglyphenschrift und berechne danach die Differenz.
a) 35 – 22　　b) 253 – 132
c) 431 – 368　　d) 3 704 – 3 429

Der erste Schritt zum **Multiplizieren** ist das Verdoppeln. Man verdoppelt einfach jedes Zeichen, danach wird – falls nötig – neu gebündelt.

32  wird verdoppelt zu 64 

67  wird verdoppelt zu 134 

7
Verdopple.

a) 　　b) 
c) 　　d) 

8
Schreibe in Hieroglyphenschrift und verdopple.
a) 24　　b) 243　　c) 486　　d) 2 637

Nach diesen Vorbereitungen zeigen wir, wie die Ägypter zur Zeit der Pharaonen multiplizierten und dividierten.

\	1	43
\	2	86
	4	172
	8	344
\	16	688
	19	817

Wollte man das Produkt

$19 \cdot 43$

berechnen, so schrieb man zunächst die Zahlen 1 und 43 nebeneinander. Dann wurde das Doppelte beider Zahlen darunter geschrieben, davon dann wieder das Doppelte darunter, usw. bis die Summe der Zahlen links die Zahl 19 erreichte oder übertraf. Nun wurden in der linken Spalte diejenigen Zahlen mit einem Schrägstrich „\" angestrichen, deren Summe 19 ergibt. Dann wurden rechts die Zahlen in den angestrichenen Zeilen addiert. Die Summe 817 ist das gewünschte Ergebnis.

Du siehst: Es geht auch ohne „Kleines Einmaleins"!

Die Division verlief ähnlich. Bei

$156 : 13$

schrieb man wieder 1 und 13 auf und verdoppelte wie bei der Multiplikation. Nun aber wurden – anders als bei der Multiplikation – die Zahlen in der rechten Spalte mit „\" angestrichen, deren Summe 156 ergibt. Dann addierte man die Zahlen der linken Spalte in den angestrichenen Zeilen und erhielt so das Ergebnis 12.

1	13	
2	26	
4	52	\
8	104	\
12	156	

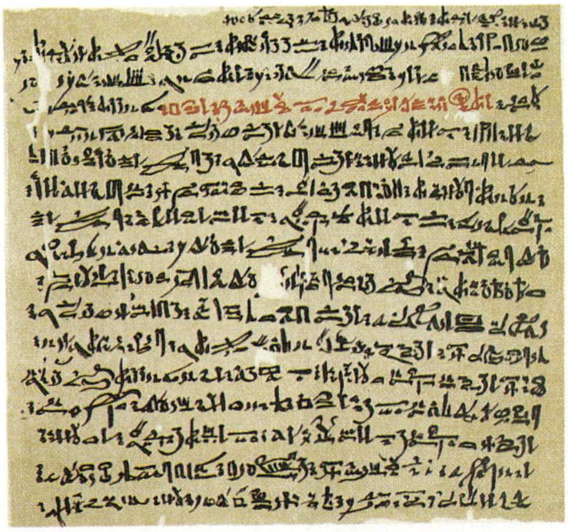

Eines der ältesten Rechenbücher ist der Papyrus Rhind. Er ist in demotischer Schrift (einer Weiterentwicklung der hieratischen Schrift) geschrieben und entstand um etwa 1700 v. Chr.

9

Multipliziere nach der ägyptischen Methode, aber mit unseren Ziffern.

a) $7 \cdot 15$ b) $9 \cdot 23$ c) $26 \cdot 45$
d) $21 \cdot 36$ e) $19 \cdot 41$ f) $38 \cdot 71$

10

Dividiere nach der ägyptischen Methode, aber mit unseren Ziffern.

a) $115 : 5$ b) $91 : 7$ c) $195 : 13$
d) $255 : 15$ e) $306 : 17$ f) $414 : 18$

11

Berechne in Hieroglyphenschrift.

a) $6 \cdot 17$ b) $7 \cdot 21$ c) $25 \cdot 54$
d) $144 : 9$ e) $207 : 23$ f) $713 : 31$

Vom großen Einmaleins und anderen Produkten zweistelliger Zahlen

Das kleine Einmaleins: $1 \cdot 1 \ldots 9 \cdot 9$

Das mittlere Einmaleins: $1 \cdot 11 \ldots 9 \cdot 19$

Das große Einmaleins: $11 \cdot 11 \ldots 19 \cdot 19$

Olaf und Petra kennen das kleine Einmaleins; beim mittleren Einmaleins hilft das Distributivgesetz beim Kopfrechnen:

$$7 \cdot 13 = 7 \cdot (10 + 3) = 7 \cdot 10 + 7 \cdot 3 = 70 + 21 = 91$$

Das große Einmaleins ist jedoch zum Berechnen im Kopf zu schwer. Ihr Vater rät ihnen, einige Produkte wie $13 \cdot 14$ oder $17 \cdot 19$ aufzuschreiben und zu berechnen, um auf diese Weise eine einfache Regel zu finden.

Ihr Vater erkärt: „Wenn ich $13 \cdot 14$ berechne, so ist das Ergebnis 182 sicher größer als $3 \cdot 4 = 12$. Subtrahieren wir doch 12 von 182, dies ergibt 170. Vielleicht seht ihr, wie man die Zahl 17 aus 13 und 14 erhält."

$$\begin{array}{r} 13 \cdot 14 \\ \hline 13 \\ 52 \\ \hline 182 \end{array} \qquad 3 \cdot 4 = 12 \qquad \begin{array}{r} 182 \\ -\ 12 \\ \hline 170 \end{array} \qquad\qquad \begin{array}{r} 17 \cdot 19 \\ \hline 17 \\ 153 \\ \hline 323 \end{array} \qquad 7 \cdot 9 = 63 \qquad \begin{array}{r} 323 \\ -\ 63 \\ \hline 260 \end{array}$$

1
Wie erhält man die Einerziffer des Produktes? Welche Ziffern kommen als Hunderter beim großen Einmaleins vor?

2
Die Rechnung von Olaf und Petra siehst du oben. Bearbeite ebenso die Produkte $12 \cdot 19$, $14 \cdot 15$, $12 \cdot 17$ und $15 \cdot 15$

3
Als ihr Vater einige Ziffern farbig hervorhebt, findet Petra schnell eine Regel für die Zehner- und Hunderterziffer des Ergebnisses. Wie lautet sie?

$$13 \cdot 14 \;\downarrow\; 170 \qquad\qquad 17 \cdot 19 \;\downarrow\; 260$$

Führt man die Rechenschritte in umgekehrter Reihenfolge durch, so kann man die Produkte des großen Einmaleins im Kopf berechnen:

Addiere die Einerziffer des zweiten Faktors zum ersten Faktor. → Multipliziere die Summe mit 10. → Addiere zu diesem Produkt das Produkt der Einerziffer.

$14 \cdot 17 = 238$

$14 + 7 = 21$ → $21 \cdot 10 = 210$ → $210 + 4 \cdot 7 = 238$

4
Berechne auf diese Weise im Kopf.

a) $11 \cdot 14$	b) $12 \cdot 13$	c) $13 \cdot 16$
d) $12 \cdot 18$	e) $13 \cdot 17$	f) $14 \cdot 17$
g) $16 \cdot 18$	h) $17 \cdot 19$	i) $18 \cdot 19$

→ Multipliziere die Summe mit der gemeinsamen Zehnerziffer.

5
Stolz zeigen die beiden ihre Ergebnisse ihrem Lehrer. Dieser erklärt: „Wenn ihr in euer Rechenverfahren noch einen Schritt einbaut, so könnt ihr damit auch andere zweistellige Zahlen mit gleicher Zehnerziffer multiplizieren." Wo müssen die beiden den „gelben Rechenschritt" einbauen? Zeichne das vollständige Bild in dein Heft.

6
Verwende das in Aufgabe 5 gezeichnete Bild und berechne im Kopf.

a) 21 · 24	b) 32 · 33	c) 43 · 46
d) 32 · 35	e) 53 · 57	f) 74 · 77
g) 66 · 62	h) 87 · 83	i) 98 · 91

52 · 36 = [0] [2] · [3] [6]
= □ □ · (□ [0] + □) = 52 · 30 + 52 · 6
= □ □ · □ · 10 + (□ [0] + □) · □
= 52 · 3 · 10 + 50 · 6 + 2 · 6
= (□ [0] + 2) · □ · 10 + □ · □ · 10 + □ · □
= 50 · 3 · 10 + 2 · 3 · 10 + 5 · 6 · 10 + 2 · 6
= □ · □ · 100 + (□ · □ + □ · □) · 10 + □ · □

7
Am nächsten Tag erhalten die beiden vom Lehrer folgendes Blatt, zu dem er erklärt: „In jedes Kästchen ist eine Ziffer so einzutragen, dass die Rechnungen stimmen. Achtet auf die Farben und das Distributivgesetz. Am Ende seht ihr, wie man beliebige zweistellige Zahlen multiplizieren kann." Übertrage das Blatt ins Heft, ergänze.

8
Bearbeite wie in Aufgabe 7 die Produkte 24 · 68 und 39 · 47. Zeichne dabei zuerst das entsprechende Blatt mit den Kästchen in dein Heft und trage dann in die Kästchen die richtigen Ziffern ein.

Verfolgt man an obigem Bild, wie beim Produkt 52 · 36 das Ergebnis zustande kommt, so ergibt sich folgendes Verfahren.

1. Multipliziere die Zehnerziffern der beiden Faktoren und dann das Ergebnis mit 100.	5 · 3 = 15 15 · 100	=	1 500
2. Multipliziere jeweils die Einerziffer des einen Faktors mit der Zehnerziffer des anderen Faktors, addiere die Produkte und multipliziere das Ergebnis mit 10.	2 · 3 = 6 5 · 6 = 30 6 + 30 = 36 36 · 10	=	360
3. Multipliziere die Einerziffern der beiden Faktoren.	2 · 6	=	12
4. Addiere die Ergebnisse von 1., 2. und 3.			1 872

Man kann das Ergebnis sogar ohne Zwischenrechnung sofort hinschreiben, wenn man statt mit den Zehnern mit den Einern beginnt. Bei 52 · 36 rechnet man:

52 · 36 = 1 872

2 · 6 ist 12,		schreibe 2 und merke 1,
2 · 3 + 5 · 6 ist 36,	36 + 1 ist 37,	schreibe 7 und merke 3,
5 · 3 ist 15,	15 + 3 ist 18	schreibe 18.

9
Berechne mit Angabe der Zwischenergebnisse wie in obigem Kasten.

a) 21 · 34	b) 26 · 31	c) 43 · 32
d) 52 · 47	e) 63 · 27	f) 54 · 32
g) 55 · 48	h) 97 · 64	i) 93 · 83

10
Berechne ohne Zwischenergebnisse aufzuschreiben:

a) 19 · 26	b) 24 · 32	c) 53 · 24
d) 61 · 29	e) 62 · 46	f) 35 · 66
g) 67 · 48	h) 73 · 56	i) 86 · 96.

Multiplizieren

Multiplizieren bedeutet mehrfaches Addieren derselben Zahl.
Man erhält ein Produkt aus zwei Faktoren.

Produkt
$5 + 5 + 5 + 5 = 4 \cdot 5 = 20$
1. Faktor 2. Faktor

$$\begin{array}{r} \underline{629 \cdot 25} \\ 1258 \\ \underline{3145} \\ 15725 \end{array}$$

Regeln für die Multiplikation

Bei Produkten ändert sich das Ergebnis nicht, wenn man
a) die Faktoren vertauscht (Kommutativgesetz)
b) die Faktoren durch Klammern zusammenfasst oder vorhandene Klammern weglässt (Assoziativgesetz).

$4 \cdot 6 = 24 = 6 \cdot 4$
$(4 \cdot 5) \cdot 6 = 4 \cdot 5 \cdot 6 = 4 \cdot (5 \cdot 6) = 120$

Dividieren

Die Division ist die Umkehrung der Multiplikation.
Dabei ist das Produkt und ein Faktor bekannt, der andere Faktor gesucht.
Wegen $4 \cdot 7 = 28$ ist $28 : 4 = 7$ und $28 : 7 = 4$.

Quotient
$28 : 4$
Dividend Divisor

$$\begin{array}{r} 728 : 13 = 56 \\ \underline{-\,65} \\ 78 \\ \underline{-\,78} \\ 0 \end{array} \qquad \begin{array}{r} 981 : 35 = 28 \text{ Rest } 1 \\ \underline{-\,70} \\ 281 \\ \underline{-\,280} \\ 1 \end{array}$$

Durch 0 kann man nicht dividieren.

$3 : 0$ geht nicht, aber $0 : 3 = 0$.

$3 \cdot 1 = 3$ und $3 : 3 = 1$

$3 : 1 = 3;\quad 3 : 3 = 1$

Potenzieren

Potenzieren bedeutet mehrfaches Multiplizieren mit derselben Zahl. Man erhält eine Potenz mit Grundzahl und Hochzahl.

Potenz
$5 \cdot 5 \cdot 5 = 5^3 = 125$
Grundzahl Hochzahl

$5^3 = 5 \cdot 5 \cdot 5 = 125$
aber $5 \cdot 3 = 5 + 5 + 5 = 15$
$4^3 = 4 \cdot 4 \cdot 4 = 64$
aber $3^4 = 3 \cdot 3 \cdot 3 \cdot 3 = 81$
$4 \cdot 3^2 = 4 \cdot 9 = 36$
aber $(4 \cdot 3)^2 = 12 \cdot 12 = 144$

Rechenausdrücke

Für die Reihenfolge der Rechenschritte gilt:
a) Rechenausdrücke, die in Klammern stehen, werden zuerst berechnet.
b) Sind keine Klammern vorhanden oder innerhalb von Klammern, wird Potenzieren vor Punktrechnung vor Strichrechnung ausgeführt.

Beim Multiplizieren von Summen oder Differenzen bringt es manchmal Vorteile, von diesen Regeln abzuweichen.
Wie dies geschehen muss, sagt das Distributivgesetz.

$(23 + 9) : 8 = 32 : 8 = 4$
$4 \cdot 2^3 - 7 = 4 \cdot 8 - 7 = 32 - 7 = 25$
$3 \cdot (2 \cdot 4 - 7) = 3 \cdot (8 - 7) = 3 \cdot 1 = 3$

Ausmultiplizieren:
$7 \cdot (30 + 8) = 7 \cdot 30 + 7 \cdot 8 = 210 + 56 = 266$.
Ausklammern:
$8 \cdot 13 + 8 \cdot 27 = 8 \cdot (13 + 27) = 8 \cdot 40 = 320$

1 Faltbilder

1
Die auf den Fotos abgebildeten Lebewesen (Tagpfauenauge und Blüte der Passionsblume) haben eine regelmäßige Form. Beschreibe diese Regelmäßigkeit.

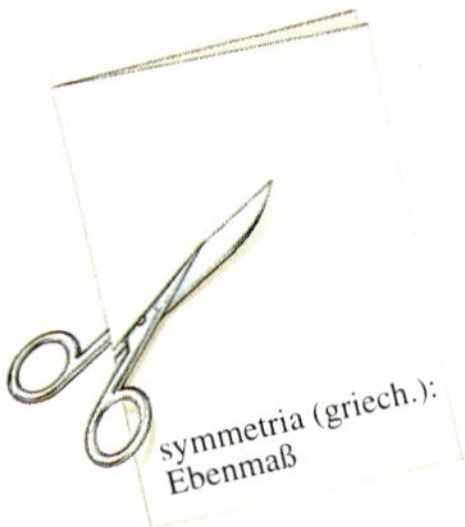

Beim Falten eines Blattes Papier entsteht eine gerade Linie. Wir zeichnen solche Linien mit dem Geodreieck oder einem Lineal. Gerade Linien, die wir uns nach beiden Seiten unbegrenzt verlängert denken, nennen wir Geraden und bezeichnen sie mit kleinen Buchstaben wie g, h, …

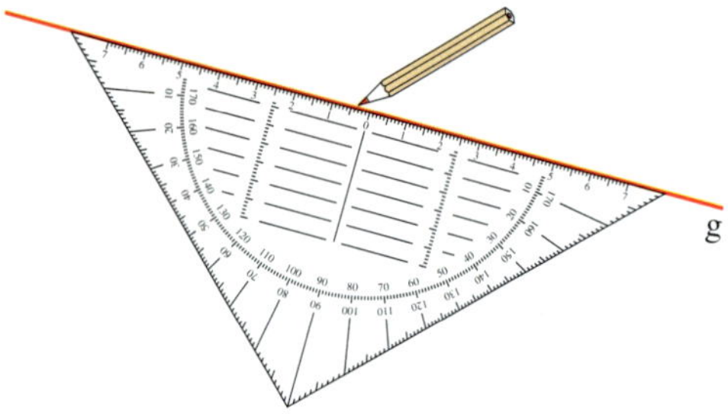

Schneidet man aus einem gefalteten Blatt Papier eine beliebige Figur aus, so entsteht beim Auseinanderfalten eine regelmäßige Figur; dabei kann das Falten als eine Klappung um die Faltlinie als Achse aufgefasst werden. Deshalb nennen wir solche Figuren **achsensymmetrisch**. Die Faltlinie heißt **Symmetrieachse** der Figur.

Beispiel:
a) Das zusammengesetzte Blatt einer Rose ist achsensymmetrisch; der Blattstiel ist die Symmetrieachse. Auch jedes Teilblatt ist achsensymmetrisch.
b) (Gegenbeispiel) Selten sind zusammengesetzte Blätter nicht achsensymmetrisch; beim Blatt eines Pistazien-Strauches ist dies aber der Fall.

Blatt eines Pistazien-Strauches (Mittelmeergebiet)

Blatt einer Wald-Rose

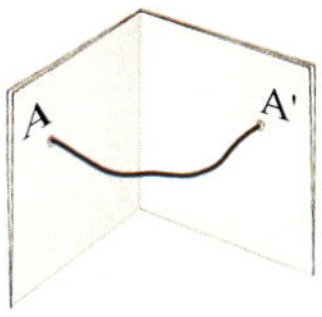

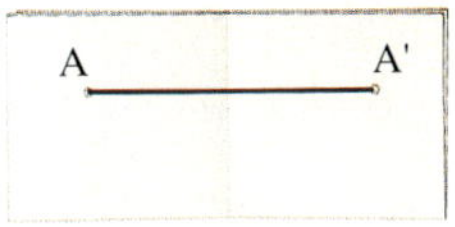

Wir untersuchen nun, wie man – ohne zu falten oder zu pausen – zu einer Figur ein genaues Abbild zeichnen kann. Hierzu durchstechen wir ein gefaltetes Blatt Papier und falten es wieder auseinander. Man erhält zwei **Punkte**. Punkte bezeichnen wir mit großen Buchstaben. Da die beiden Punkte achsensymmetrisch liegen, bezeichnen wir sie mit A und A′. Verbindet man A und A′ durch eine gerade Linie, so entsteht eine **Strecke**; wir bezeichnen sie mit AA′. Die Faltlinie halbiert die Strecke AA′.
Am Klecksbild wird nun deutlich, wie man mit Hilfe eines Geodreiecks ein genaues Abbild einer Figur zeichnen kann. Wir sagen: Die gegebene Figur wird „an einer Geraden g gespiegelt“.

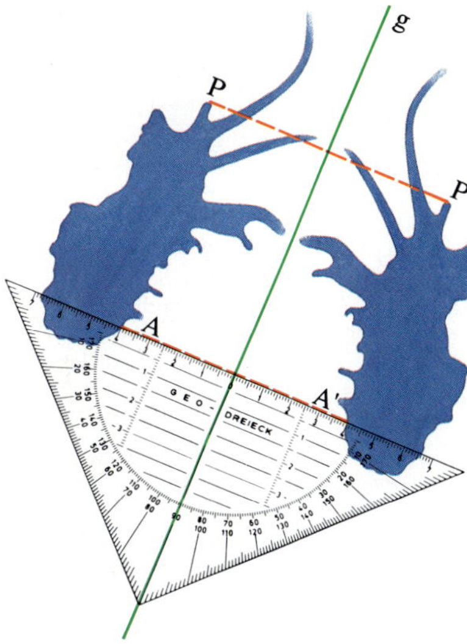

Wir spiegeln einen Punkt P an einer Geraden g, indem wir
1. die Mittellinie des Geodreiecks auf die Gerade g legen,
2. den P entsprechenden Punkt P′ so markieren, dass die Gerade g die Strecke PP′ halbiert.

Punkte, Strecken und Geraden

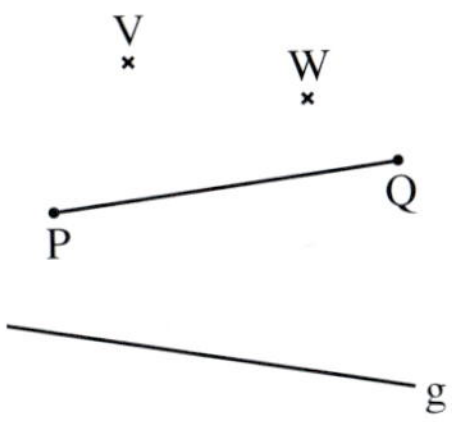

2
Übertrage die Punkte A, B, C, D, E, F und G in dein Heft. Zeichne
a) alle Verbindungsstrecken der Punkte
b) die Gerade g durch den Punkt G und die Mitte M_1 von BC
c) die Gerade h durch die Mitte M_2 von CD und die Mitte M_3 von EF.

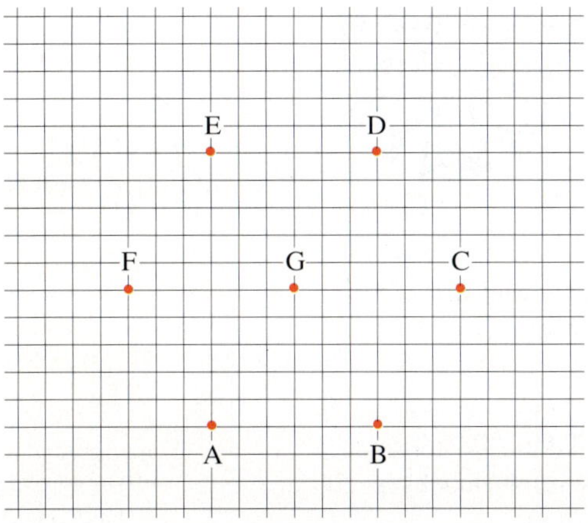

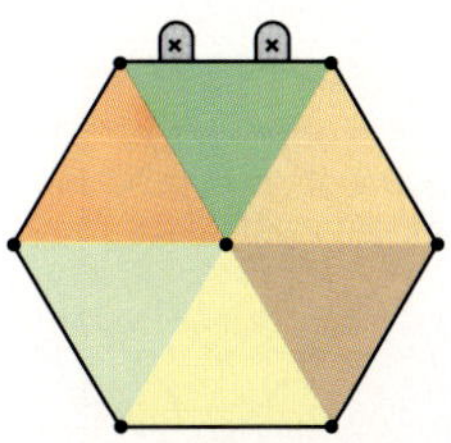
?

3
Übertrage das Punktmuster in dein Heft.

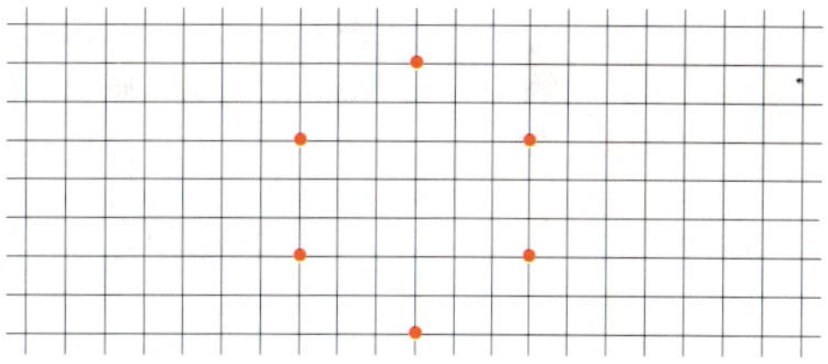

Verbinde die Punkte so, dass
a) ein Sechseck entsteht
b) ein sechszackiger Stern entsteht.

4
Übertrage die Punkte P, Q, R, S und T in dein Heft. Zeichne durch je zwei der Punkte eine Gerade. Wie viele sind es?

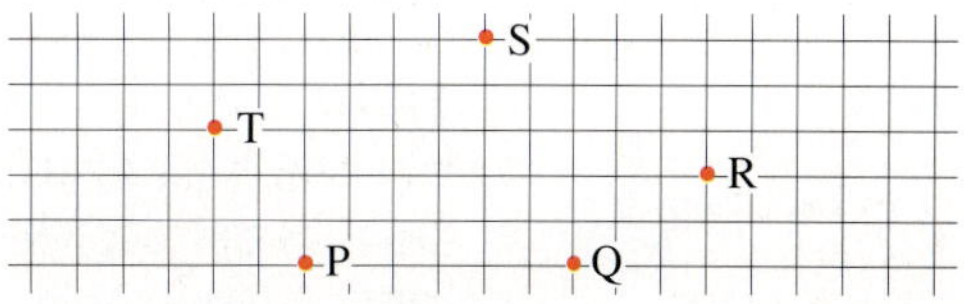

5

Zeichne jeweils eine Strecke mit der angegebenen Länge.

Strecke	AB	RS	VW	XY	UV
Länge	6 cm	2 cm	5 cm	4 cm	3 cm

6

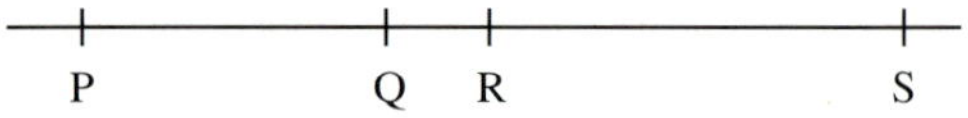

Nimm an, PQ sei 3 cm, PR sei 4 cm und PS sei 8 cm lang. Wie lang sind dann die Strecken QR, RS und QS?

7

Schätze, welche der Strecken BD und BF länger ist. Prüfe durch Nachmessen, ob deine Vermutung richtig war.

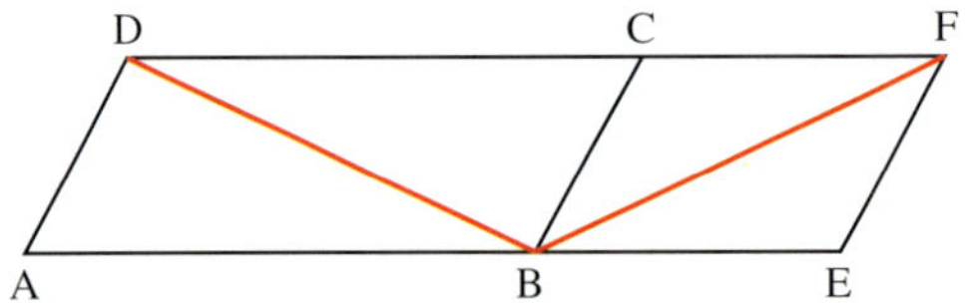

Erkennen der Achsensymmetrie

8

Wie viele Symmetrieachsen haben die Scherenschnitte?

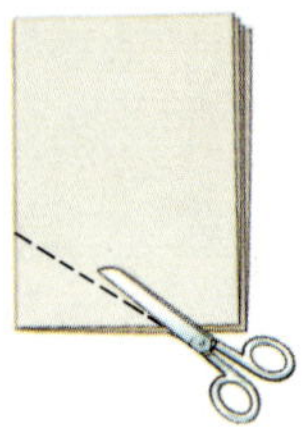

9

Untersuche die Verkehrszeichen auf Achsensymmetrie.

10

Falte ein Blatt Papier zweimal. Schneide die Ecke ab. Wie viele Symmetrieachsen hat die ausgeschnittene Figur?

11

Übertrage die „Würfelbilder“ in dein Heft und zeichne die Symmetrieachsen ein.

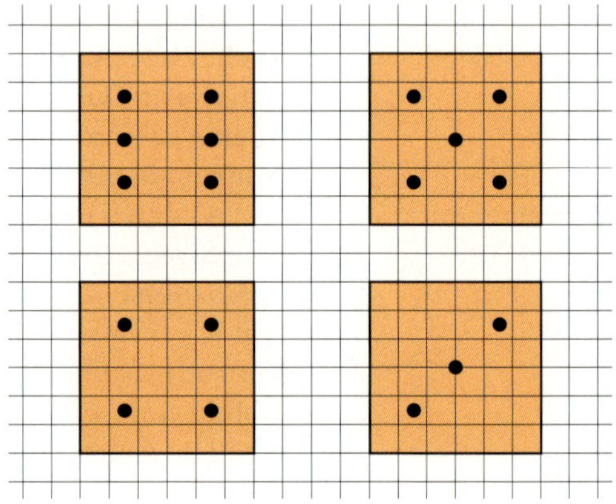

12

Übertrage die Figuren in dein Heft und zeichne die Symmetrieachsen ein.

13

Übertrage die Figuren in dein Heft und zeichne die Symmetrieachsen ein.

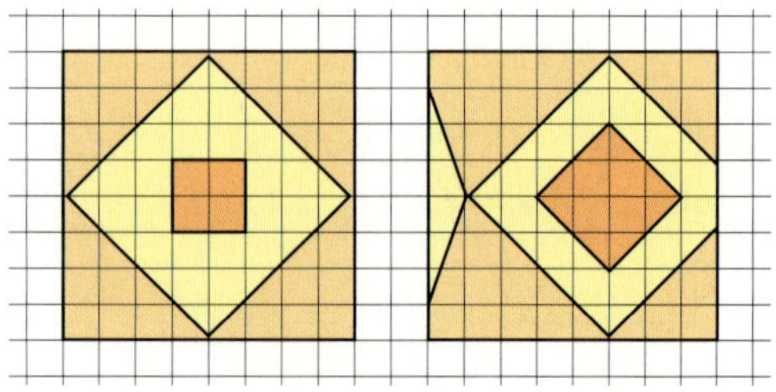

Achsensymmetrische Figuren erzeugen

14
Übertrage die Figur ins Heft. Färbe zwei Felder so, dass g und h Symmetrieachsen sind.

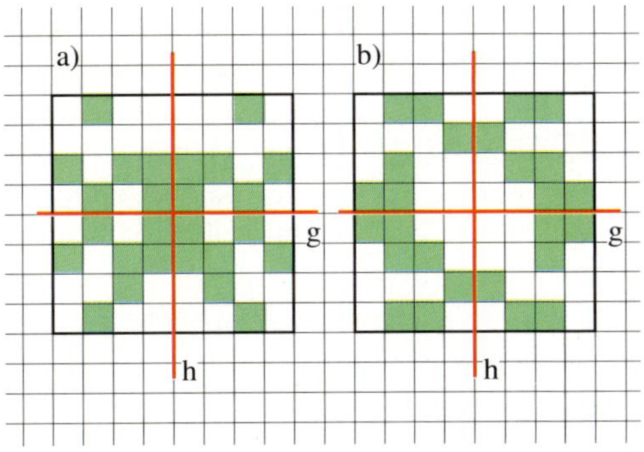

15
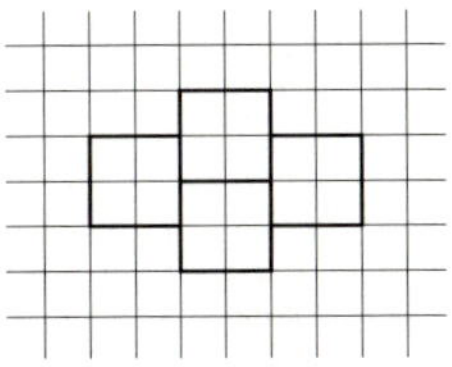

Übertrage die Figur dreimal ins Heft. Färbe nun die Flächen so, dass eine Figur ohne Symmetrieachse (mit genau einer Symmetrieachse; mit zwei Symmetrieachsen) entsteht.

16
Übertrage die Figuren ins Heft; ergänze sie zu achsensymmetrischen Figuren.

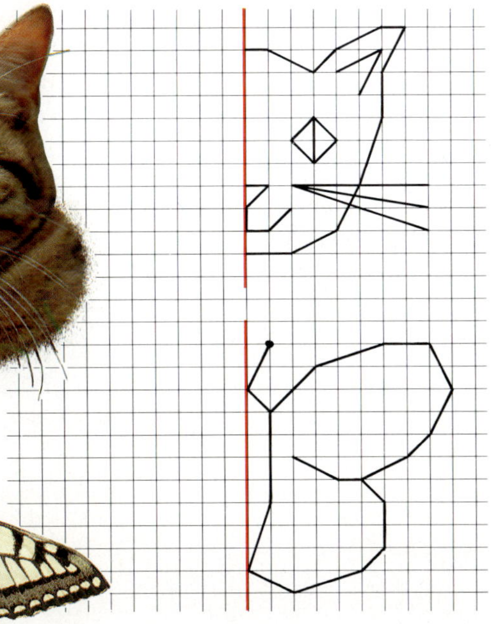

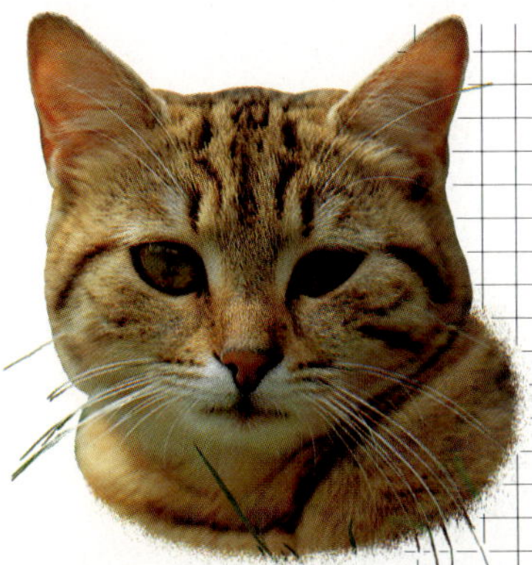

17
Übertrage die Figur in dein Heft und spiegele sie an der Geraden g.

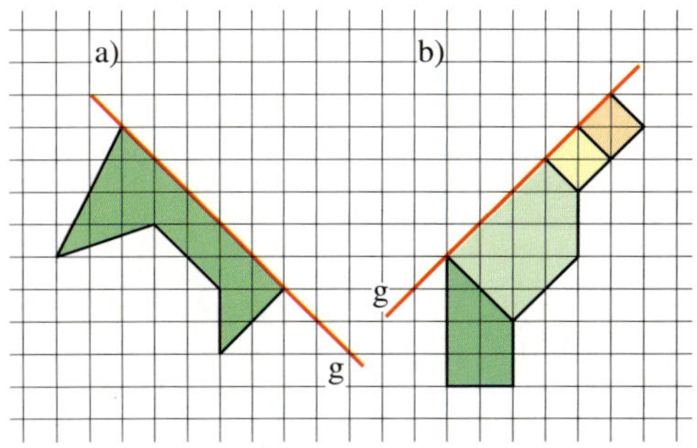

18
Übertrage das Viereck in dein Heft und spiegele es an der Geraden g.

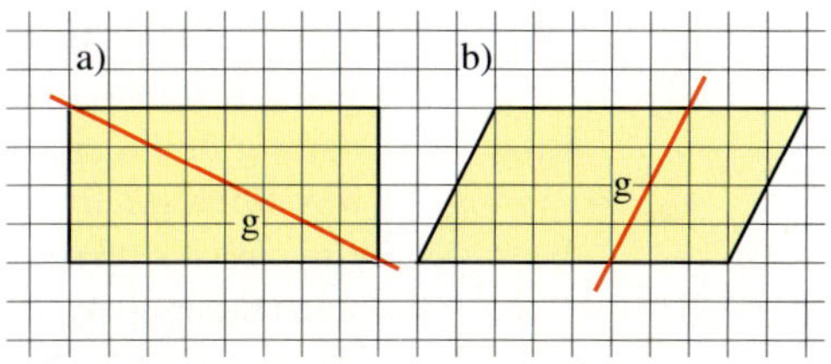

19

Heiko sieht das Namensschild auf seinem Heft im Spiegel. Sein Vorname ist normal lesbar, der Nachname nicht. Woher kommt das?
Suche fünf weitere Wörter, die du mit dem Spiegel lesen kannst.

20
Die Figur zeigt eine Folge achsensymmetrischer Bilder. Wie sieht das sechste (siebte, ..., zehnte) Bild der Folge aus?

2 Orthogonale Geraden

1
a) Falte ein Stück Papier; es entsteht eine erste Faltlinie. Falte ein zweites Mal, so dass die erste Faltlinie auf sich zu liegen kommt.
b) Falte das Stück Papier wieder auseinander. Vergleiche die Lage der Faltlinien mit den Kanten und Linien auf dem Geodreieck.

Mit dem Geodreieck können wir zwei Geraden so zeichnen, dass jede eine Symmetrieachse der anderen ist.

orthos *(griech.): recht, richtig*
gonia *(griech.): Winkel*

Wenn Geraden g und h so zueinander liegen wie in der Figur, so sagen wir:
g und h sind zueinander senkrecht
oder: g und h sind orthogonal und schreiben $g \perp h$
(lies: g ist senkrecht zu h).
In Zeichnungen deuten wir $g \perp h$ durch das Zeichen ⊾ an.

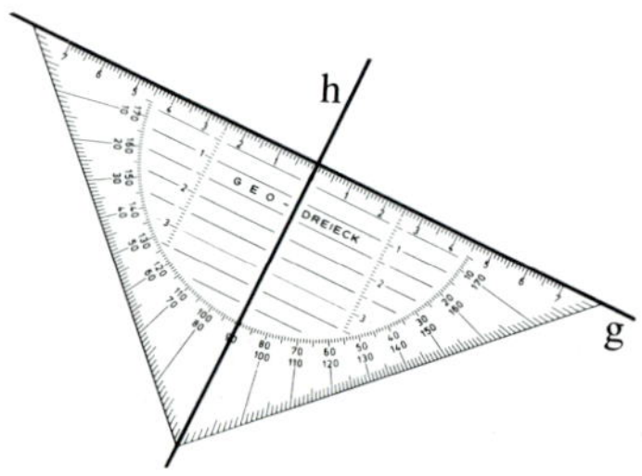

zueinander senkrecht (orthogonal):

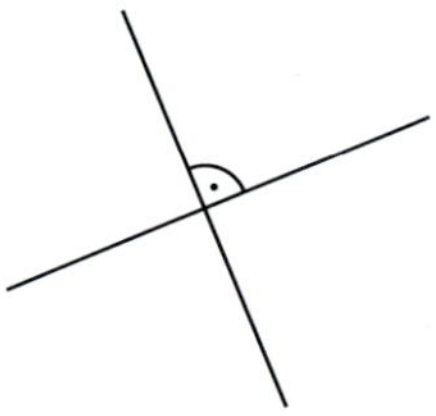

Bemerkung: Beim Geodreieck sind auch die beiden kurzen Seiten orthogonal. Wir zeichnen orthogonale Geraden aber besser mit Hilfe der Mittellinie und der langen Seite.

Beispiel 1:
Die Kante einer Wasserwaage und der Faden eines Senkbleis (oder Lotes) sind orthogonal. In diesem Fall spricht man auch von einer waagerechten und einer lotrechten Linie.

Sonderfall:

Beispiel 2:
Gegeben ist eine Gerade g. Gesucht ist eine zu g orthogonale Gerade h durch einen Punkt P. Für die Lage von P gibt es zwei Möglichkeiten:

a) P liegt auf g.

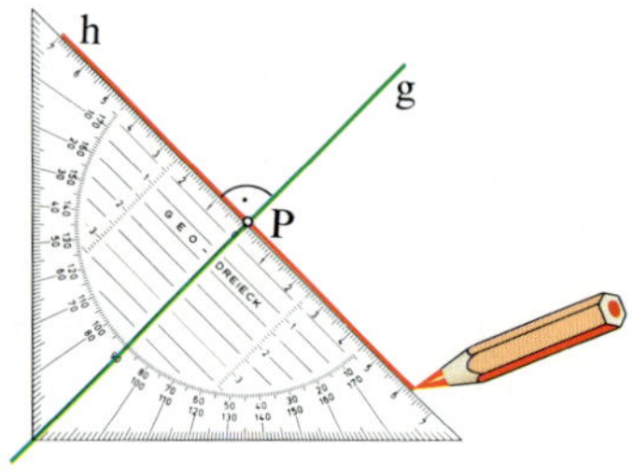

b) P liegt nicht auf g.

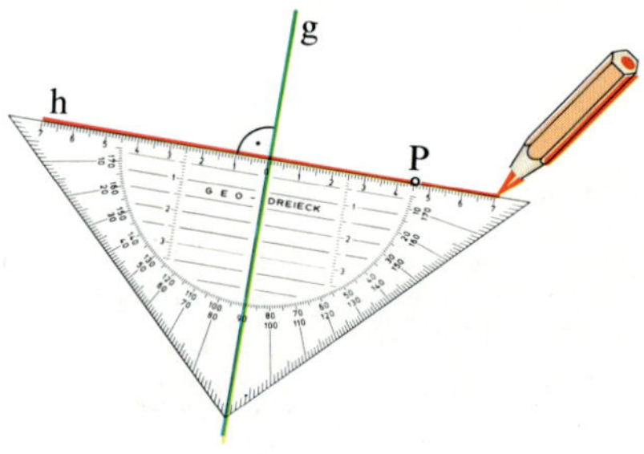

Der schiefe Turm von Pisa heißt „schief", weil er nicht lotrecht ist.

2

a) Wo gibt es am Geodreieck zueinander senkrechte Strecken?
b) Zeige im Klassenzimmer Kanten, die zueinander senkrecht sind.

3

Prüfe mit dem Geodreieck, ob die Geraden g und h zueinander senkrecht sind.

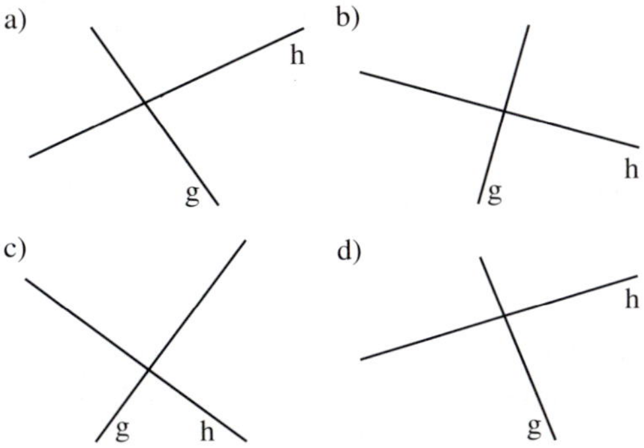

4

Prüfe mit dem Geodreieck, welche Geraden orthogonal sind.
Notiere dein Ergebnis mit dem Zeichen ⊥.

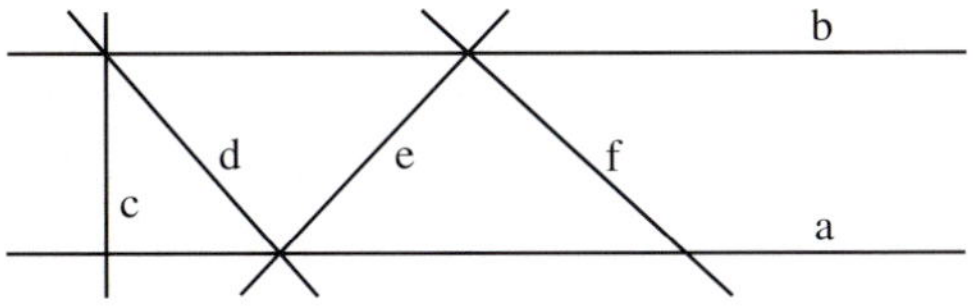

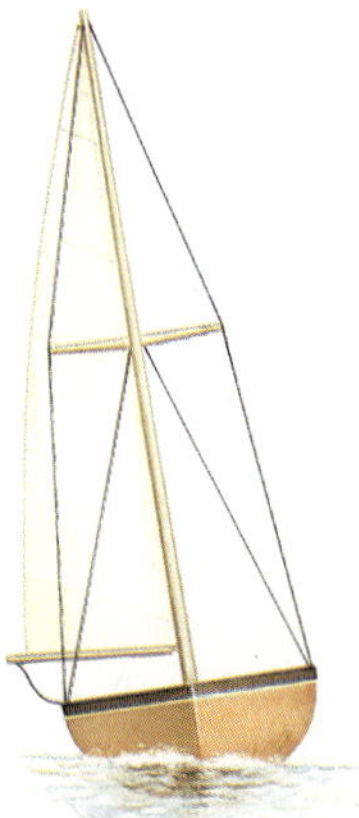

5

a) Ist die Bootsoberkante des Segelbootes waagerecht?
b) Ist der Mast senkrecht zur Bootsoberkante?
c) Steht der Mast lotrecht?
d) Ist der Kiel senkrecht zur Wasseroberfläche?

6

Jans Uhr zeigt 15.00 Uhr. Wie lange dauert es, bis der Minutenzeiger und der Stundenzeiger das nächste Mal orthogonal sind?

Zum Zeichnen

7

a) Zeichne eine Gerade a und drei weitere Geraden, die jeweils zu a senkrecht sind.
b) Zeichne eine Gerade g und einen Punkt P, der nicht auf g liegt. Zeichne eine Gerade h, die durch P geht und zu g orthogonal ist.

8

a) Übertrage die Punkte A, B, C, D, E, F und die Gerade g in dein Heft. Zeichne durch jeden der Punkte eine zu g senkrechte Gerade.

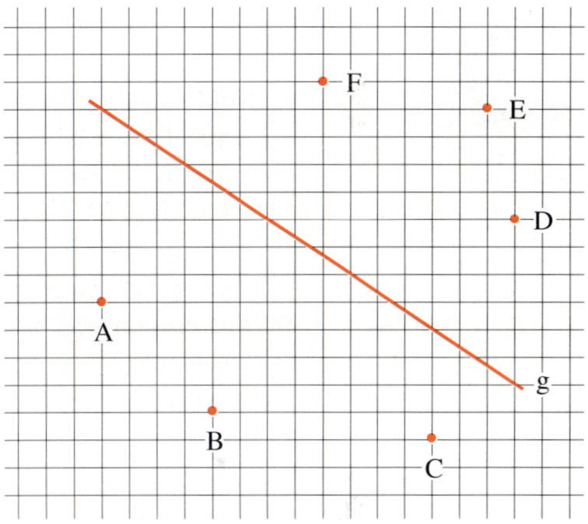

b) (Neue Zeichnung) Zeichne die Gerade h durch B und D. Zeichne nun durch jeden der Punkte eine zu h senkrechte Gerade.

9

Übertrage das Dreieck ABC in dein Heft. Zeichne durch jede Ecke eine Gerade, die zur gegenüberliegenden Seite orthogonal ist.

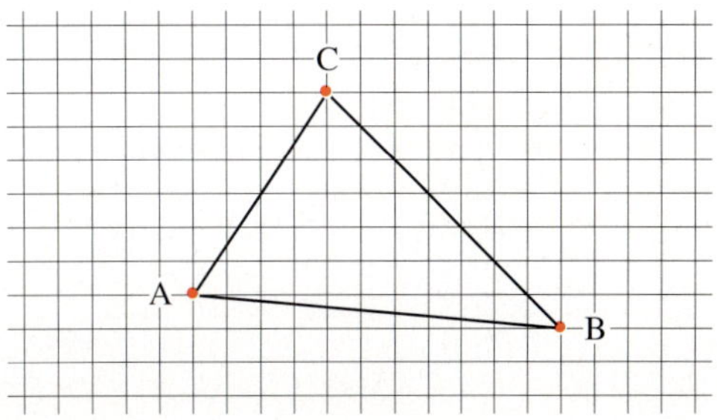

parallel (griech.): *gleichlaufend*

3 Parallele Geraden

1

a) Nenne Beispiele, bei denen Linien so zueinander verlaufen wie Eisenbahnschienen.
b) Kannst du ein Stück Papier so falten, dass Faltlinien entstehen, die ebenfalls wie Eisenbahnschienen verlaufen?

Mit dem Geodreieck können wir prüfen, ob sich die Geraden g und a (außerhalb des Zeichenblattes) schneiden. Das Geodreieck zeigt uns, dass a eine andere Richtung hat als g. Also müssen sich g und a schneiden. Dagegen haben die Geraden g und b keinen Schnittpunkt.

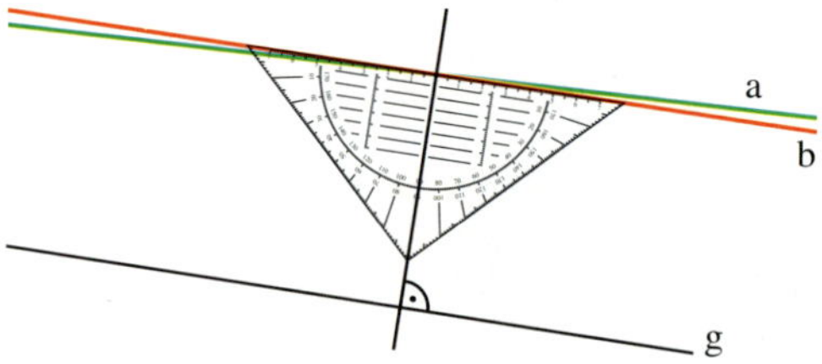

Sind zwei Geraden g und h senkrecht zu einer dritten Geraden k, so sagen wir: g und h sind **zueinander parallel** und schreiben:

$g \| h$

(lies: g ist parallel zu h).

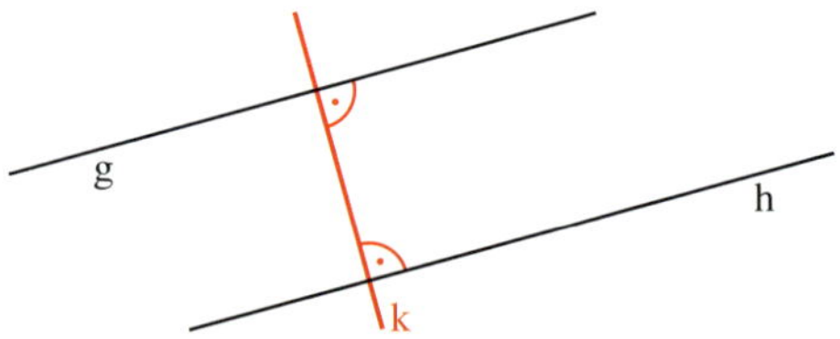

Zueinander parallele Geraden nennt man kurz **Parallelen**. Parallelen haben keinen Schnittpunkt.

Beispiel 1:
Schreibmaschinenpapier, Postkarten usw. wurden so zugeschnitten, dass gegenüberliegende Ränder parallel und aneinander stoßende Ränder orthogonal sind.

Beispiel 2:
Ist eine Gerade g gegeben, so können wir mit Hilfe des Geodreiecks auf zwei Arten eine zu g parallele Gerade h zeichnen.

a) Wir zeichnen zunächst eine zu g senkrechte Gerade k und danach eine zu k senkrechte Gerade h.

b) Wir legen eine der Parallelen des Geodreiecks auf g. Dann ist die lange Kante parallel zu g.

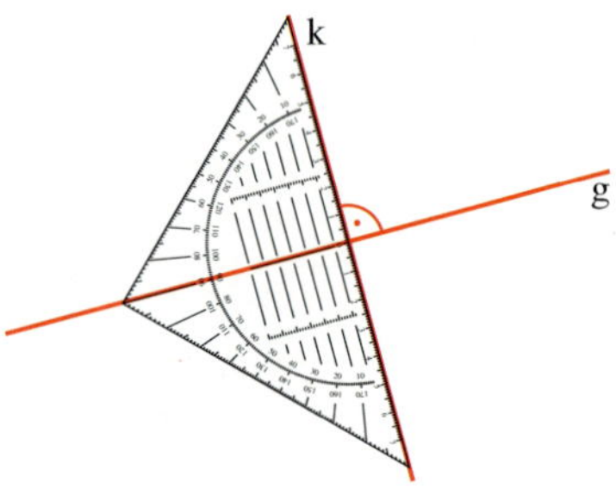

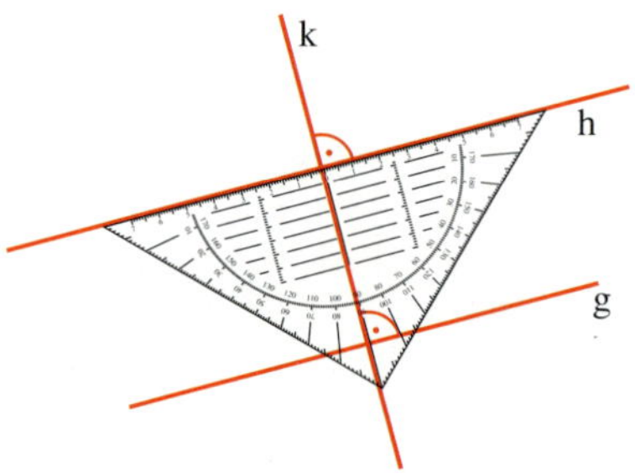

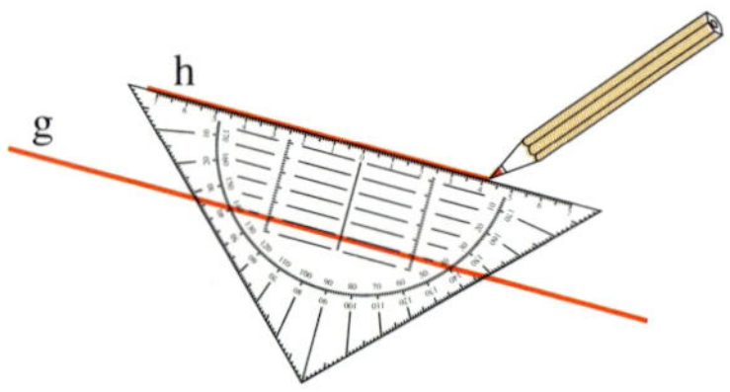

2
Prüfe mit dem Geodreieck, ob die Geraden g und h zueinander parallel sind.

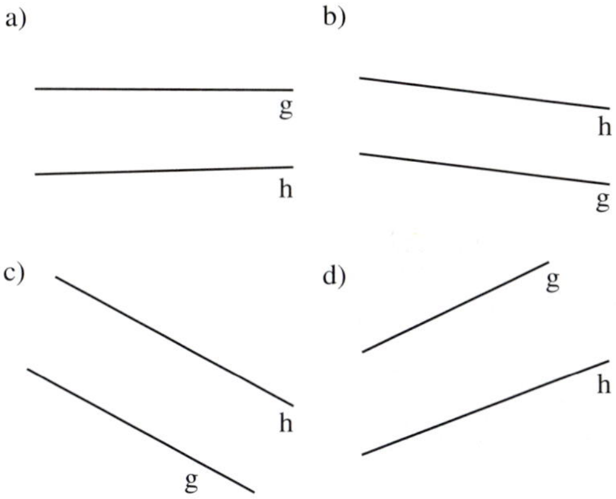

3
Prüfe mit dem Geodreieck, welche Geraden orthogonal, welche parallel sind.
Notiere die Ergebnisse mit $\perp$ und $\parallel$.

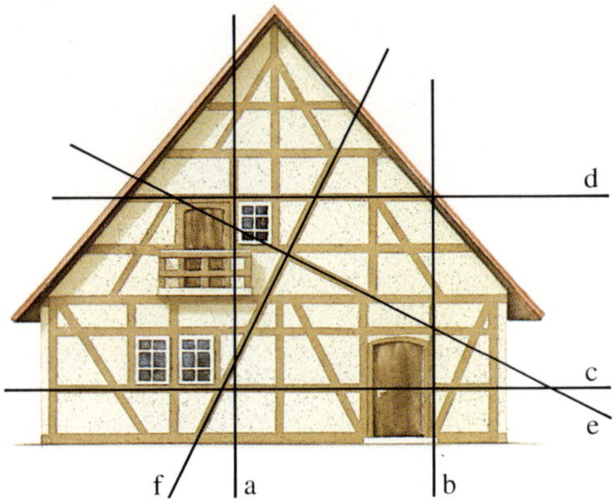

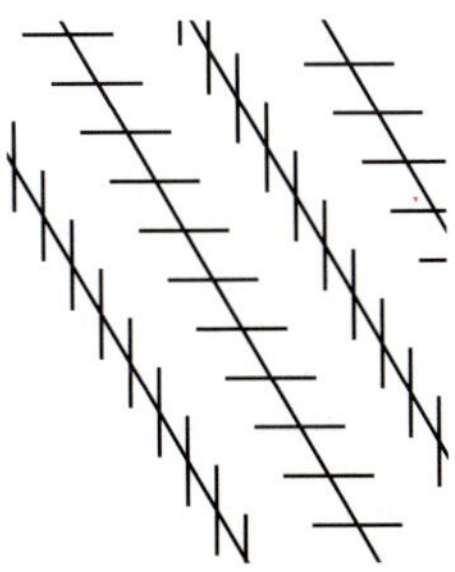

Sind die Geraden zueinander parallel?

4
Wie verlaufen g und h, wenn gilt:
a) $g \parallel h$ und $k \parallel h$
b) $g \parallel k$ und $k \perp h$
c) $g \perp k$ und $k \parallel h$
d) $g \perp k$ und $k \perp h$?

Zum Zeichnen

5
Zeichne eine Gerade g und einen Punkt A, der nicht auf g liegt.
Zeichne nun die Gerade h durch A, die parallel zu g ist.

6
Zeichne zwei Geraden a und b, die sich schneiden, und einen Punkt M, der weder auf a noch auf b liegt.
Zeichne durch M eine Parallele zu a und eine Parallele zu b.

7
Zeichne ein beliebiges Dreieck ABC. Ziehe durch die Eckpunkte A, B und C jeweils eine Gerade, die zur gegenüberliegenden Seite parallel ist.

8

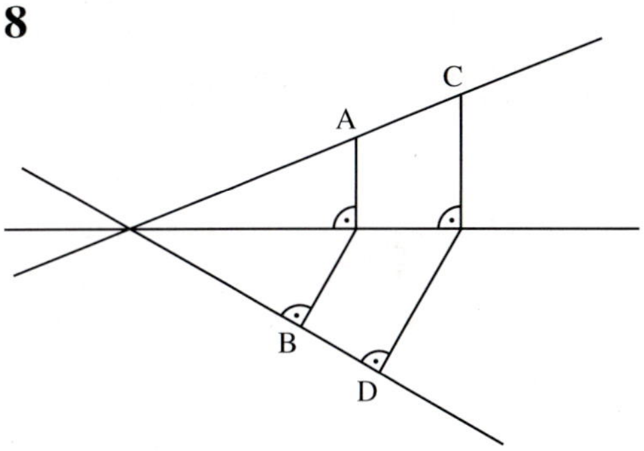

Zeichne die Figur in dein Heft und trage zusätzlich die Gerade g durch A und B sowie die Gerade h durch C und D ein.
Wie liegen g und h zueinander?

9
Zeichne drei Geraden so, dass
a) drei Schnittpunkte entstehen
b) zwei Schnittpunkte entstehen
c) ein Schnittpunkt entsteht
d) kein Schnittpunkt entsteht.

10
Zeichne drei Geraden so, dass drei Schnittpunkte entstehen. Zeichne nun eine vierte Gerade so dazu, dass
a) drei neue Schnittpunkte entstehen
b) zwei neue Schnittpunkte entstehen
c) ein neuer Schnittpunkt entsteht
d) kein neuer Schnittpunkt entsteht.

11
Zeichne vier Geraden so, dass das Zeichenblatt in möglichst viele (in möglichst wenige) Teile zerlegt wird.

4 Parallelogramme

1
Wie gehst du vor, wenn du von einem Blatt Papier einen genau 2 cm breiten Streifen abschneiden sollst?

2
a) Die Schienen der Bundesbahn und einer Straßenbahn kreuzen sich. Beschreibe das Viereck, das dabei entsteht.
b) Was für ein Viereck entsteht, wenn sich die Schienen so kreuzen, dass sie zueinander senkrecht sind?

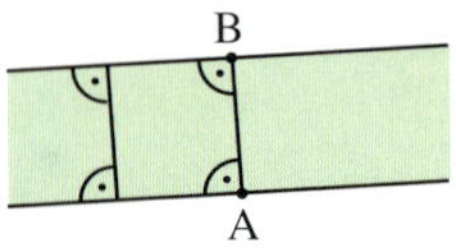

parallelos *(griech.): nebeneinander laufend*
gramme *(griech.): Linie*

Zwei parallele Geraden begrenzen einen so genannten **Streifen**. Alle zum Streifenrand orthogonalen Strecken, die von Rand zu Rand verlaufen (z. B. AB in der Figur), sind gleich lang; ihre Länge nennen wir die **Breite** des Streifens.

Wenn sich zwei Streifen kreuzen, entsteht immer ein Viereck. In diesem Viereck sind gegenüberligende Seiten zueinander parallel; wir nennen es deshalb **Parallelogramm**. Besondere Parallelogramme entstehen, wenn die beiden Streifen orthogonal oder gleich breit sind.

Parallelogramm

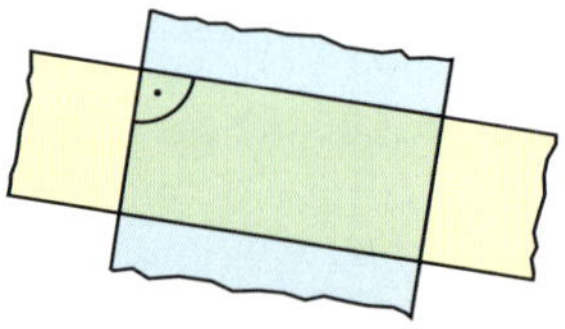

Die Streifen sind orthogonal, es entsteht ein **Rechteck**.

Die Streifen sind gleich breit, es entsteht eine **Raute**.

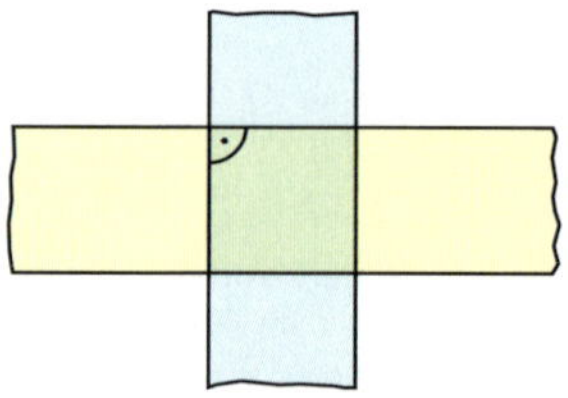

Die Streifen sind orthogonal und gleich breit, es entsteht ein **Quadrat**.

> Vierecke, bei denen gegenüberliegenede Seiten parallel sind, heißen **Parallelogramme**. **Rechtecke, Rauten** und **Quadrate** sind besondere Parallelogramme.

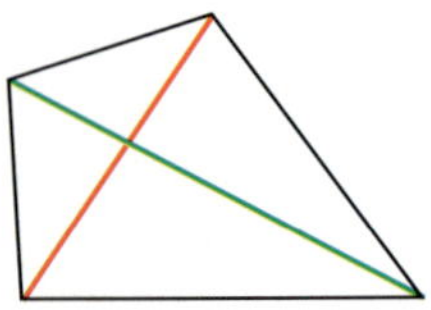

Bei Vierecken nennt man die Verbindungsstrecken von gegenüberliegenden Ecken **Diagonalen**.

3

Zeichne mit dem Geodreieck ein Quadrat mit der Seitenlänge
a) 4 cm b) 7 cm c) 5 cm d) 9 cm.

4

Zeichne ein Rechteck mit den Seitenlängen
a) 4 cm und 3 cm b) 3 cm und 5 cm
c) 4 cm und 7 cm d) 8 cm und 5 cm.

5

Übertrage die beiden Strecken in a) in dein Heft. Ergänze sie zu einem Parallelogramm.
Verfahre in b) – d) ebenso.
Sind besondere Parallelogramme dabei?

Was soll durch die schräge Latte verhindert werden?

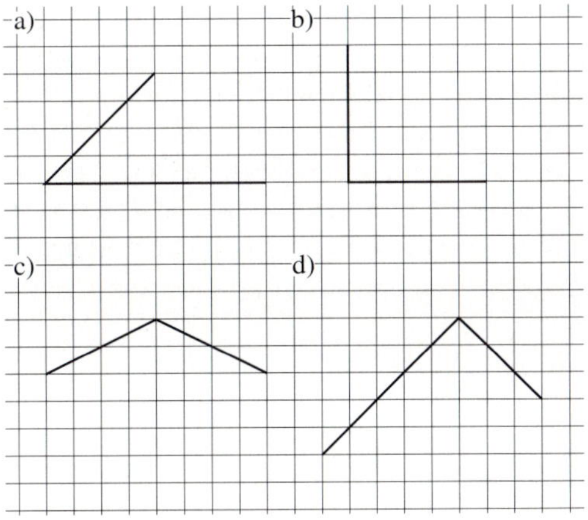

6

An dem Fenster kannst du mehrere Rechtecke erkennen. Wie viele sind es? Übertrage die Figur in dein Heft. Umrande die Rechtecke; benutze Farben.

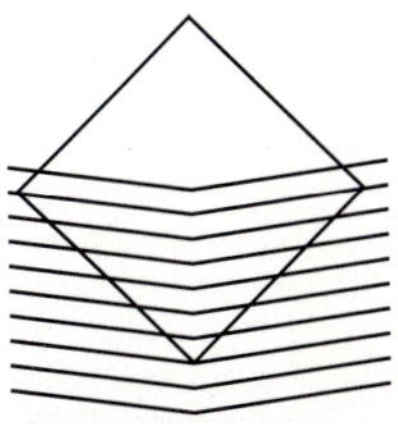

Ist das Viereck ein Quadrat?

7

a) Zeichne ein Rechteck mit den Seitenlängen $4\frac{1}{2}$ cm und 3 cm. Zeichne eine Diagonale ein.
b) Ergänze die Diagonale und eine geeignete Seite zu einem Parallelogramm (es gibt zwei Möglichkeiten).

8

Zeichne ein Viereck, das kein Parallelogramm ist. Verbinde die Mitten der Seiten zu einem neuen Viereck. Was für ein Viereck entsteht?

9

Vier Lochstäbe wurden zu einem Rechteck zusammengeschraubt.

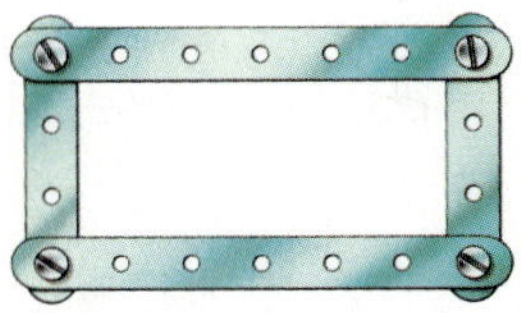

a) Wie kann man daraus ein Parallelogramm erhalten, das kein Rechteck ist?
b) Längs der Diagonalen wird zusätzlich ein fünfter Lochstab eingebaut. Kannst du jetzt noch ein Parallelogramm erzeugen, das kein Rechteck ist?
Welche praktische Anwendung hat dies?

Knobelecke

10

Lege die Figur mit 12 Streichhölzern.

a) Nimm zwei Hölzer so weg, dass zwei Quadrate übrig bleiben.
b) Lege drei der 12 Streichhölzer so um, dass drei gleich große Quadrate entstehen.

5 Figuren im Gitter

1
In den USA gibt es Städte mit einem rechteckigen Straßennetz. Auf dem abgebildeten Plan einer solchen Stadt ist im Zentrum Z ein großer Platz zu erkennen. Welche Verkehrswege treffen dort zusammen? Beschreibe ebenso die Lage der Punkte A bis D.

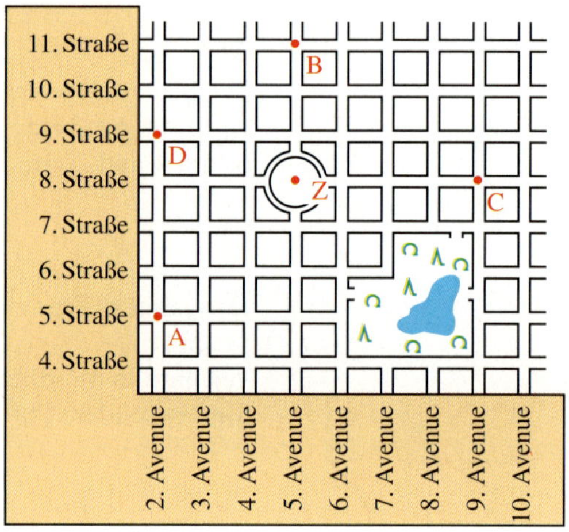

2
Das Schild weist die Feuerwehr auf einen Hydranten (Wasserzapfstelle) hin. Dabei bedeutet H 200: Hydrant mit einem Rohrdurchmesser von 200 mm. Was bedeuten die beiden anderen Zahlen?

Mit Hilfe eines **Gitters** können wir die Lage von Punkten durch Zahlen beschreiben. Für jeden Punkt P brauchen wir zwei Zahlen; sie geben an, wie wir – ausgehend von einem Ursprung O – den Punkt P finden. Die erste Zahl sagt, wie weit wir auf der **Rechtsachse**, die zweite Zahl, wie weit wir danach in Richtung der **Hochachse** gehen müssen.

„4 nach rechts, 2 nach oben."

Um zum Punkt P zu gelangen, müssen wir 4 Schritte nach rechts und 2 Schritte nach oben gehen.
Wir schreiben dafür:

P(4|2).
Rechtswert Hochwert
Gitterzahlen von P

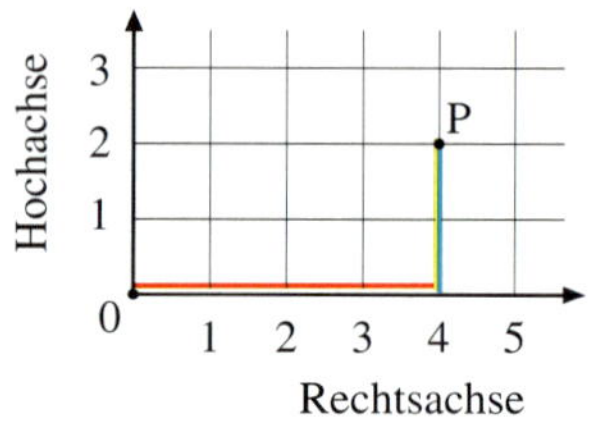

Beachte: Die Gitterzahlen eines Punktes darf man nicht vertauschen.

Beispiele:
a) Tragen wir in ein Gitter die Punkte A(5|2), B(11|0), C(14|11) und D(3|9) ein, so erhalten wir das abgebildete Viereck.
b) Mit Hilfe eines Gitters ist es also auch möglich, die Gestalt von Flächen zu beschreiben.
Gibt man z. B. einem Mitschüler die Gitterzahlen von den Punkten A, B, C und D telefonisch durch, so kann auch er dieses Viereck zeichnen.

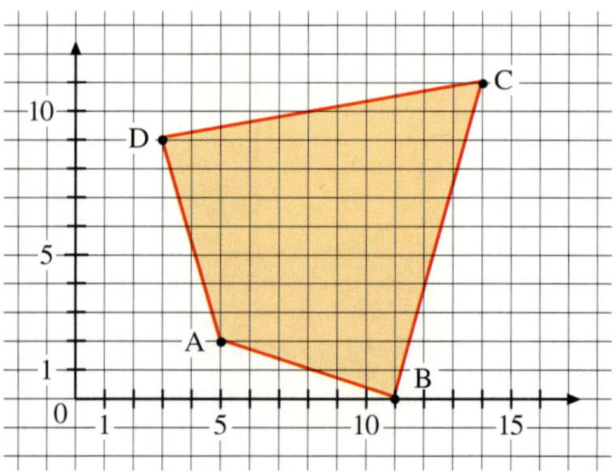

3

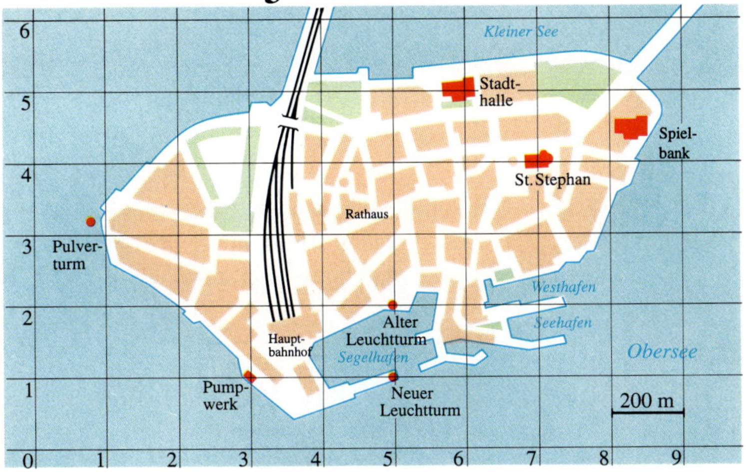

a) Gib die Gitterzahlen folgender Gebäude an: Pumpwerk (P), Neuer Leuchtturm (N), Alter Leuchtturm (A), Stadthalle (H), Kirche St. Stephan (S).
b) Welchem Gitterpunkt liegt der Pulverturm (T) am nächsten?
c) Gib die Gitterzahlen der vier Eckpunkte des „Planquadrates" an, in dem die Spielbank (B) liegt.

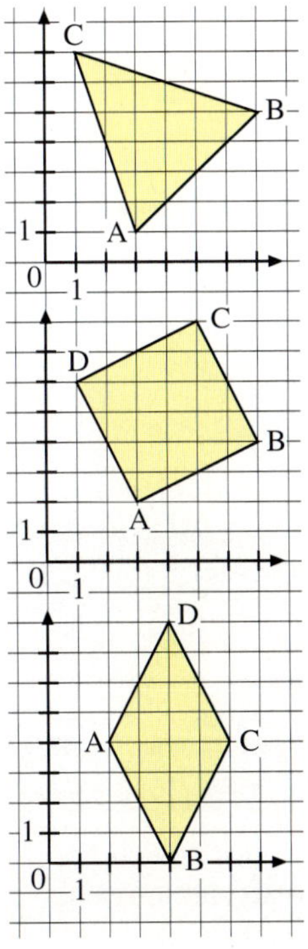

4

Trage in ein Gitter die folgenden Punkte ein und verbinde sie der Reihe nach:
A(1|4); B(7|4); C(10|5); D(9|4); E(12|3); F(15|3); G(18|4); H(21|1); I(19|5); J(21|9); K(18|6); L(15|7); M(10|7); N(7|5). Füge danach den Punkt P(10|6) hinzu.

5

a) Übertrage das Dreieck, das Quadrat und die Raute ins Heft. Gib jeweils die Gitterzahlen der Eckpunkte an.
b) Zeichne in jede Figur die Mittelpunkte aller Seiten ein und gib die Gitterzahlen dieser Mittelpunkte an.

6

Zu den Punkten A, B und C gibt es einen Punkt D, so dass das Viereck ABCD ein Rechteck ist. Bestimme D für
a) A(1|6); B(3|2); C(13|7)
b) A(11|4); B(5|10); C(1|6).

7

A und C sind gegenüberliegende Ecken eines Quadrates ABCD. Welche Gitterzahlen haben die Ecken B und D?
a) A(3|3); C(9|9)
b) A(1|4); C(9|8)
c) A(0|9); C(12|5)

8

a) Zeichne einen Punkt D, so dass das Viereck ABCD ein Parallelogramm ist:
A(4|4); B(10|2); C(12|12).
(Achte auf die Reihenfolge der Ecken.)
Gib die Gitterzahlen von D an.
b) Wie viele weitere Möglichkeiten gibt es, aus A, B und C zusammen mit einem vierten Punkt ein Parallelogramm zu zeichnen, wenn es nicht auf die Reihenfolge der Punkte ankommt? Zeichne.

9

Wo liegen alle Gitterpunkte
a) mit dem Hochwert 0
b) mit dem Rechtswert 2
c) mit gleichem Rechts- und Hochwert?

10

Beim gleichzeitigen Werfen zweier Würfel, z. B. eines roten und eines schwarzen, können wir jedes Ergebnis als Paar von Augenzahlen festhalten, z. B. rot 4 und schwarz 2 durch (4; 2).
In einem Gitter führt jedes Ergebnis zu einem bestimmten Punkt.

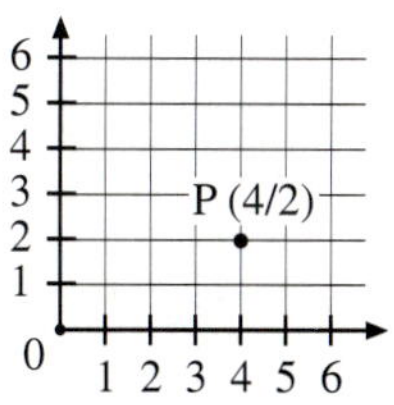

a) Welche Punkte des Gitters kommen in Betracht? Wie viele sind es?
b) Bei wie vielen Ergebnissen ist die Augensumme 10?
c) Wie viele Ergebnisse sind möglich, bei denen der schwarze Würfel eine höhere Augenzahl zeigt als der rote?

6 Spiegeln an einem Punkt

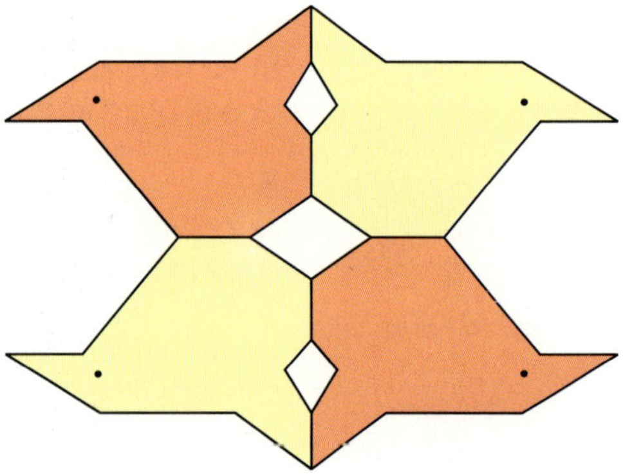

1
Der Scherenschnitt wurde aus doppelt gefaltetem Papier hergestellt. Untersuche durch Falten, wie man das Papier vor dem Ausschneiden färben muss, um die vorhandene Farbgebung zu erzielen.

2
Der farbige Scherenschnitt ist nicht achsensymmetrisch, aber dennoch regelmäßig. Nenne Punkte, die sich bei diesem Scherenschnitt entsprechen.

Der abgebildete Scherenschnitt hat keine Symmetrieachse, aber einen Mittelpunkt (ein Zentrum) Z. Man erhält ihn, wenn man zwei entsprechende Punkte verbindet und die Verbindungsstrecke halbiert. Alle Verbindungsstrecken entsprechender Punkte gehen durch Z und werden in Z halbiert.

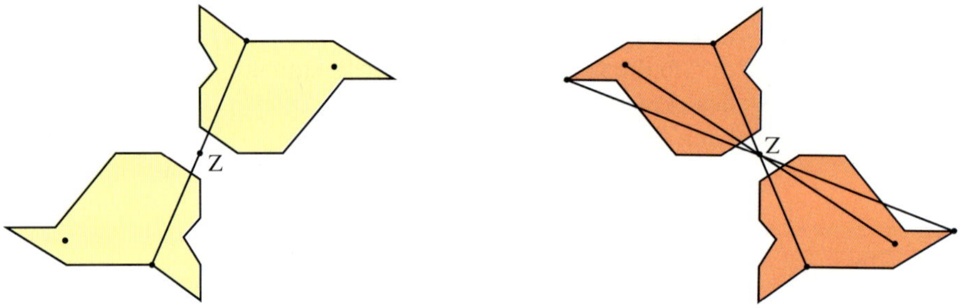

Die meisten Spielkarten sind punktsymmetrisch. Warum wohl?

Figuren, bei denen dies der Fall ist, nennt man **punktsymmetrisch**. Der Punkt Z heißt **Symmetriezentrum** der Figur.

Beispiele:

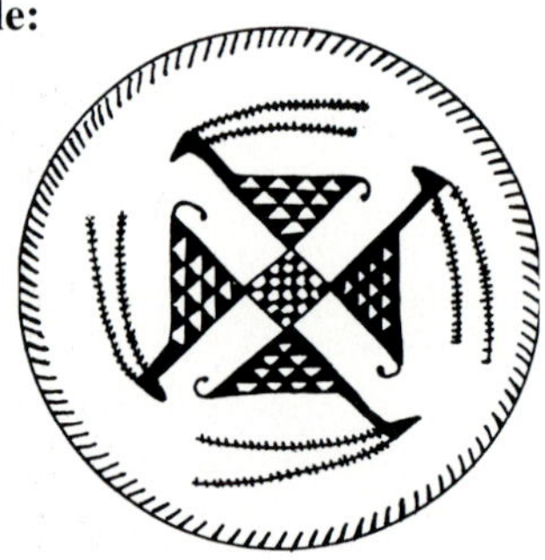

Die Figur auf der Schale ist punktsymmetrisch, jedoch nicht achsensymmetrisch.

Der Seestern ist nicht punktsymmetrisch, aber achsensymmetrisch.

Man kann die Eigenschaften der Punktsymmetrie auch verwenden, um von einer gegebenen Figur ein genaues Abbild herzustellen.
Dazu markieren wir einen Punkt Z und ergänzen die gegebene Figur, so dass eine punktsymmetrische Gesamtfigur entsteht.
Wir sagen: Die gegebene Figur wird „am Punkt Z gespiegelt“.

> Beim Spiegeln eines Punktes an einem Punkt Z zeichnen wir
> 1. die Gerade g durch P und Z,
> 2. den entsprechenden Punkt P′ auf g so, dass Z die Strecke PP′ halbiert.

Beispiel:

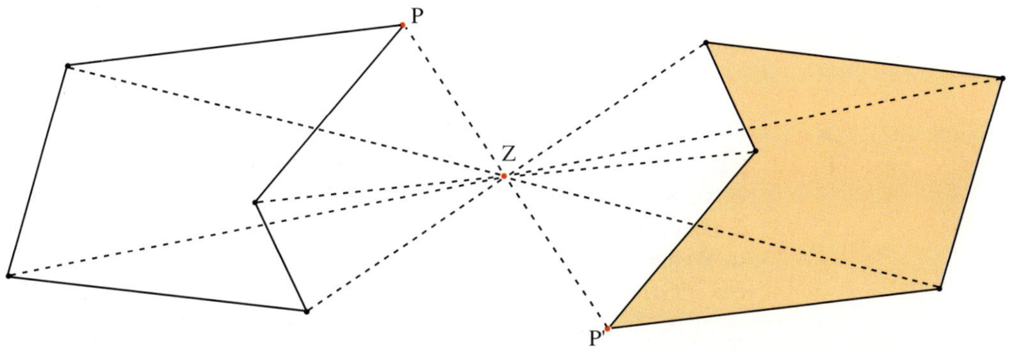

Punktsymmetrische Figuren erkennen und erzeugen

3

Welche Bilder sind punktsymmetrisch?

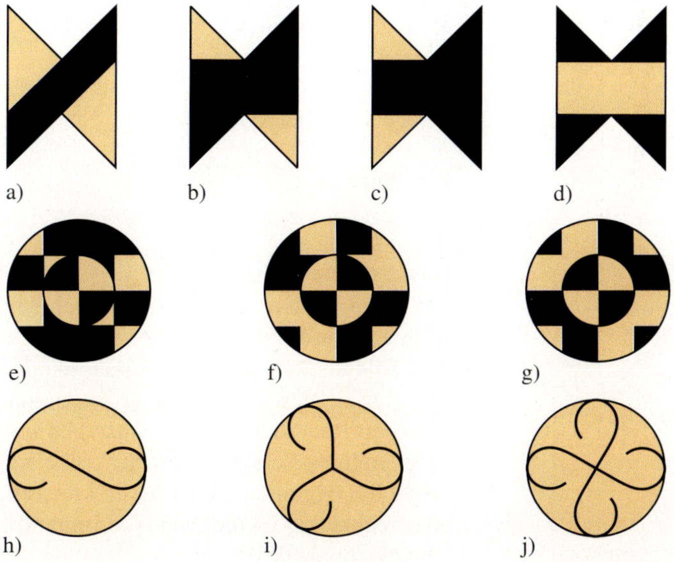

4

Zeichne ein Viereck, das punktsymmetrisch, aber nicht achsensymmetrisch ist.

5

Zeichne die Figur viermal in dein Heft.

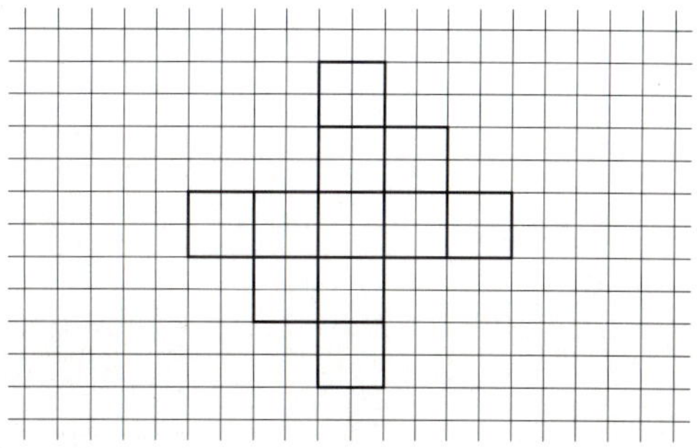

Färbe die Karos so, dass eine Figur entsteht, die

a) punkt-, aber nicht achsensymmetrisch
b) achsen-, aber nicht punktsymmetrisch
c) weder punkt- noch achsensymmetrisch
d) punkt- und achsensymmetrisch ist.

6

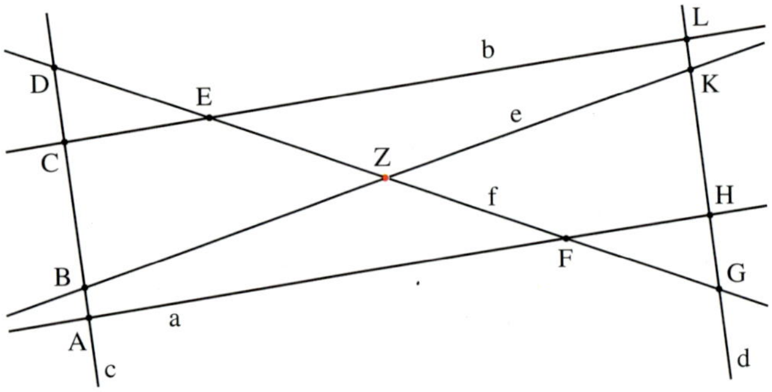

In der Figur ist der Punkt Z Symmetriezentrum.

a) Welcher Punkt entspricht dem Punkt A (G; C; E; L)?

b) Welche Strecke entspricht der Strecke ZK (ZE; CE; GH; AF; KL)?

c) Welche Gerade entspricht der Geraden a (f; d; e)?

d) Welchem Dreieck entspricht das Dreieck FGH?

7

Wie viele Symmetriezentren und wie viele Symmetrieachsen hat

a) ein Quadrat

b) ein Rechteck

c) eine Raute

d) ein Parallelogramm?

Zeichne ein Viereck jeder genannten Art mit Symmetriezentren und -achsen.

8

Zeichne die Figur in dein Heft. Ergänze das rechte Quadrat so, dass eine punktsymmetrische Figur bezüglich Z entsteht.

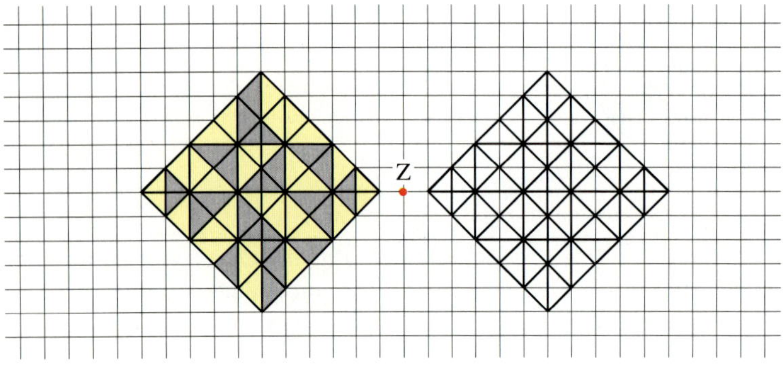

Spiegeln an einem Punkt

9

a) Übertrage das Fünfeck ABCDE sowie den Punkt Z in dein Heft. Spiegele das Fünfeck am Punkt Z.

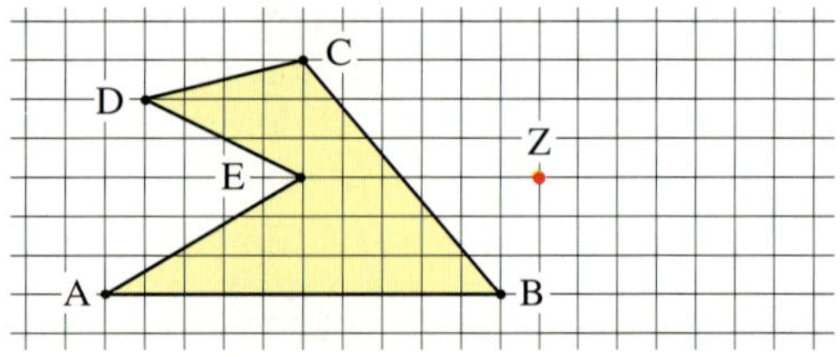

b) Zeichne erneut das Fünfeck ABCDE. Spiegele es nun am Punkt A.

10

Spiegele das Viereck ABCD mit A(6|0), B(5|10), C(0|7), D(4|6)

a) an Z(7|7)

b) an Z(3|5).

11

Zeichne ein beliebiges Dreieck ABC. Spiegele das Dreieck an der Ecke A (an der Ecke B; an der Mitte von AB).

12

Gegeben sind die Punkte A(5|8), B(1|5), C(0|2) und D(4|0). Bei einer Punktspiegelung entspricht dem Punkt A der Punkt A′(7|4).

Zeichne das Viereck ABCD und das entsprechende Viereck A′B′C′D′.

Knobelecke

13

David schlägt Elke ein Spiel vor: „Wir setzen abwechselnd auf eine leere Tischplatte je einen Bierdeckel. Wer zuletzt einen Deckel ablegen kann, hat gewonnen. Die Deckel dürfen nicht übereinander liegen, nicht über den Rand der Platte hinausragen und nicht mehr verschoben werden.“ Elke weiß: Wenn ich beginne und der Tisch kreisrund oder rechteckig ist, gewinne ich immer. Wie macht sie das?

7 Kreise

1
Prüfe, ob sich die umlaufenden Linien wie eine Spirale mehr und mehr dem innersten Punkt nähern, oder ob du auf eine optische Täuschung hereingefallen bist.

2
Eine Ziege ist auf einer Wiese angepflockt. Die Leine ist 5 m lang. Beschreibe die Fläche, welche die Ziege abgrasen kann.

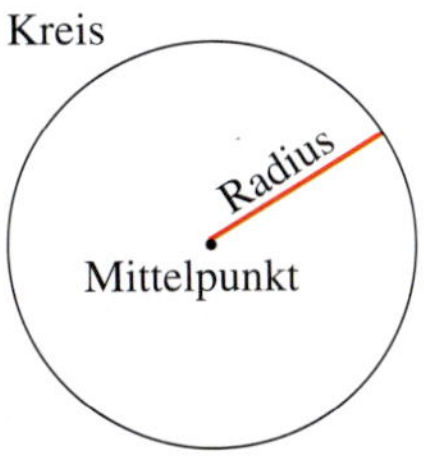

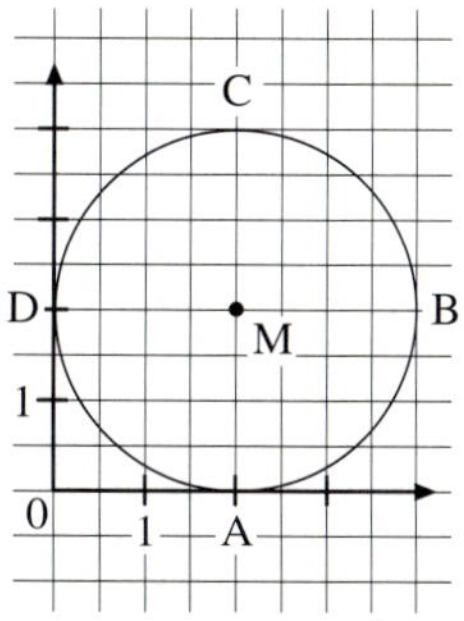

Räder, Rollen usw. müssen gleichmäßig rund sein, d. h., sie müssen „kreisrund" sein. Ob ein Rad genau Kreisform hat, erkennen wir am Abstand des Radrandes von der Radmitte.

Alle Punkte eines **Kreises** haben vom Kreismittelpunkt den gleichen Abstand. Dieser Abstand heißt **Radius** des Kreises. Kreise zeichnen wir mit dem Zirkel.

Beispiele:

a) Der Mittelkreis auf einem Fußballplatz muss neu gezogen werden. Hierzu schlägt der Platzwart einen Pflock in die Mitte des Spielfeldes, bindet den Streuwagen mit einer Schnur im Abstand von 9,15 m an den Pflock und umfährt den Pflock bei gespannter Schnur.

b) Zeichnet man um den Kreismittelpunkt M(2|2) einen Kreis mit dem Radius 2 cm, so liegen die Gitterpunkte A(2|0), B(4|2), C(2|4) und D(0|2) auf dem Kreis.
Im Innern des Kreises liegen neun Gitterpunkte; alle diese neun Gitterpunkte sind vom Mittelpunkt M weniger als 2 cm entfernt.

Schneiden sich zwei Kreise, so entstehen mehrere Flächen. Die Punkte der dunkelgrünen Fläche sind von A weniger als 20 mm entfernt; die Punkte der gelben Fläche sind von B weniger als 15 mm entfernt. Jeder Punkt der hellgrünen Fläche ist von A weniger als 20 mm und von B weniger als 15 mm entfernt.

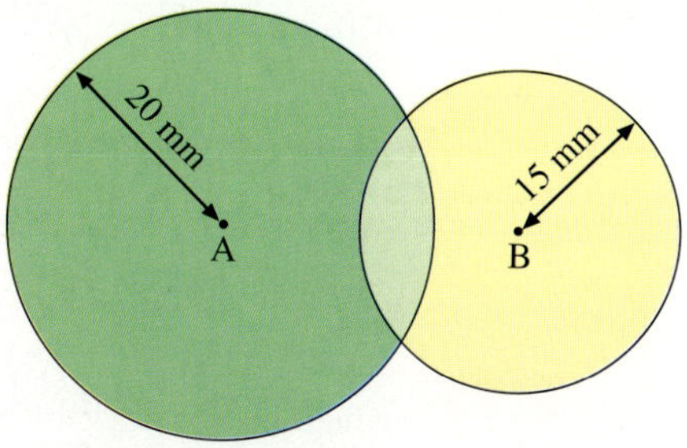

Kreismuster

3
Zeichne die Kreismuster auf dem Rand in dein Heft (Radius des großen Kreises 3 cm).

4
a) Zeichne das Kreismuster in dein Heft (Radius 4 cm).

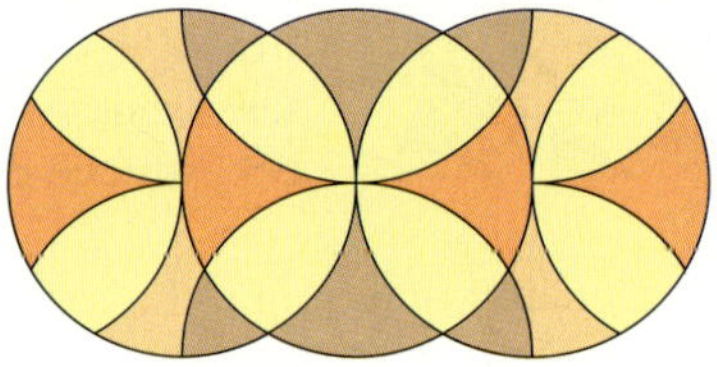

b) Erfinde selber zwei weitere Muster.

5
Zeichne das folgende Kreismuster mit den angegebenen Maßen.

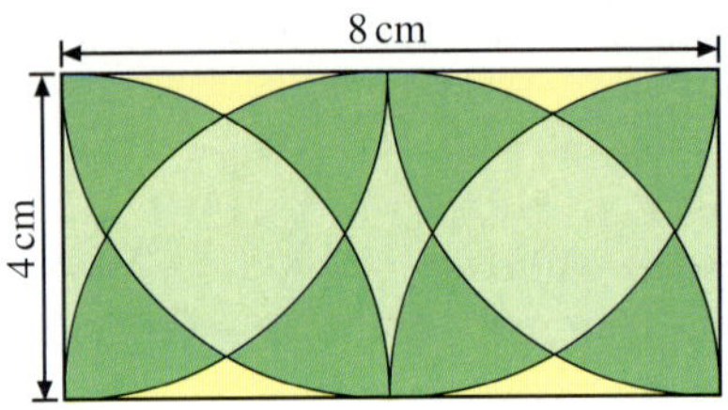

6
a) Übertrage das Vieleckmuster in dein Heft.
b) Entwirf mit Hilfe eines Kreismusters selber ein derartiges Vieleckmuster.

7
Konstruiere mit Hilfe eines Kreismusters wie in Aufgabe 6 (zeichne jeweils eine neue Figur)
a) eine Raute
b) ein Sechseck mit gleich langen Seiten
c) ein Achteck mit gleich langen Seiten
d) ein Zwölfeck mit gleich langen Seiten.

Kreise im Gitter

8
Zeichne einen Kreis um M mit Radius r.
a) M(8|6); r = 2 cm
b) M(7|9); r = 3 cm

9
Zeichne einen Kreis um M mit dem Durchmesser d.
a) M(6|9); d = 6 cm
b) M(10|8); d = 8 cm

10
Zeichne einen Kreis um M durch P. Gib jeweils die Gitterzahlen weiterer Punkte auf dem Kreis an.
a) M(12|7); P(12|0)
b) M(5|5); P(0|5)
c) M(6|9); P(3|5)

11
M ist die Mitte der Strecke AB. Zeichne einen Kreis um M durch A.
a) A(4|5); B(12|5)
b) A(2|8); B(10|4)
c) A(3|6); B(13|8)

12
Ein Kreis hat den Mittelpunkt M(4|6) und geht durch A(2|6). Welchen Radius muss ein Kreis mit dem Mittelpunkt N(7|6) haben, damit er den Kreis um M berührt, aber nicht schneidet?

13
Kennzeichne die Punkte, welche von M den Abstand r haben und auf der Geraden durch A und B liegen.
a) M(7|9); r = 6 cm; A(2|3); B(14|6)
b) M(12|10); r = 8 cm; A(3|10); B(12|0)

14
Übertrage die Figur in dein Heft.
Spiegele die „Gesichtshälfte“ an der Geraden.

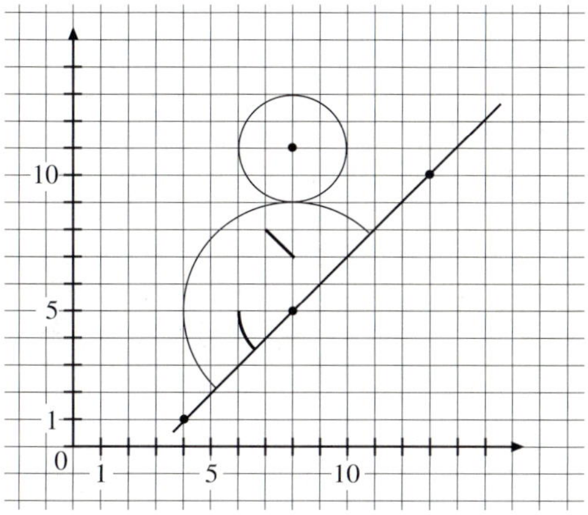

Schätze, wie viele solche Kreise zwischen einem der unteren und dem oberen Kreis Platz haben. Miss nach.

Entfernungen

15
Ein Hund ist an einer 30 m langen Leine angebunden, deren Ende mit einem Ring auf einer 25 m langen Stange gleitet.

Zeichne den Bereich, den der Hund erreichen kann. Nimm 1 cm für 10 m.

16
Markiere in deinem Heft zwei Punkte A und B mit dem Abstand 5 cm.
a) Zeichne mit dem Zirkel einen Punkt C, der 4 cm von A und 3 cm von B entfernt ist. Wie viele solche Punkte gibt es?
b) Wo liegen alle Punkte, die von A weniger als 4 cm und von B weniger als 3 cm entfernt sind?
Färbe den Bereich.
c) Färbe mit einer anderen Farbe alle die Punkte, die von A genau 4 cm und von B weniger als 3 cm entfernt sind.

17
Zeichne zwei Punkte A und B mit dem Abstand 4 cm. Wo befinden sich die Punkte, die
a) 3 cm von A und mehr als 2 cm von B entfernt sind
b) weniger als 3 cm von A und mehr als 2 cm von B entfernt sind
c) mehr als 3 cm von A und mehr als 2 cm von B entfernt sind.
Färbe jeweils die gesuchten Bereiche.

Bewegungen

18

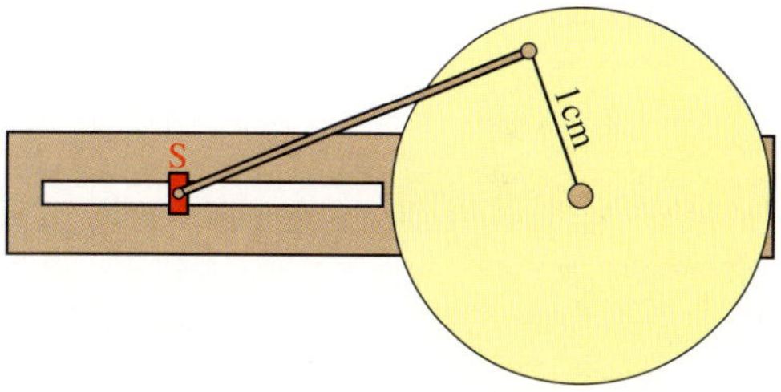

Wie viel Zentimeter weit bewegt sich der Schieber S hin und her, wenn sich das Rad dreht?
(Durch diese Vorrichtung wird eine Drehbewegung in eine Hinundherbewegung übersetzt – oder umgekehrt.)

19
Über die Räder laufen Treibriemen. Räder, die auf derselben Achse sitzen, sind fest miteinander verbunden.
Entscheide, ob sich der Sack nach oben oder nach unten bewegt.
Zeichne die Figur ab und trage die Drehrichtungen mit Pfeilen ein.

8 Abstände

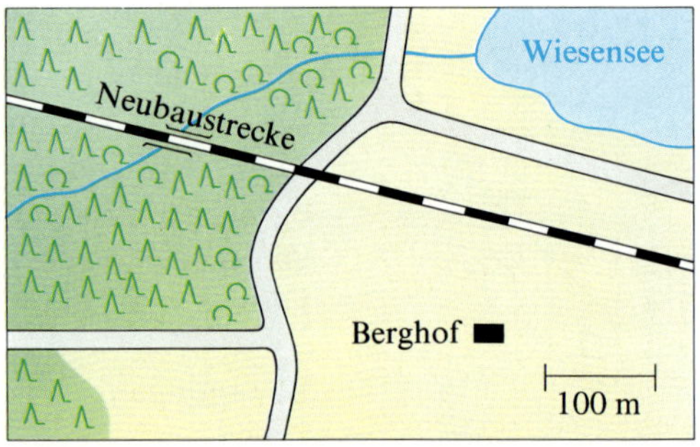

1
Auf der Karte ist eine Neubaustrecke der Eisenbahn eingezeichnet.
a) Die Eisenbahn führt über eine Straße. Wie weit ist diese Stelle vom Berghof entfernt?
b) Von welchem Punkt der Neubaustrecke ist die Entfernung zum Berghof am kleinsten? Wie kannst du ihn mit dem Geodreieck finden?

Verbindet man einen Punkt P mit verschiedenen Punkten einer Geraden g (Fig. 1), so sind die Verbindungsstrecken unterschiedlich lang. Die Strecke PQ ist von allen Strecken die kürzeste.

Entsprechendes gilt bei zwei parallelen Geraden g und h (Fig. 2).

Abstand des Punktes P von g:
Nicht so:

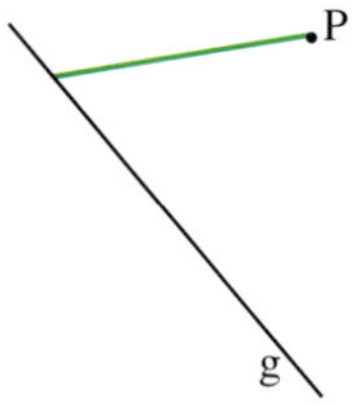

Sondern so:

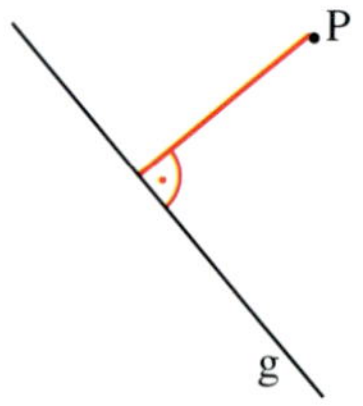

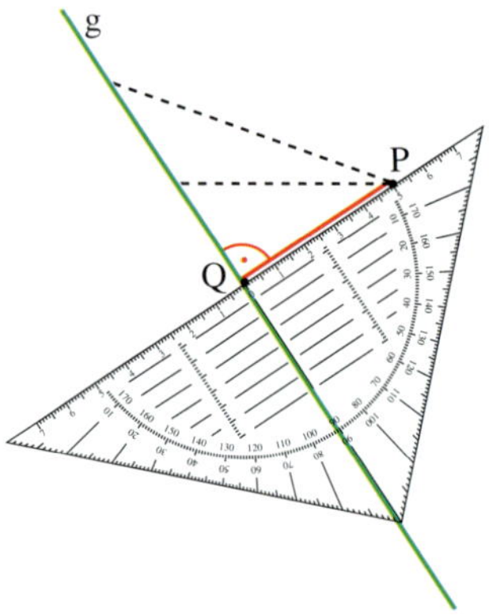

Fig. 1

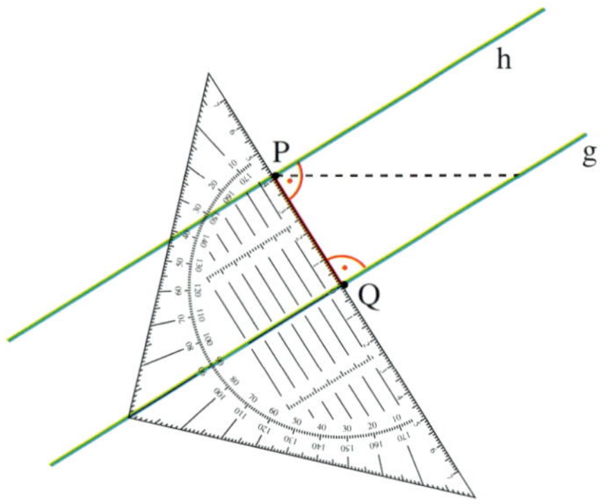

Fig. 2

Wir verstehen unter dem **Abstand**
eines Punktes P von einer Geraden g die Länge der zu g senkrechten Verbindungsstrecke von P bis g,
zweier Parallelen g und h die Länge der zu g und h senkrechten Verbindungsstrecke.

Beispiele:
a) In der Figur sind die Geraden durch die Punkte A und D bzw. durch B und C parallel. Der Abstand dieser Parallelen beträgt 1 cm.
b) Der Punkt C hat von der Geraden durch die Punkte A und B den Abstand 2 cm.

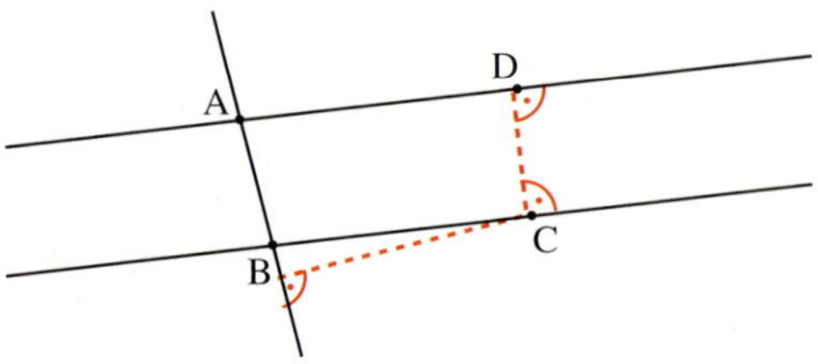

Messen von Abständen

2

Ist die abgebildete Schraube lang genug, um die beiden Holzblöcke miteinander zu verschrauben?

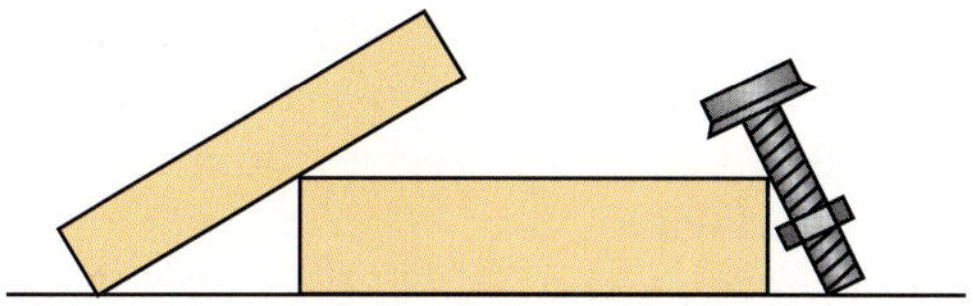

3

Miss die Spurweite, d. h. den Abstand der Innenkanten der Schienen, des auf S. 138 gezeichneten Schienenstückes.

4

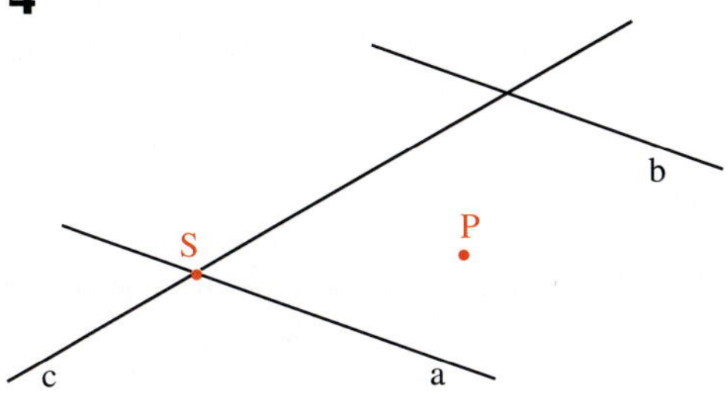

a) Miss den Abstand des Punktes P vom Schnittpunkt S der Geraden a und c.
b) Miss den Abstand des Punktes P von den Geraden a, b und c.
c) Miss den Abstand der Parallelen a und b.

5

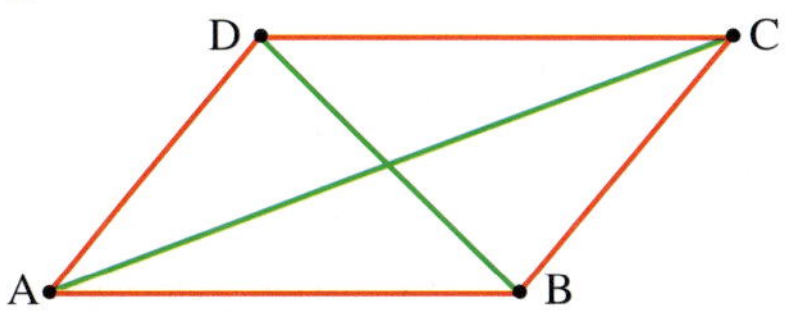

Miss den Abstand
a) der Punkte A und B
b) der Punkte A und C
c) der parallelen Strecken AD und BC
d) der parallelen Strecken AB und DC
e) des Punktes C von der Geraden durch die Punkte A und B
f) des Punktes C von der Geraden durch die Punkte A und D.

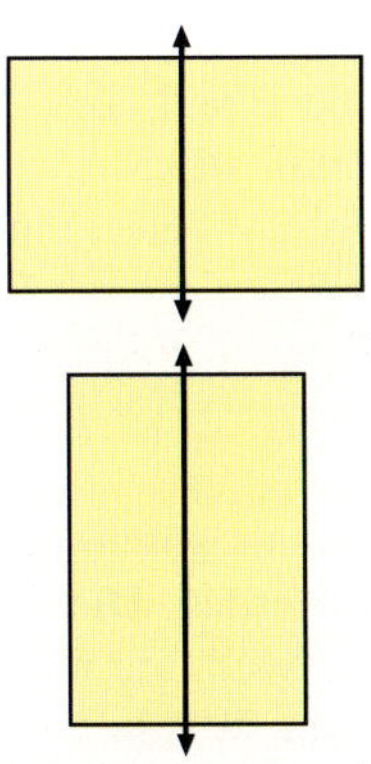

Vergleiche die Form der beiden Rechtecke. Miss nach.

Zum Zeichnen

6

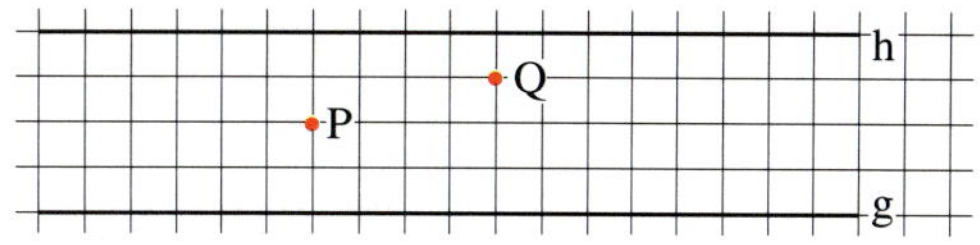

Übertrage die Figur in dein Heft.
a) Zeichne eine Gerade a, die senkrecht zu g ist und von P einen Abstand von 3 cm hat (es gibt zwei Möglichkeiten).
b) Zeichne eine zu g parallele Gerade b in einem Abstand von 15 mm, die einen möglichst geringen Abstand von Q hat.
c) Zeichne eine zu g parallele Gerade c, die von h einen dreimal so großen Abstand hat wie von g.

7

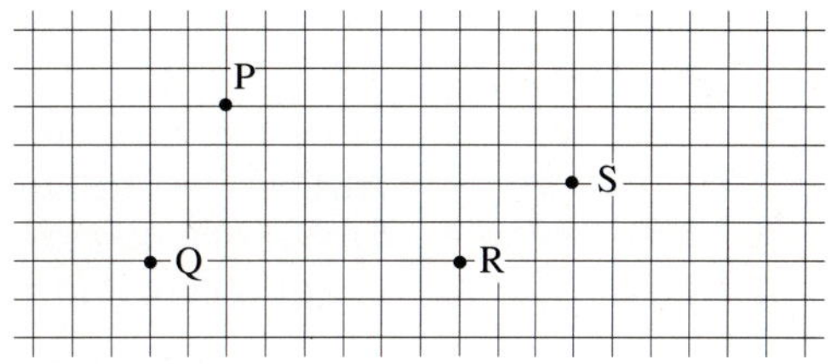

Übertrage die Figur in dein Heft.
a) Welchen Abstand hat S von der Geraden durch P und Q?
b) Es sei g die Gerade durch die Punkte R und S. Welchen Abstand hat die Parallele zu g durch Q von g?

8

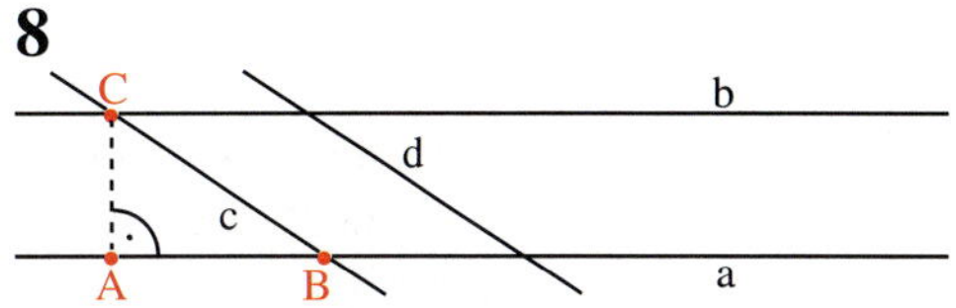

Zeichne die Figur ab. Beginne mit der Geraden a. Beachte dann folgende Bedingungen:
1. Abstand zwischen A und B: 6 cm,
2. Abstand des Punktes C von der Geraden a: 4 cm,
3. a und b sind zueinander parallel,
4. c und d sind zueinander parallel mit einem Abstand von 3 cm.

9
Zeichne eine Gerade g. Kennzeichne mit verschiedenen Farben alle Punkte, deren Abstand von g
a) 15 mm beträgt
b) kleiner ist als 15 mm
c) größer ist als 15 mm.

10
Zeichne zwei zueinander parallele Geraden mit dem Abstand 3 cm. Lege drei Punkte fest, die von den beiden Geraden den gleichen Abstand haben. Wo liegen alle Punkte mit dieser Eigenschaft?

11
Zeichne zwei sich schneidende Geraden, die nicht orthogonal sind. Zeichne einen Punkt, der von beiden Geraden den gleichen Abstand hat.

12
a) Zeichne in einem Gitter das Dreieck ABC mit A(4|3), B(13|1), C(10|5).
b) Welchen Abstand hat jede Ecke von der Geraden durch die beiden anderen Ecken?

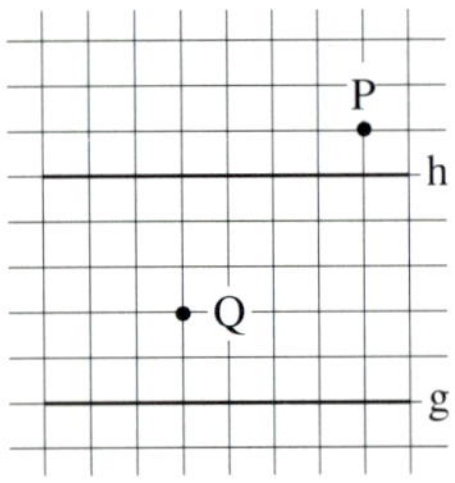

13
Übertrage die Figur in dein Heft.
a) Welche Entfernung haben die Punkte P und Q voneinander?
b) Welchen Abstand haben die Punkte P und Q von g bzw. von h?
c) Kennzeichne mit Farbe alle Punkte, die von g weniger als 3 cm und von h weniger als 1 cm entfernt sind.
d) (Neue Zeichnung) Kennzeichne alle Punkte, die von g weiter als 3 cm und von h weniger als 1 cm entfernt sind.
e) Gibt es Punkte, die von g und von h weniger als 1 cm entfernt sind?

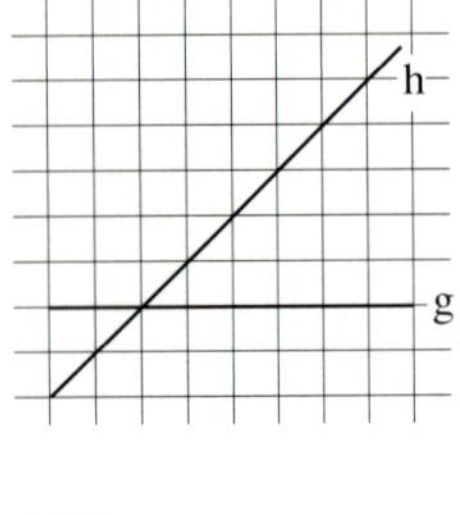

14
Übertrage die Figur in dein Heft. Wo liegen die Punkte, deren Abstand
a) von g und h jeweils 1 cm beträgt
b) von g und h größer ist als 1 cm
c) von g und h kleiner ist als 1 cm
d) von g größer ist als 1 cm und von h kleiner ist als 1 cm?

Entfernungen auf Landkarten

15
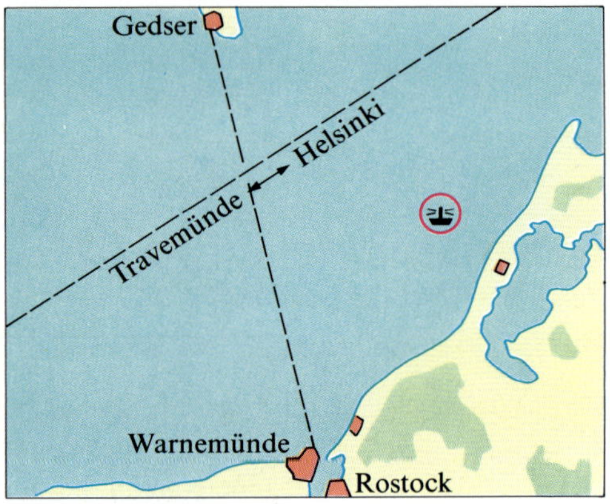

Auf der Landkarte sind die Schifffahrtslinien Warnemünde – Gedser und Travemünde – Helsinki zu sehen. 1 cm auf der Karte entspricht 10 km in der Natur.
a) Wie weit ist es von Warnemünde bis Gedser?
b) In welchem Abstand fahren die Schiffe an dem im roten Kreis erkennbaren Feuerschiff vorbei?

16
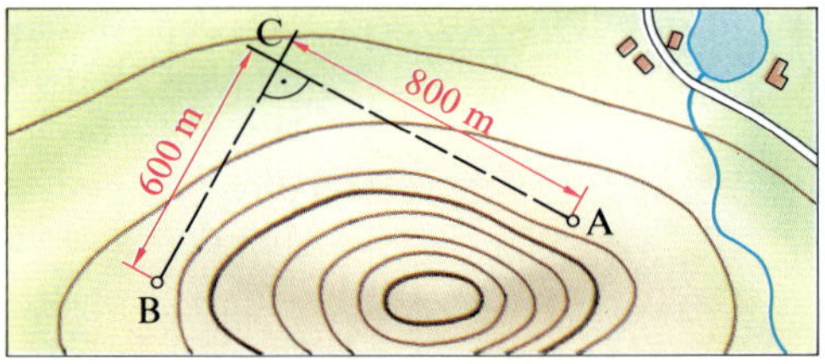

Zwischen den Punkten A und B soll ein Tunnel gebaut werden. Zeichne die Strecken AC und BC in dein Heft. Wähle 1 cm für 200 m. Miss den Abstand von A nach B. Wie lang wird der Tunnel?

17
Die Spitzen zweier Strommasten sollen durch ein Kabel verbunden werden. Die Masten sind 25 m bzw. 10 m hoch und stehen 50 m voneinander entfernt. Wähle 1 cm für 5 m und zeichne.
Wie viel m Kabel werden dafür mindestens benötigt?

9 Geometrische Körper

1

Das Foto zeigt die Michaelskirche in Hildesheim (Niedersachsen). Sie wurde im 11. Jahrhundert erbaut. Die Baukörper setzen sich aus verschiedenen geometrischen Formen zusammen.
Beschreibe diese Formen.

2

Nenne zu jedem der geometrischen Körper im Kasten mindestens drei Gegenstände aus dem Alltag oder der Umgebung, welche diese Form haben.

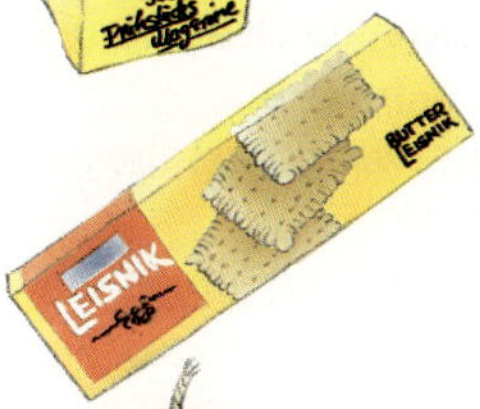

Bei Gegenständen, die uns im Alltag oder in der Natur begegnen, können wir unterschiedliche Eigenschaften feststellen. So zum Beispiel die Größe, das Gewicht, die Farbe sowie die Form.
In der Geometrie achtet man nur auf die **Form**, die anderen Eigenschaften bleiben unberücksichtigt.

Geometrische Grundkörper

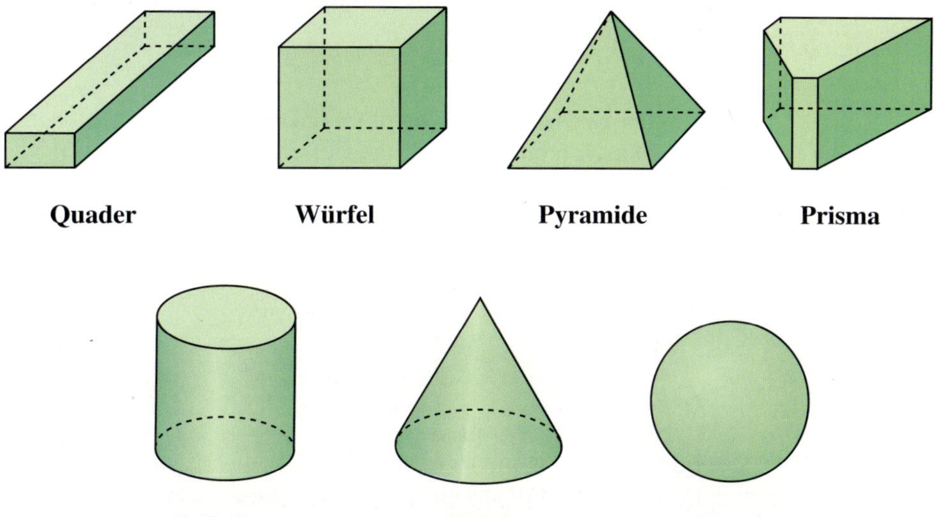

Würfel sind besondere Quader; Quader sind besondere Prismen.
Bei **regelmäßigen** Pyramiden sind alle Seitenkanten gleich lang, die Grundfläche ist ein regelmäßiges Vieleck.

3

Aus welchen Grundkörpern sind diese Körper zusammengesetzt?

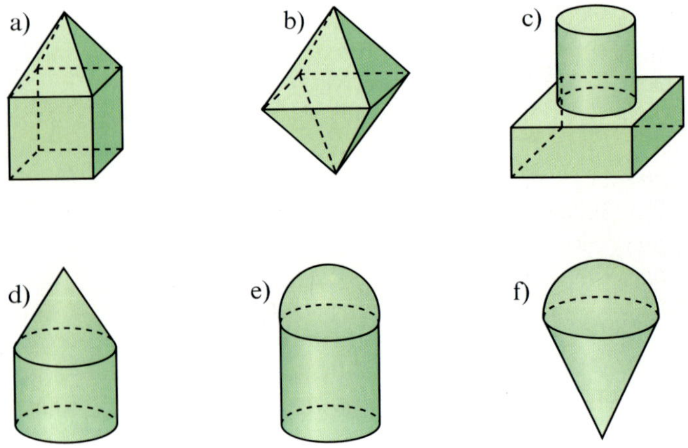

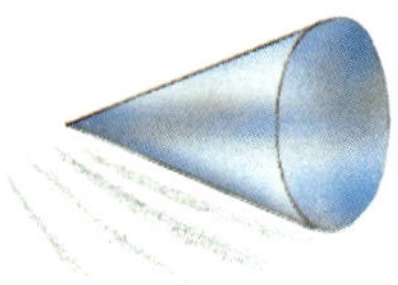

4

a) Welche der geometrischen Grundkörper können auf dem Tisch stehen, ohne zu wackeln?

b) Welche Grundkörper können auf dem Tisch rollen?
Welcher rollt nur geradeaus, welcher rollt in einem Kreis?

c) Warum befindet sich an der Spitze eines „Kugel"-Schreibers eine Kugel?

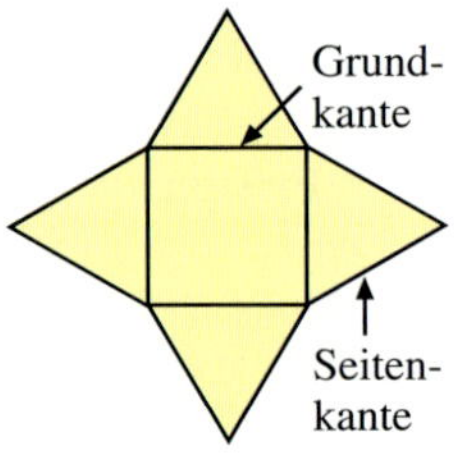

5

Aus der nebenstehenden sternförmigen Figur kann man eine regelmäßige vierseitige Pyramide herstellen.

a) Zeichne auf Pappe die Figur mit 5 cm langen Grundkanten und 6 cm langen Seitenkanten.

b) Füge Klebeflächen hinzu und bastle die Pyramide.

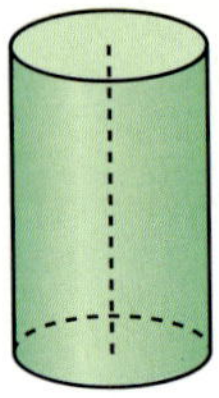

6

a) Nenne Beispiele aus deiner Umgebung für Zylinder.

b) Bei einem Zylinder nennt man die grüne Fläche den Mantel des Zylinders.
Welche Figur entsteht, wenn man den Mantel in die Ebene ausbreitet?

c) Biege ein Blatt Papier zu einem Zylinder ohne Grund- und Deckfläche.
Wie viele Möglichkeiten gibt es?

7

Zeichne wie angegeben die gelben Flächen auf Papier (Quadratseiten: 6 cm) und bastle aus ihnen drei Kegel (Klebeflächen berücksichtigen!). Vergleiche die Höhe der drei Kegel.

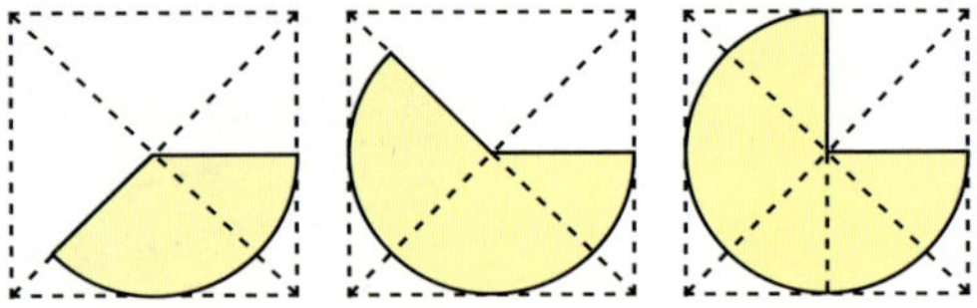

8

Zeichne das Bild eines Zylinders mit dem Grundkreisradius 4 cm und der Höhe 8 cm bei Betrachtung von oben und bei Betrachtung von vorn.

9

a) Eine Kugel wird durch einen ebenen Schnitt so zerlegt, dass man die Kugelmitte trifft. Beschreibe die Schnittfigur.

b) Welche Figur entsteht, wenn man die Kugelmitte nicht trifft?

c) Die Figur zeigt das Bild einer Kugel einschließlich Schnittlinie bei Betrachtung von vorne. Zeichne das Bild bei Betrachtung von oben.

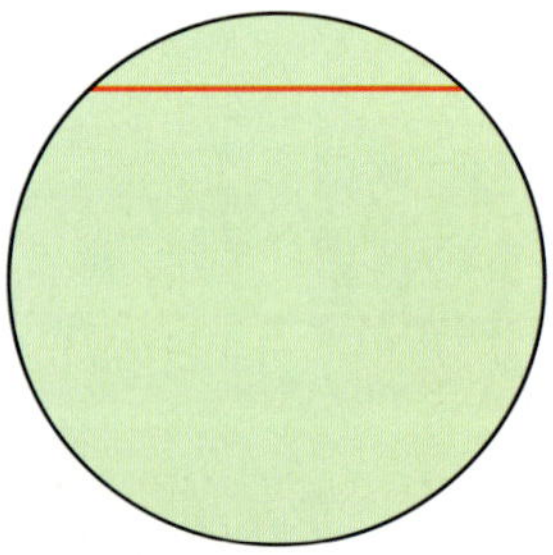

10

a) Wohin gelangt ein Wanderer, der vom Nordpol aus erst 5 km südwärts, dann 5 km ostwärts und anschließend 5 km nordwärts wandert?

b) Es gibt Punkte der Erdoberfläche, zu denen man zurückkehrt, wenn man 5 km südwärts, dann 5 km ostwärts und anschließend 5 km nordwärts wandert. Wo liegen diese Punkte?

10 Quader

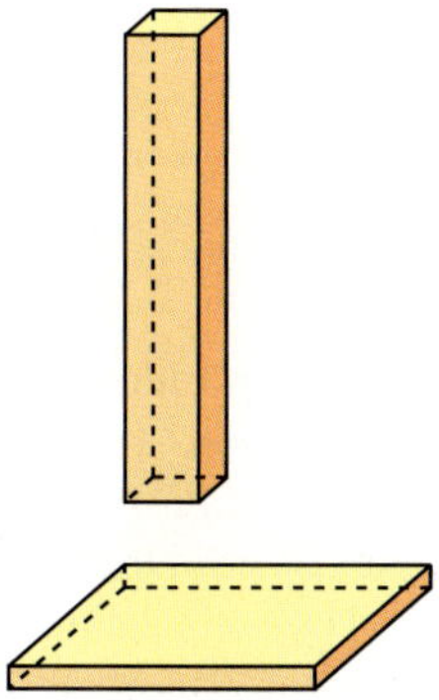

Auch dies sind Quader!

1
Welcher der geometrischen Grundkörper kommt im Alltag am häufigsten vor? Warum ist dies wohl der Fall?

Ein Quader wird nur von Rechtecken begrenzt. Von den zwölf Kanten eines Quaders sind jeweils vier gleich lang; damit legen die Längen von drei Kanten, die in einer Ecke zusammenstoßen, die Größe eines Quaders fest.

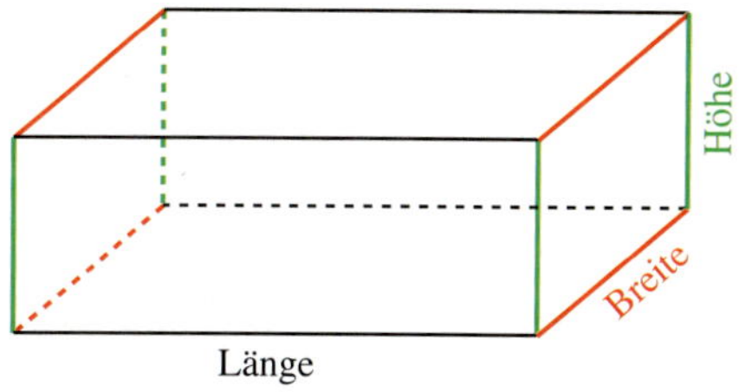

Ein **Quader** ist durch Länge, Breite und Höhe bestimmt. Bei einem **Würfel** sind Länge, Breite und Höhe gleich groß.

Die sechs Rechtecke, welche einen Quader begrenzen (also einschließlich der so genannten „Grundfläche“, auf welcher der Quader steht), bilden zusammen die **Oberfläche** des Quaders.

Wird die Oberfläche eines Quaders aufgeschnitten und die Begrenzungsflächen in die Ebene ausgebreitet, so erhält man ein **Netz** (oder auch eine „Abwicklung“) des Quaders.

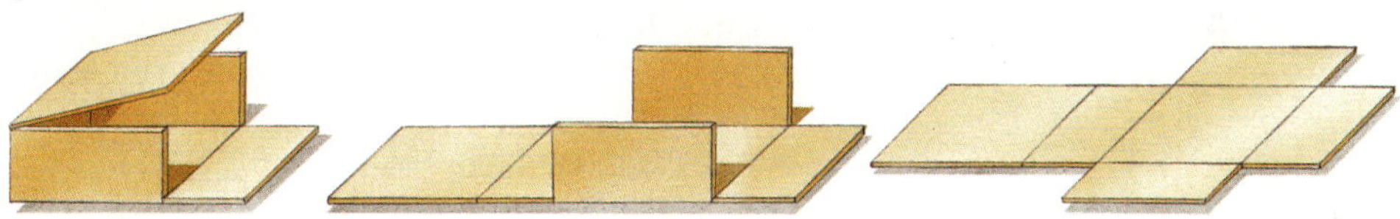

Würfel

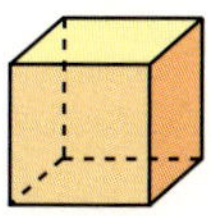

Netz eines Würfels

Beispiel:
Die Figur zeigt das Netz eines 4 cm langen, 2 cm breiten und 1 cm hohen Quaders. Die Farben machen deutlich, welche Strecken zusammenstoßen, wenn man aus dem Netz den Quader herstellt.

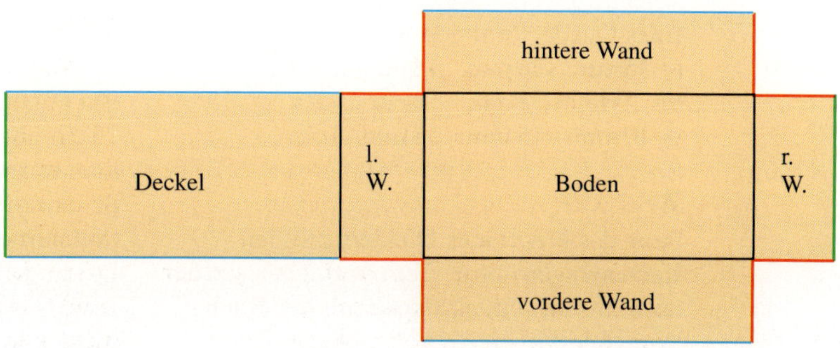

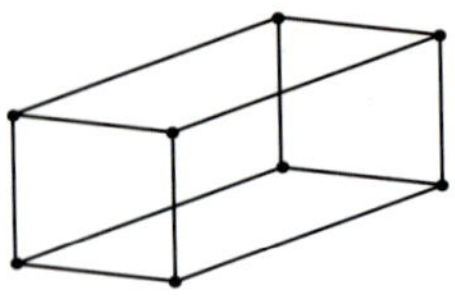

Kantenmodell

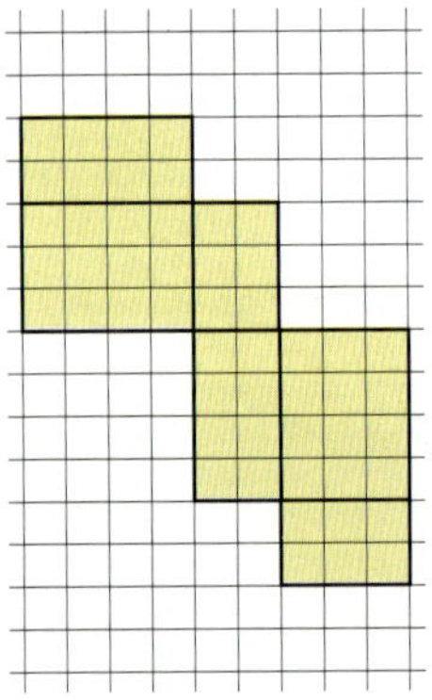

Quader

2
Zeichne das Netz eines Quaders mit der folgenden

	Länge	Breite	Höhe
a)	5 cm	3 cm	2 cm
b)	35 mm	20 mm	15 mm
c)	2 cm	1 cm	3 cm

3
a) Zeichne das Netz eines Quaders mit der Länge 7 cm, Breite 4 cm und Höhe 3 cm auf ein Stück Karton.
b) Schneide das Netz aus und stelle den Quader her.

4
Wie lang muss ein Draht mindestens sein, damit du daraus das Kantenmodell eines Quaders mit den folgenden Maßen herstellen kannst?

	Länge	Breite	Höhe
a)	5 cm	4 cm	3 cm
b)	25 mm	18 mm	42 mm
c)	6 cm	5 cm	1 cm

5
Auch die nebenstehende Figur zeigt das Netz eines Quaders.
a) Übertrage das Netz in dein Heft.
b) Bezeichne im Netz Ecken, die beim Falten des Netzes zu einem Quader zusammenstoßen, mit gleichen Buchstaben.
c) Mache durch gleiche Farben deutlich, welche Strecken beim Falten zusammenstoßen.

6
Zeichne jeweils zwei verschiedene Netze eines Quaders mit den Kantenlängen
a) 35 mm; 20 mm; 15 mm
b) 2 cm; 1 cm; 3 cm
c) 40 mm; 15 mm; 25 mm.

7
Passt das Netz eines Quaders mit den Kantenlängen 4 cm, 2 cm und 1 cm auf ein quadratisches Stück Pappe mit der Kantenlänge 6 cm?

8
Marion will aus einem Draht das Gerüst für einen Lampion bauen.

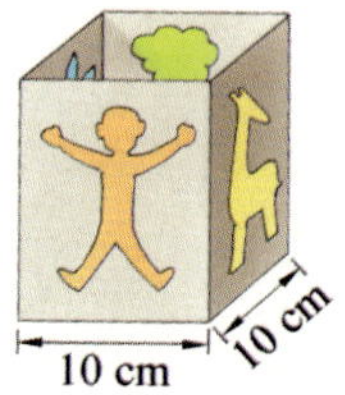

a) Wie viel cm Draht braucht sie mindestens für einen 15 cm hohen Lampion?
b) Wie hoch kann Marion den Lampion höchstens machen, wenn sie 160 cm Draht hat?

9
Karl will aus einem 1 m langen Draht das Kantenmodell eines Quaders bauen.
a) Der Quader ist 8 cm breit und 10 cm hoch. Wie lang kann er das Modell höchstens machen?
b) Der Quader ist 7 cm lang. Er soll 2 cm höher als breit sein. Wie breit und wie hoch kann Karl das Kantenmodell höchstens machen?

10
Pakete kann man in verschiedener Weise verschnüren.

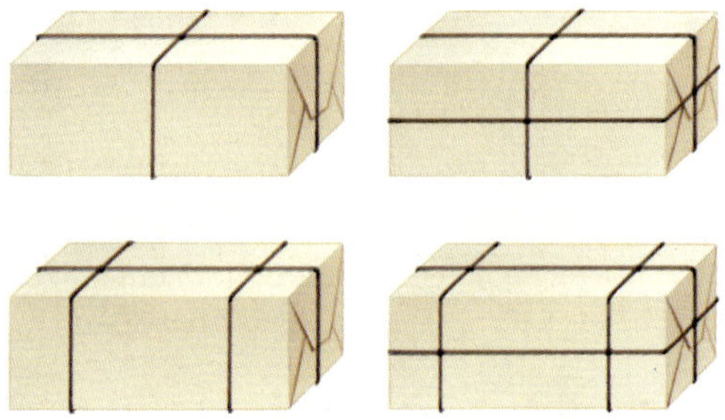

Ein Paket ist 32 cm lang, 24 cm breit und 15 cm hoch. Wie viel cm Schnur braucht man in jedem der vier Fälle, wenn an jeder Schnurkreuzung ein Knoten gemacht wird (Schnurbedarf etwa 1 cm) und außerdem für die Schleife an beiden Schnurenden jeweils etwa 10 cm Schnur zugegeben werden?

Würfel

11

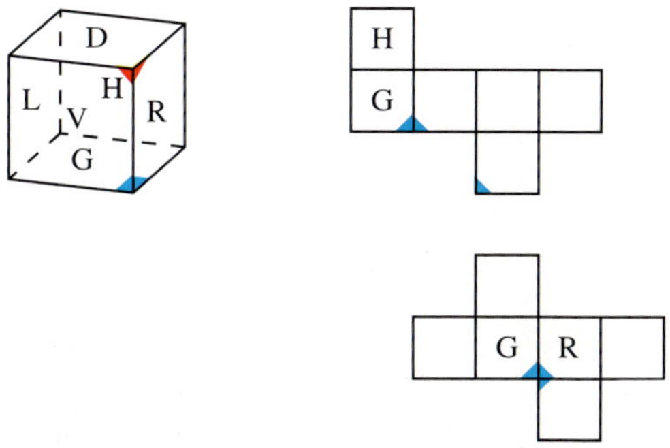

a) Übertrage beide Netze des Würfels in dein Heft. Darin sind zwei Flächen des Würfels mit Buchstaben markiert. Trage ebenso die übrigen Buchstaben der Flächen des Würfels ein.
b) Die blaue Ecke des Würfels ist in den Netzen eingetragen. Markiere ebenso die rote Ecke.

12

Welche der Netze gehören zu den Würfeln I, II, III?
Gegenüberliegende Flächen der Würfel haben die gleiche Farbe.

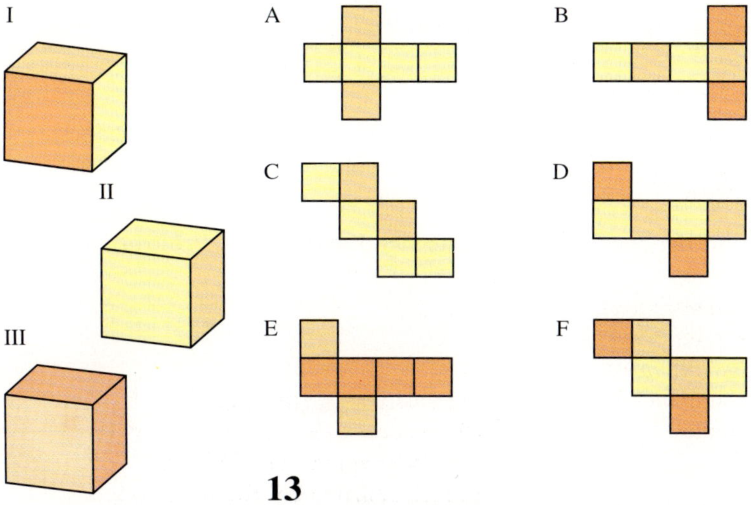

13

Julia will aus einem 72 cm (180 cm) langen Draht das Kantenmodell eines Würfels basteln. Wie lang kann sie eine Würfelkante höchstens machen?

14

Wie viele gleiche Würfel braucht man, um einen Würfel mit der zweifachen (dreifachen, vierfachen, fünffachen) Kantenlänge bauen zu können?

Von Schachteln und Kisten

15

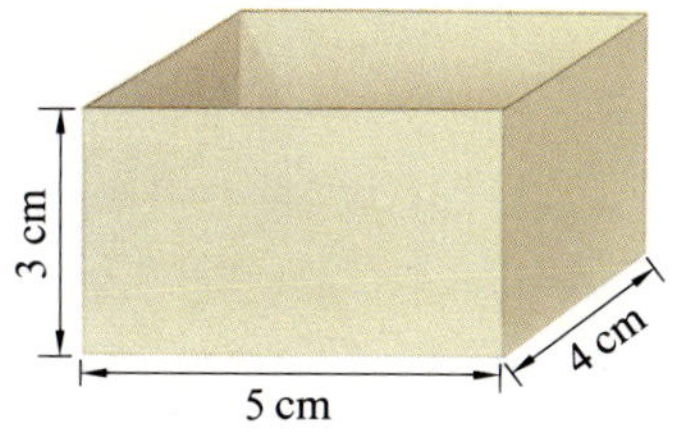

a) Zeichne zwei verschiedene Netze dieser oben offenen Schachtel.
b) Suche ein Netz, das auf einen rechteckigen Karton mit den Seitenlängen 16 cm und 8 cm passt.

16

In einem offenen, 30 cm langen, 20 cm breiten und 15 cm hohen Schuhkarton liegt in einer Ecke auf dem Boden eine tote Fliege; in der gegenüberliegenden Ecke sitzt eine Spinne.

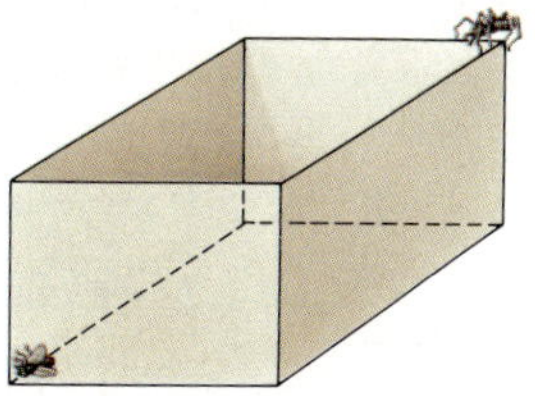

Wie muss die Spinne krabbeln, um möglichst rasch bei der Fliege zu sein? Wie lang ist ihr Weg?
(Anleitung: Zeichne ein verkleinertes Netz des Schuhkartons. Zeichne den kürzesten Weg ein.)

17

Eine würfelförmige Kiste hat 80 cm lange Kanten. Untersuche mit Hilfe einer Zeichnung, wie lang ein Stab höchstens sein darf, damit er auf dem Boden der Kiste (schräg in der Kiste) Platz hat.

11 Schrägbild eines Quaders

1

a) Welche Kanten des Quaders sind im Bild gleich lang wie die untere Vorderkante?
b) Welche Flächen des Quaders haben im Bild die gleiche Form wie in Wirklichkeit, welche eine andere?
c) Nenne zwei Kanten, die in Wirklichkeit zueinander senkrecht sind, im Bild aber nicht.

Um sich einen Körper besser vorstellen zu können, zeichnet man sich von ihm häufig ein **Schrägbild**.
Die folgenden Figuren zeigen, wie man mit Hilfe der Karolinien in deinem Heft das Schrägbild eines Quaders zeichnen kann, der in Wirklichkeit 4 cm lang, 3 cm breit und 2 cm hoch ist.

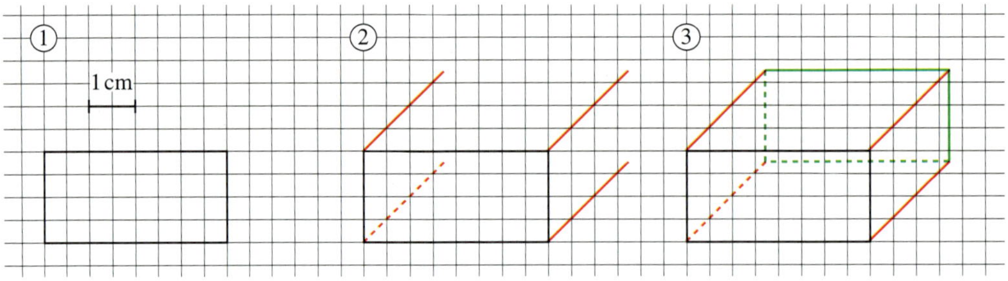

1. Zeichne die Vorderfläche in wahrer Größe.
2. Zeichne die nach hinten verlaufenden Kanten wie im Karogitter angegeben, jedoch nur halb so lang wie in Wirklichkeit. Dabei werden sichtbare Kanten durchgezogen, nicht sichtbare gestrichelt.
3. Verbinde die Endpunkte der nach hinten verlaufenden Kanten (nicht sichtbare gestrichelt).

Beachte: Kanten, die in Wirklichkeit zueinander parallel sind, sind auch im Schrägbild zueinander parallel.

Beispiel:
Eine Streichholzschachtel ist ungefähr 50 mm lang, 35 mm breit und 15 mm hoch. Die Figur zeigt ein etwas verkleinertes Schrägbild einer solchen Schachtel.

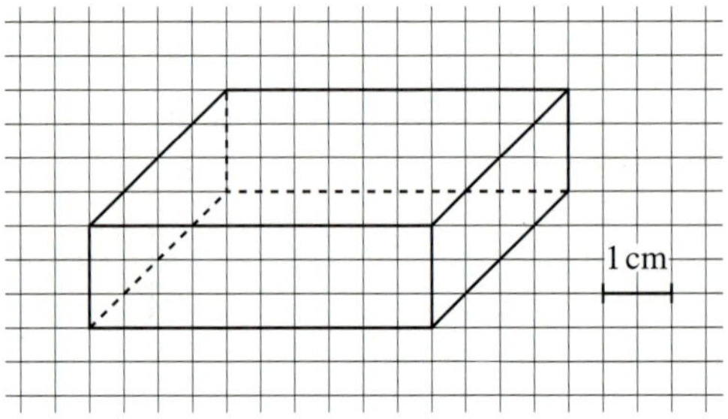

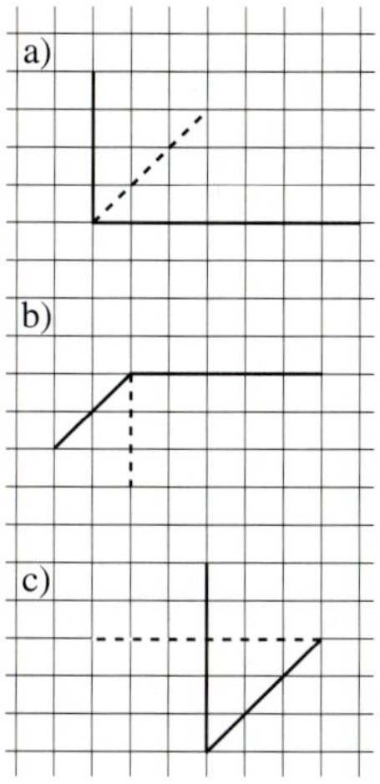

2

Übertrage die in a) gezeichneten Kanten in dein Heft und ergänze sie zu einem Schrägbild des Quaders. Verfahre in b) und c) ebenso.

3

Zeichne das Schrägbild eines Würfels mit einer Kantenlänge von
a) 3 cm b) 5 cm c) 10 cm.

4

Ein Quader hat die Länge a, die Breite b und die Höhe c. Zeichne ein Schrägbild des Quaders.
a) a = 6 cm; b = 3 cm; c = 4 cm
b) a = 8 cm; b = 4 cm; c = 3 cm
c) a = 3 cm; b = 2 cm; c = 5 cm

5

Ein Quader hat die Kantenlängen 7 cm, 5 cm und 3 cm. Zeichne drei Schrägbilder des Quaders, bei denen jedes Mal eine andere Quaderfläche vorn ist.

6

Bei den abgebildeten Körpern sind die wirklichen Maße angegeben. Zeichne Schrägbilder dieser Körper.

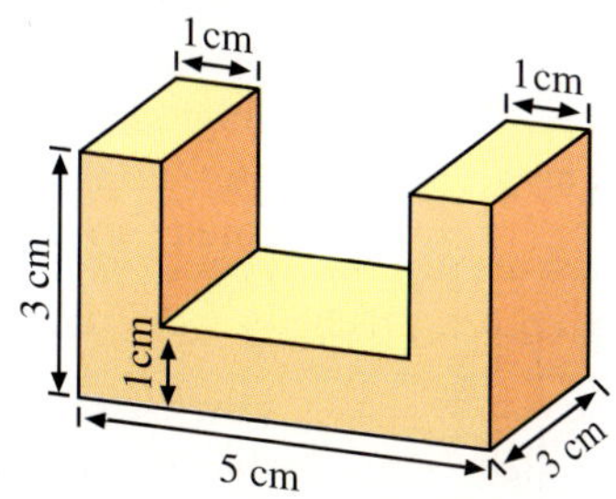

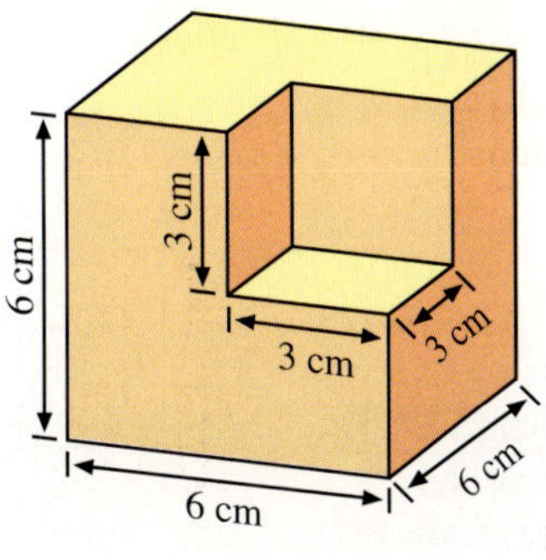

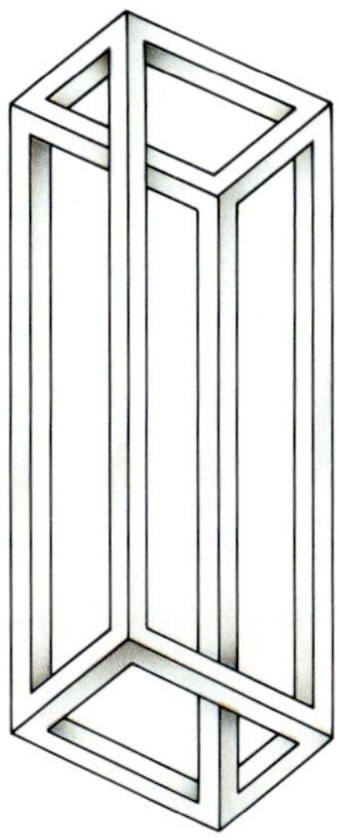

Was stimmt hier nicht?

7

Aus gleich großen Würfeln kannst du z. B. den Buchstaben L legen.

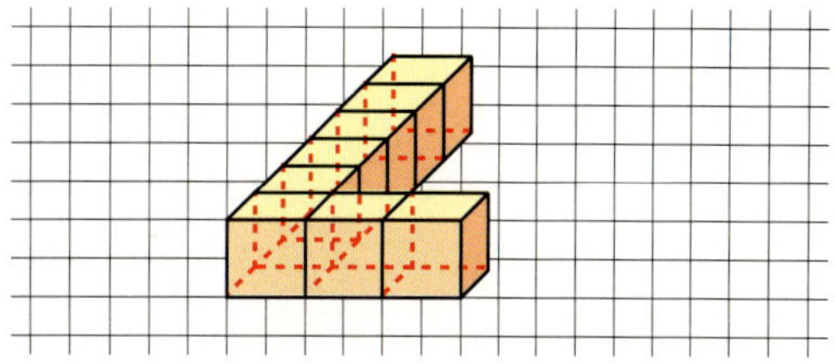

Zeichne entsprechende Schrägbilder für die Buchstaben T, E, F und H.

8

Mit Hilfe des Schrägbildes eines Würfels kann man Schrägbilder weiterer Körper zeichnen. Zeichne die Schrägbilder der beiden Würfel und danach die Schrägbilder der beiden einbeschriebenen Körper. (Verwende anstelle der Karos Zentimeterquadrate.)

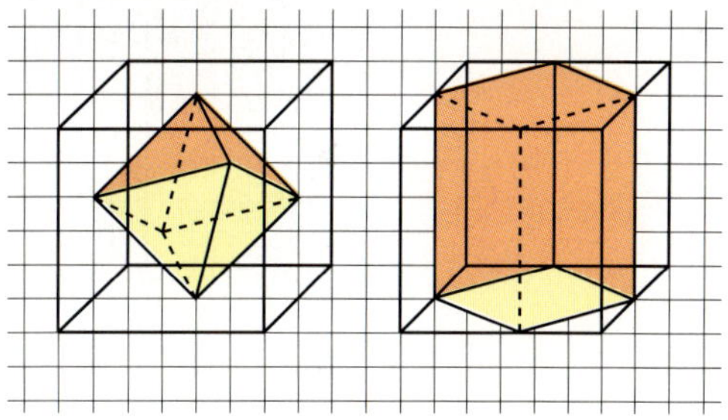

9

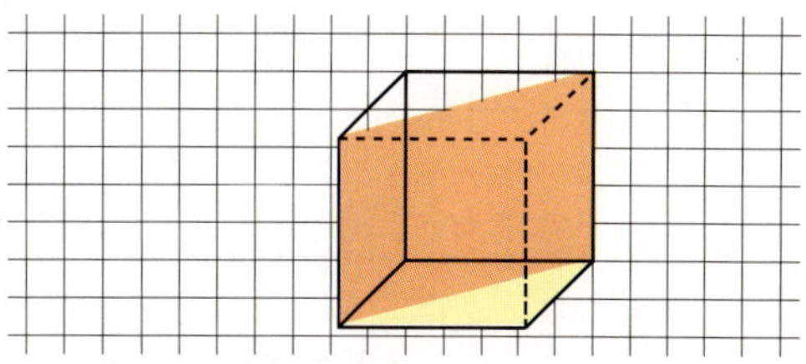

a) Welche Gestalt hat das orangefarbene Viereck im Schrägbild des Würfels? Welche Gestalt hat dieses Viereck in Wirklichkeit? Zeichne das Viereck in seiner wahren Gestalt.
b) Wie weit ist bei diesem Würfel die Ecke B von der Diagonalen AC entfernt?

12 Vermischte Aufgaben

1
Beschreibe die Symmetrien der Fenster.

2
Übertrage die Figur in dein Heft. Untersuche sie auf Achsen- und Punktsymmetrie. Trage die Achse bzw. das Zentrum ein.

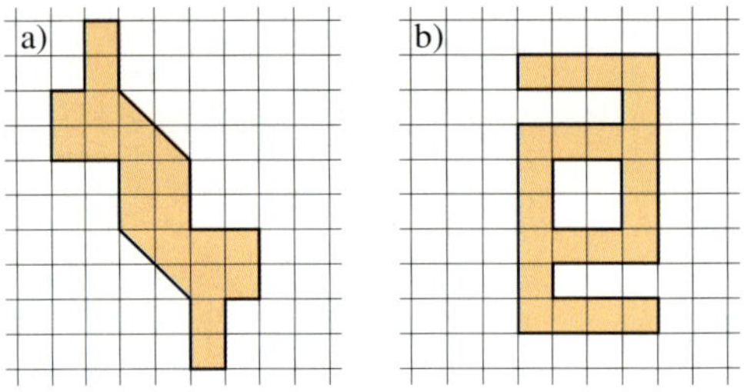

3
Übertrage ins Heft und spiegele an g.

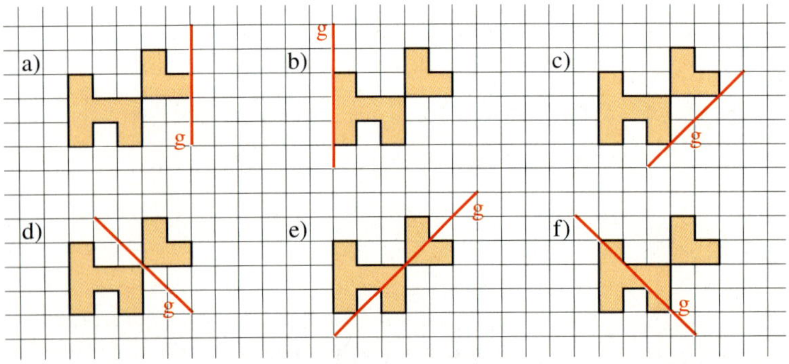

4
Zeichne das Fünfeck ABCDE mit A(9|1), B(11|5), C(10|8), D(6|10), E(6|5). Spiegele es an der Geraden durch A und E.

5
Zeichne das Viereck ABCD mit den Ecken A(3|1), B(9|3), C(3|5), D(0|4). Spiegele es am Punkt P(6|4) (am Punkt Q(6|3)).

6
Zeichne das Viereck ABCD mit den Ecken A(6|0), B(10|1), C(10|3), D(5|5). Spiegele das Viereck so
a) an einer Geraden,
b) an einem Punkt,
dass der Punkt A auf A′(9|5) gespiegelt wird.

7
a) Zeichne die Strecke AB mit A(1|3) und B(7|1). Ergänze sie zu einer Raute mit der nächsten Ecke C(13|y). Lies den fehlenden Hochwert von C sowie Rechts- und Hochwert der vierten Ecke D ab.
b) Trage die Symmetrieachsen ein.

8
a) Welche Uhrzeit zeigt die Uhr?
b) Welche Uhrzeit zeigt sie, wenn man die Zeiger an der roten Geraden spiegelt?

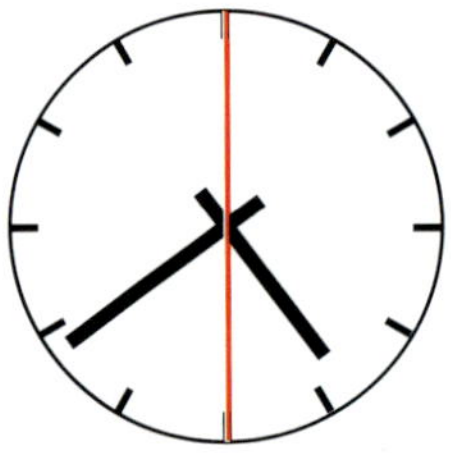

9
Die Figur wurde aus sieben Plättchen gelegt.
Zeichne vier achsen- oder punktsymmetrische Figuren, die man mit den sieben Plättchen auslegen kann.

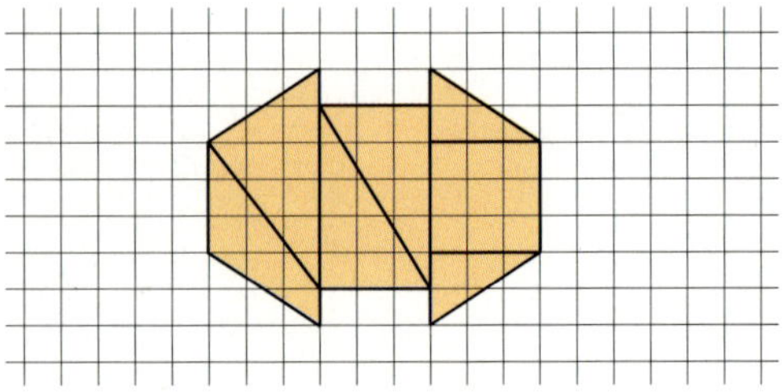

10

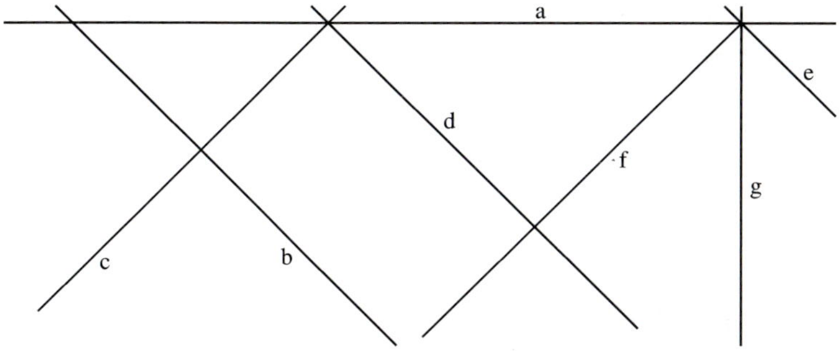

Welche Geraden sind zueinander senkrecht, welche zueinander parallel? Verwende die Zeichen $\perp$ und $\|$.

11

Trage in ein Gitter die Punkte A(0|3), B(6|0), C(4|4), D(8|8) ein. Zeichne die Gerade g durch A und B sowie die Gerade h durch C und D.

a) Gib Rechts- und Hochwert des Schnittpunktes von g und h an.

b) Zeichne zu g die Parallele durch C (durch D).

c) Zeichne zu h die Senkrechte durch A (durch B).

Rosetten

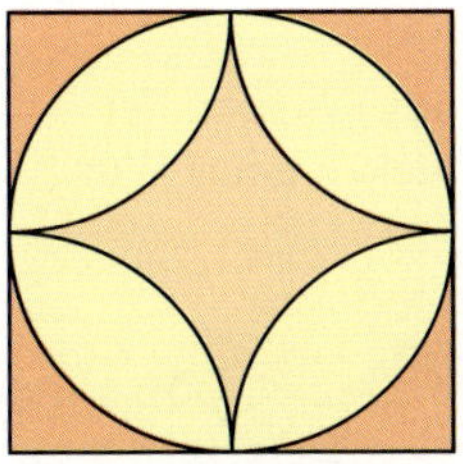

12

Die Länge 30 km wird auf der Landkarte durch die Länge 1 cm dargestellt. Bestimme die Entfernungen (Luftlinie): Frankfurt – Mannheim; Wiesbaden – Darmstadt; Offenbach – Ludwigsburg; Karlsruhe – Heilbronn.

Fig. 1

13

Zeichne in ein Gitter das Viereck mit den Ecken A(0|0), B(12|2), C(6|4), D(6|8) sowie den Punkt P(4|2).
Wie weit ist der Punkt P von den Geraden entfernt, auf denen die Seiten des Vierecks liegen?

14

Zeichne ein Rechteck, das 6 cm lang, aber nur halb so breit ist.

15

Zeichne ein Parallelogramm, bei dem gegenüberliegende Seiten jeweils den Abstand 3 cm haben. Zeichne die beiden Diagonalen ein; prüfe, ob sie zueinander senkrecht sind.

16

Zeichne ein Rechteck mit den Ecken A(1|3), B(7|y), C(7|7), D(x|7). Lies den Hochwert von B und den Rechtswert von D ab.

17

Für alle Quadrate gilt:
Die vier Seiten sind gleich lang,
benachbarte Seiten sind orthogonal,
die Diagonalen sind gleich lang,
die Diagonalen halbieren sich,
die Diagonalen sind orthogonal.
Welche dieser Eigenschaften gelten für alle Parallelogramme, für alle Rauten, für alle Rechtecke?

18

Zeichne die Rosetten auf dem Rand in dein Heft.

19

a) Zeichne eine Gerade g. Wo liegen alle Punkte, die von g höchstens 2 cm entfernt sind?

b) Zeichne eine neue Gerade h. Wo liegen alle Punkte, die von h mindestens 2 cm entfernt sind?

c) Zeichne eine dritte Gerade k. Wo sind alle Punkte, die von k mindestens 1 cm und höchstens 3 cm entfernt liegen?

20

Bello ist an der Ecke seiner Hundehütte angebunden. Zeichne im Heft den Bereich, den er so erreichen kann. Wähle 1 cm für 1 m. Schreibe auch die Radien der Kreisbögen auf, die du dazu zeichnen musst.

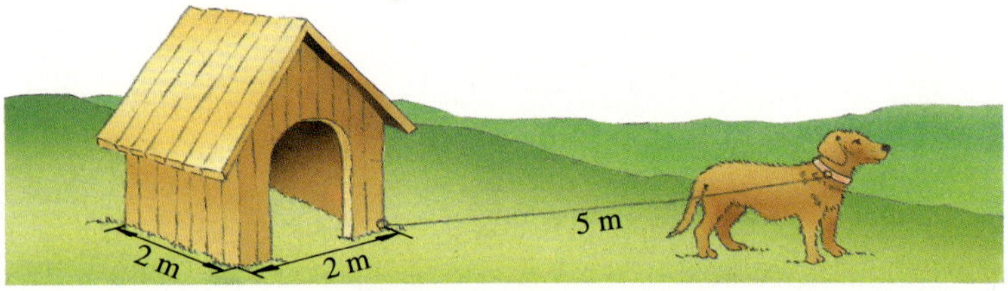

21

Ein Kantenmodell eines Quaders soll aus Draht gebaut werden. Seine Grundfläche ist ein Quadrat mit der Seitenlänge 20 cm.
a) Wie viel cm Draht wird benötigt, wenn der Quader 15 cm hoch werden soll?
b) Es stehen nur 2 m Draht zur Verfügung. Wie hoch kann der Quader werden?

22

Zeichne ein Schrägbild
a) eines Quaders mit den Kantenlängen 50 mm, 40 mm und 35 mm
b) des Quaders aus a), wenn er auf der Vorderfläche liegt.

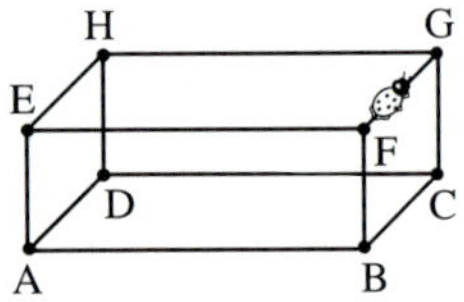

23

Auf dem Kantenmodell eines Quaders krabbelt ein Marienkäfer von der Ecke A ohne Umweg zur Ecke G. Wie viele verschiedene Wege kann er gehen? Vergleiche die Länge der verschiedenen Wege.

24

Aus einem 1 m langen Draht soll das Kantenmodell eines Quaders hergestellt werden, der doppelt so lang wie breit und doppelt so breit wie hoch ist. Wie lang, wie breit und wie hoch kann der Quader höchstens werden? Alle Kanten (in cm gemessen) sollen ganzzahlige Längen haben. Wie viel cm Draht bleibt übrig?

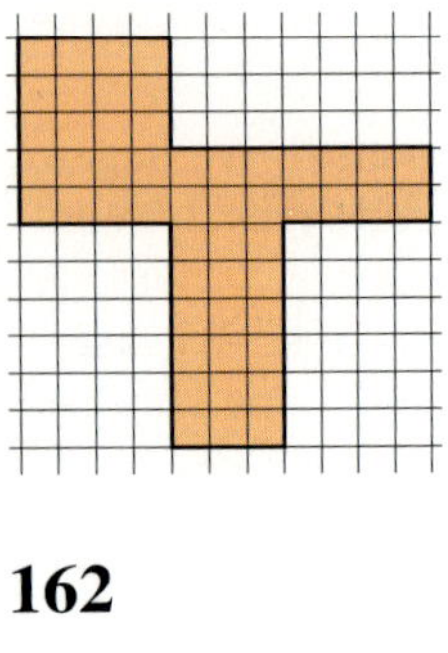

25

Zeige, dass man aus der abgebildeten Fläche einen Quader herstellen kann.

26

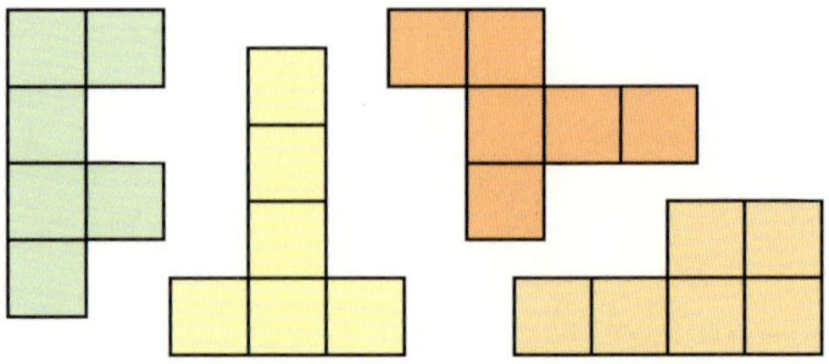

Welche Figuren sind Netze eines Würfels?

27

Hans stößt eine Stricknadel so durch einen Würfel, dass sie die Deckfläche und die Vorderfläche genau in der Mitte durchstößt. Zeichne ein Schrägbild; mache deutlich, wo die Nadel sichtbar und wo sie verdeckt ist.

28

Zeichne ein Schrägbild des Körpers, der entsteht, wenn man alle Ecken eines Würfels absägt.

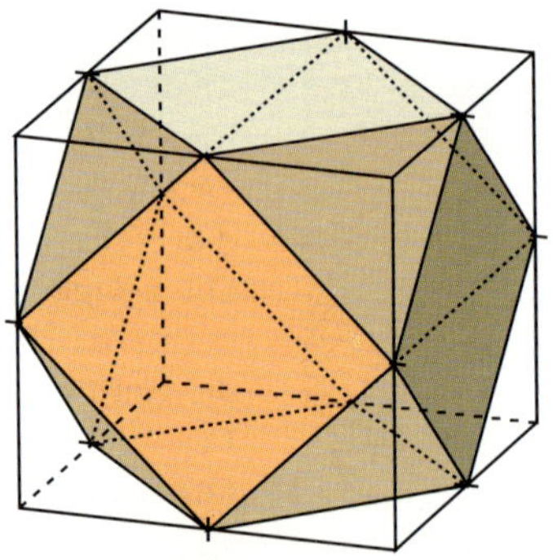

29

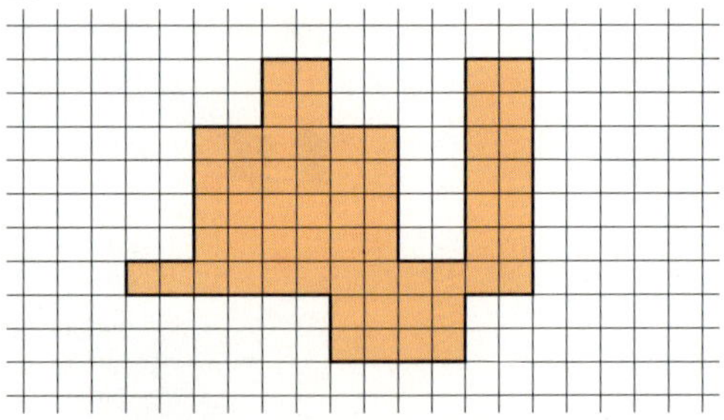

a) Beschreibe die Form des Körpers, der zu diesem Netz gehört.
b) Zeichne ein Schrägbild des Körpers.

Mathematische Exkursionen

Von Ecken, Kanten und Flächen

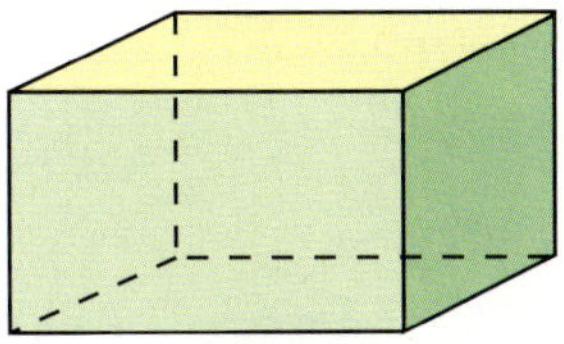
Quader

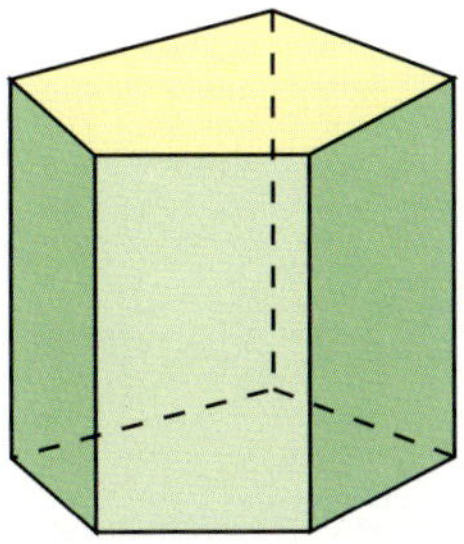
Prisma

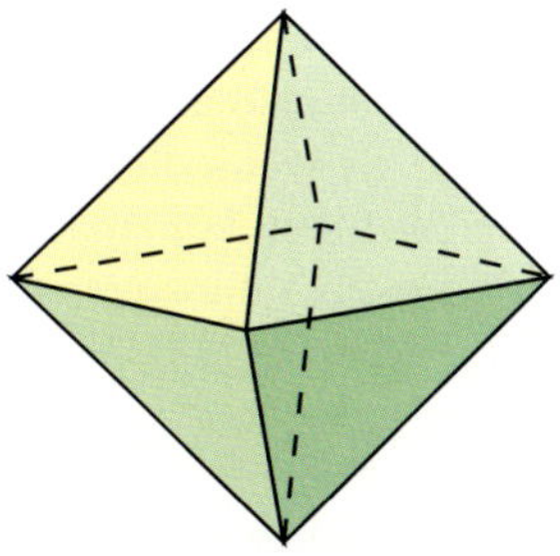
Oktaeder

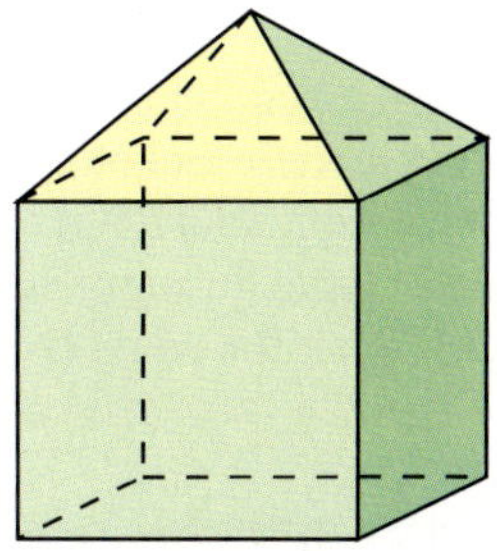
„Turm“

Körper, die nur von ebenen Flächen begrenzt sind, heißen Polyeder (zu deutsch: Vielflächner). Würfel, Quader, Prisma und Pyramide sind Beispiele für Polyeder; ein Zylinder ist kein Polyeder.
Wir untersuchen im Folgenden z. B. die Frage, ob es richtig ist, dass die Kantenzahl zunimmt, wenn die Eckenzahl zunimmt. Hierzu bezeichnen wir mit e die Anzahl der Ecken, mit k die Anzahl der Kanten und mit f die Anzahl der Flächen.

	f	e	k
Quader	6	8	12
fünfeckiges Prisma			
Oktaeder			
„Turm“			

1

a) Ein Quader hat 6 Flächen, 8 Ecken und 12 Kanten. Übertrage die Tabelle in dein Heft und ergänze sie.
b) Ist es richtig, dass k größer wird, wenn e zunimmt?
c) Wird k größer, wenn f zunimmt?
d) Vergleiche die Summe e + f mit k. Was fällt dir auf? Formuliere eine Vermutung.

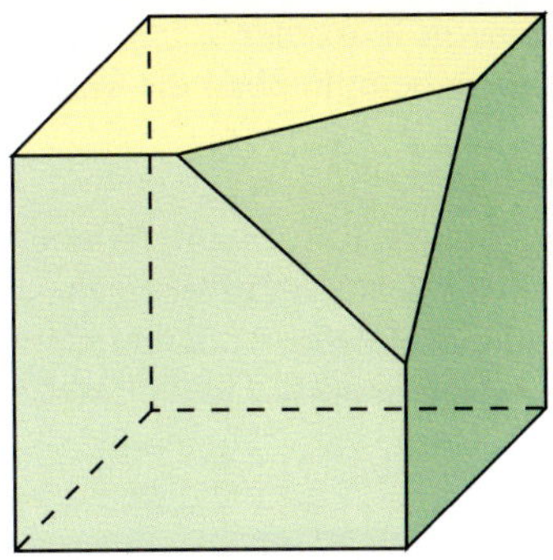
Würfel mit „abgesägter“ Ecke

2

Bestimme für den Würfel mit „abgesägter“ Ecke die Zahl der Ecken, Kanten und Flächen. Setze die Tabelle aus Aufgabe 1 fort. Gilt auch für diesen Körper die Vermutung?

Bisher haben wir e, f und k durch Abzählen ermittelt. Bei komplizierter aufgebauten Körpern wird man versuchen, diese Anzahlen durch Überlegen zu bestimmen.

3

a) Die abgebildete Pyramide hat 5 Seitenflächen. Wie viele Flächen hat die Pyramide insgesamt?
b) Was folgt daraus für die Anzahl der Ecken?
c) Auch die Anzahl der Kanten ergibt sich aus der Zahl der Seitenflächen. Wie viele Kanten hat die Pyramide?
d) Gilt die Vermutung auch für diese Pyramide?
e) Wie viele Ecken, Kanten und Flächen hat eine Pyramide mit n Seitenflächen? Gilt dieVermutung für alle Pyramiden?

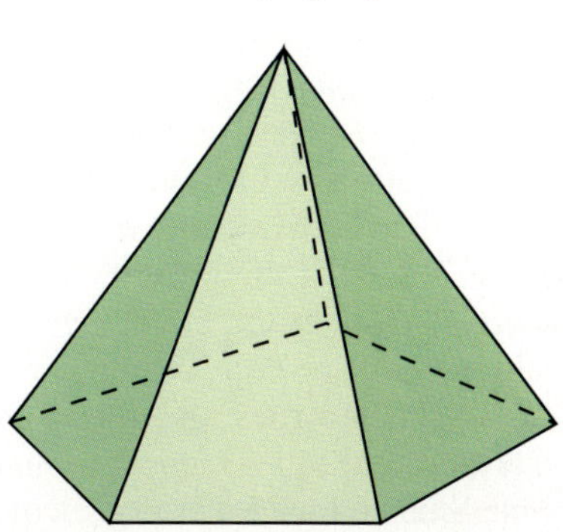
Pyramide

4

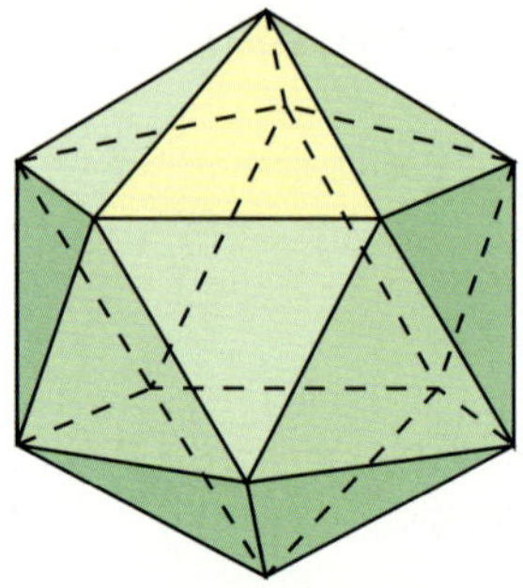

Ein Zwanzigflächner oder Ikosaeder hat 20 Flächen, alle sind gleichseitige Dreiecke. Damit ist f = 20.
a) Wie viele Seiten haben 20 Dreiecke, wenn diese nicht aneinander gefügt sind? Beim Ikosaeder fallen in jeder Kante zwei Dreieckseiten zusammen. Wie viele Kanten hat also ein Ikosaeder?
b) Wie viele Ecken haben 20 Dreiecke, wenn diese nicht aneinander gefügt sind? Wie viele Dreiecke stoßen bei einem Ikosaeder an jeder Ecke zusammen? Wie viele Ecken hat also ein Ikosaeder?
Gilt auch für einen Ikosaeder die Vermutung?

5

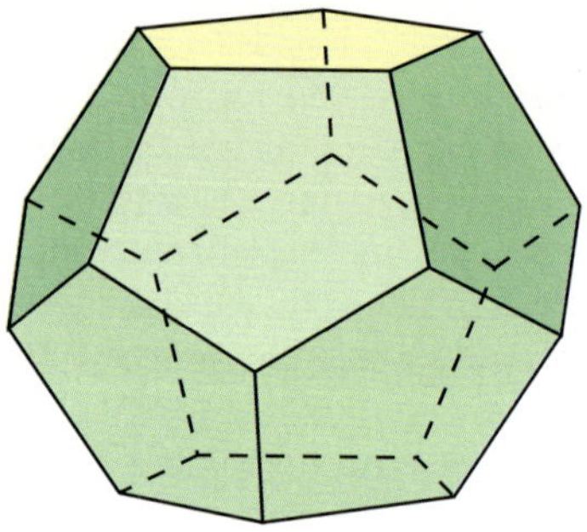

Ein Zwölfflächner oder Dodekaeder hat 12 Flächen. Jede Fläche ist ein Fünfeck mit gleichlangen Seiten. Damit ist f = 12.
Ermittle e und k durch entsprechende Überlegungen wie beim Ikosaeder und überprüfe die Vermutung.

6

Die Nähte eines Fußballs kann man näherungsweise ebenfalls als Kanten eines Körpers auffassen, die einzelnen Lederstücke als ebene Flächen.
a) Zähle die Fünfecke und Sechsecke eines Fußballs. Wie viele sind es zusammen?
b) Bestimme die Anzahl der Ecken und Kanten durch Überlegungen wie beim Ikosaeder.
c) Gilt auch beim Fußball die Vermutung?

7

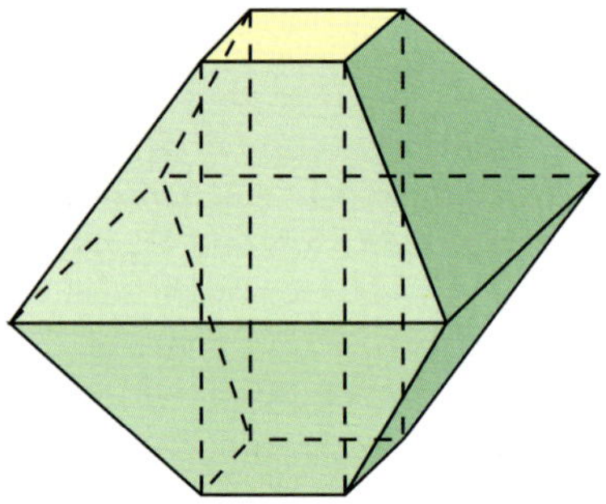

Der abgebildete Körper mit „Tunnel" entsteht, wenn man zwei Pyramiden mit den Grundflächen zusammensetzt, die Spitzen „absägt" und anschließend „durchtunnelt". Gilt auch für diesen Körper die Vermutung?

Die gefundene Gesetzmäßigkeit wird nach dem Schweizer Mathematiker LEONHARD EULER (1707 – 1783) benannt; man spricht vom „eulerschen Polyedersatz":
Bei Polyeder ohne Dellen und Tunnel ist die Zahl der Ecken und Flächen zusammen um 2 größer als die Zahl der Kanten:

$$\mathbf{e + f = k + 2.}$$

EULER studierte in seiner Heimatstadt Basel. Mit 19 Jahren wurde er von der Pariser Akademie der Wissenschaften für eine Abhandlung über die Bemastung von Schiffen ausgezeichnet. Von dieser Akademie erhielt er insgesamt zehnmal einen Preis. Schon mit 23 Jahren wurde er Professor an der Akademie in St. Petersburg in Russland. Die Arbeit über die Polyeder erschien 1758 in lateinischer Sprache. Mit 64 Jahren erblindete EULER. Trotzdem setzte er seine Studien fort. Da er nun nicht mehr lesen und schreiben konnte, diktierte er seine Überlegungen einem Gehilfen.

LEONHARD EULER (1707 – 1783)

Punkte, Strecken, Geraden
Wir bezeichnen
Punkte mit großen Buchstaben, z. B. A, B, C, ...;
Strecken durch ihre Endpunkte, z. B. AB;
Geraden mit kleinen Buchstaben wie g, h, k ...

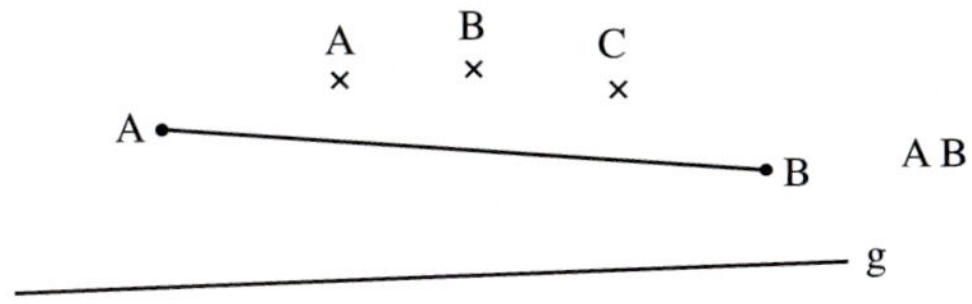

Besondere Lage von zwei Geraden zueinander
Senkrechte Geraden, in Zeichen: g ⊥ k;
parallele Geraden, in Zeichen: g ∥ h.

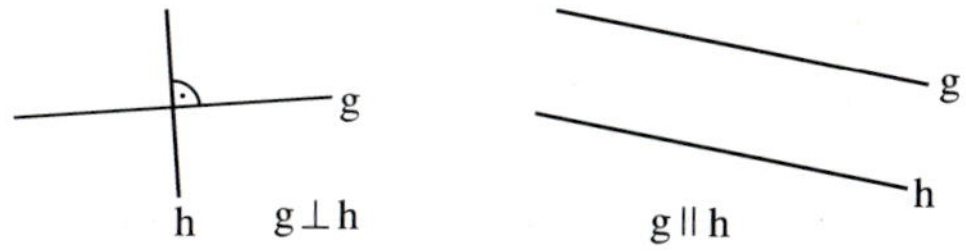

Spiegeln eines Punktes an einer Geraden g
1. Zeichne eine Senkrechte zu g durch P.
2. Markiere P′ so, dass PP′ von g halbiert wird.

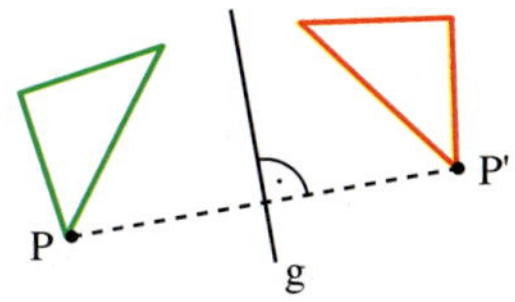

Spiegeln eines Punktes an einem Punkt Z
1. Zeichne eine Gerade durch P und Z.
2. Markiere P′ so, dass PP′ von Z halbiert wird.

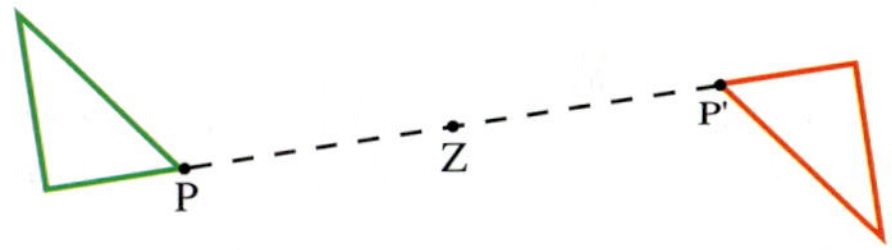

Vierecke
Parallelogramm: Gegenüberliegende Seiten sind parallel.
Raute: Parallelogramm mit gleich langen Seiten.
Rechteck: Benachbarte Seiten sind zueinander senkrecht.
Quadrat: Rechteck mit gleich langen Seiten.

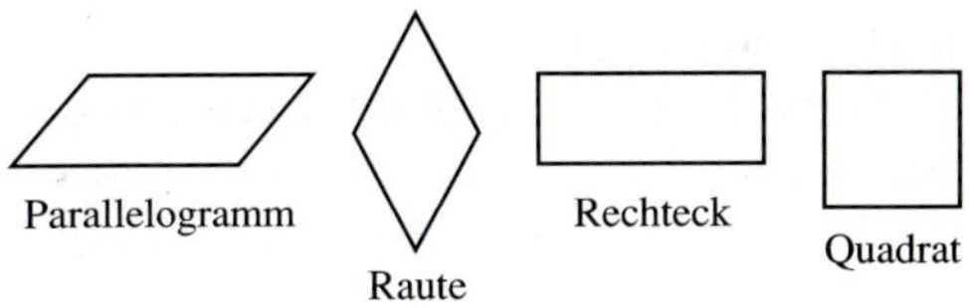

Gitter
Jeder Punkt in einem Gitter lässt sich durch ein geordnetes Zahlenpaar beschreiben.

P(5|2).
↗ ↖
Rechtswert Hochwert

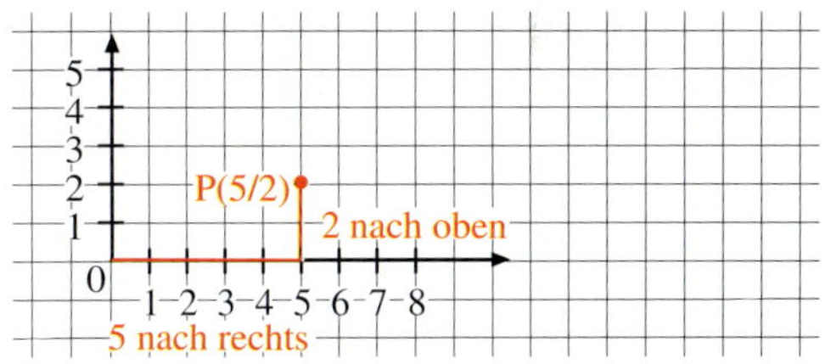

Schrägbild
1. Zeichne die Vorderfläche in wahrer Größe.
2. Zeichne die nach hinten verlaufenden Kanten in Richtung der Diagonalen des Karogitters, jedoch nur halb so lang.
3. Verbinde die Endpunkte der Kanten.

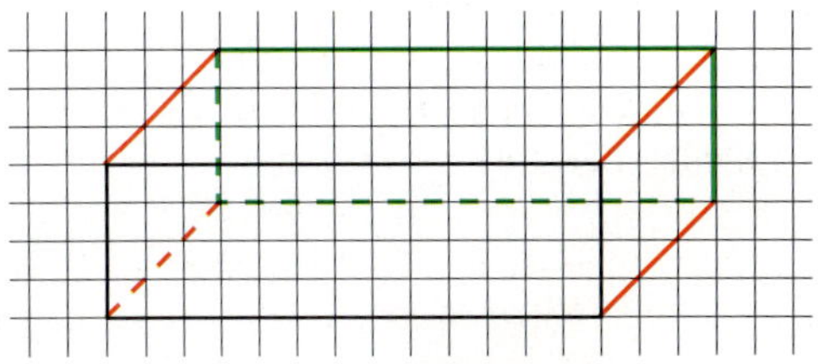

Körper

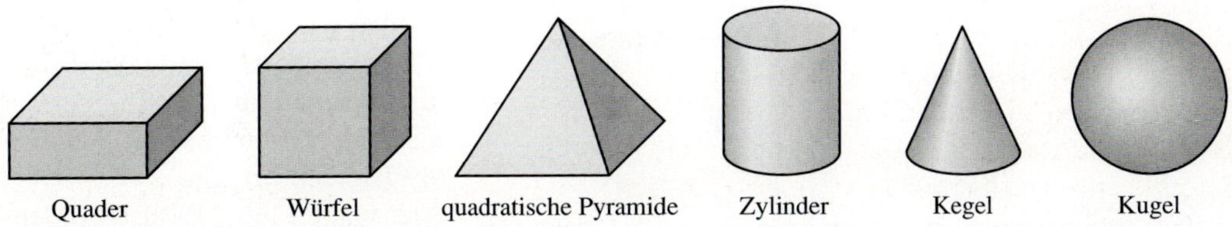

1 Welche Fläche ist größer? Flächeninhalte

1

a) Sind die fünf „Katzen" mit den gleichen Plättchen gelegt worden?
b) Zeige, dass man die Katzen auch allein mit den kleinsten Dreiecken legen kann. Wie viele davon braucht man für jede Katze?

2
Im Lageplan eines Hauses sind zwei Terrassen eingezeichnet. Welche von beiden ist die größere? Wie groß sind die beiden Terrassen?

Wenn zwei Flächen mit gleichen Platten ausgelegt sind, können wir die Größen der Flächen leicht vergleichen: Wir brauchen nur die Platten zu zählen.

> Brauchen wir zum Auslegen einer Fläche z. B. 8 gleiche Platten, so sagen wir:
> Die Fläche ist achtmal so groß wie eine Platte,
> oder: Die Fläche hat den Flächeninhalt 8 Plattengrößen.
> 8 ist die Maßzahl des Flächeninhalts bei der Flächeneinheit 1 Plattengröße.

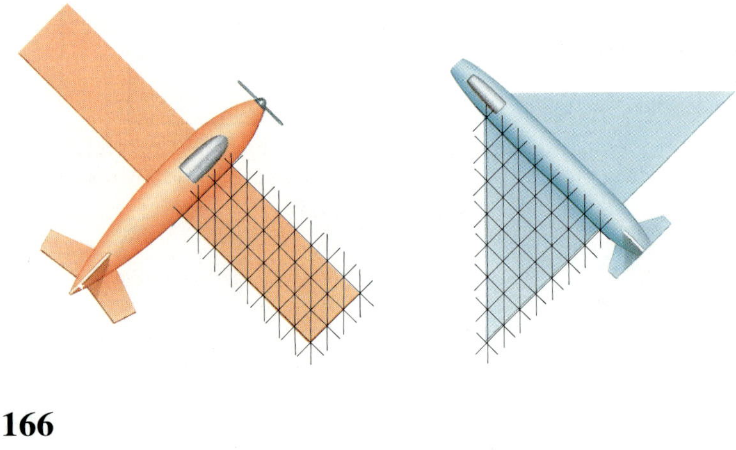

Beispiel:
Um herauszufinden, welches der beiden Flugzeuge die größere Flügelfläche hat, überziehen wir jeweils einen Flügel mit dem gleichen Gitter aus Dreiecken. Dann zählen wir, wie viel Dreiecke in jedem Flügel enthalten sind. Der rote Flügel hat den Flächeninhalt 48 Dreiecksgrößen; der blaue Flügel hat den Flächeninhalt 49 Dreiecksgrößen.
Der blaue Flügel ist also größer.

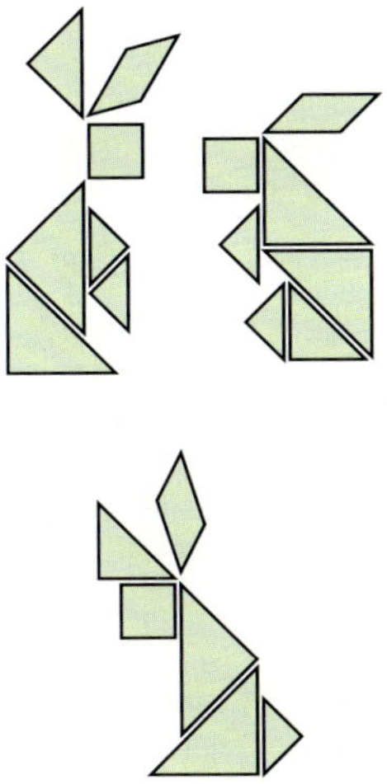

3
Die hellen gelben Zellen der Bienenwabe sind mit Honig gefüllt. Prüfe, ob sie mehr als die Hälfte der Wabenfläche einnehmen.

4
Vergleiche die Flächeninhalte der „Hasen".

5
Zeichne die drei Rechtecke und überziehe diese mit einem Quadratgitter. Gib die Flächeninhalte in der Flächeneinheit 1 Quadratgröße an. Welche Fläche ist am größten, welche am kleinsten?

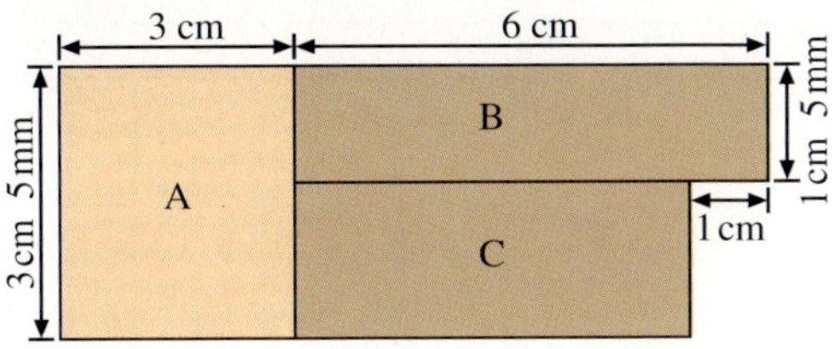

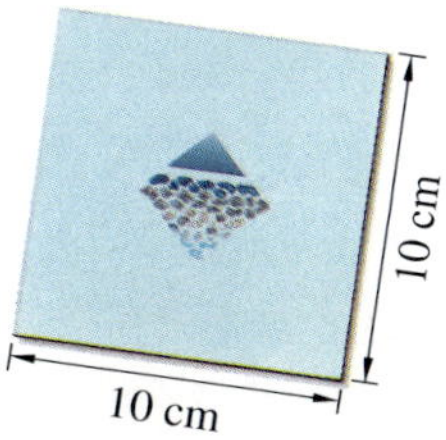

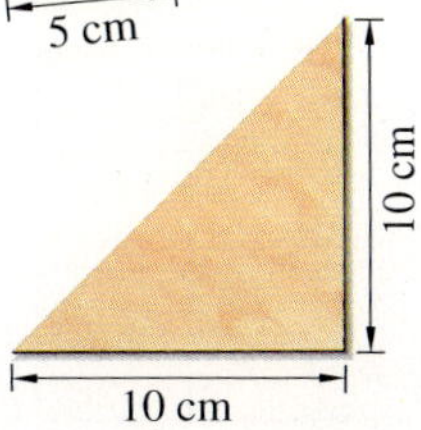

6
Ein rechteckiger Fußboden von 3 m 20 cm Länge und 2 m 40 cm Breite soll neu geplättelt werden.

a) Wie viele von den blauen (grünen, roten) Platten braucht man, wenn ohne Fugen verlegt wird?

b) Wie viele rote Platten braucht man zum Belegen der dreieckigen Wand? Ist ihr Flächeninhalt größer als der des Fußbodens?

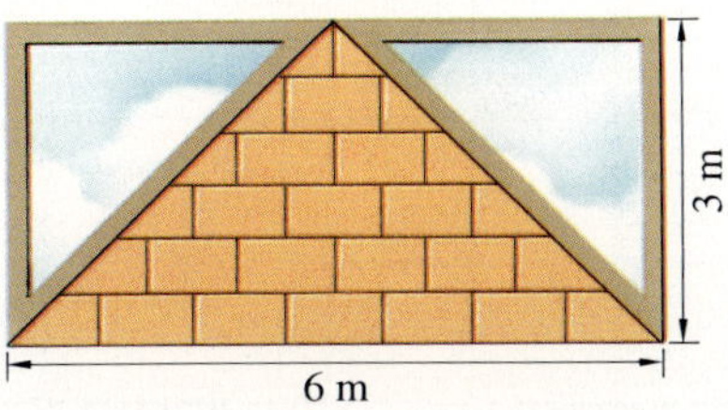

7
Sind die gelben (grünen) Flächen gleich groß?

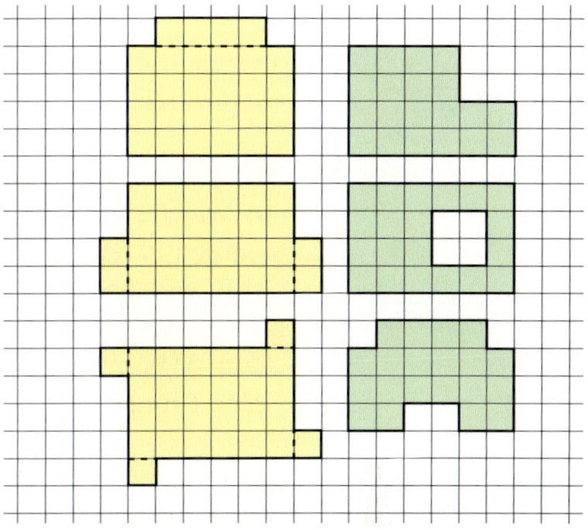

8
Hat eines der Dreiecke einen größeren (kleineren) Flächeninhalt als das Rechteck?

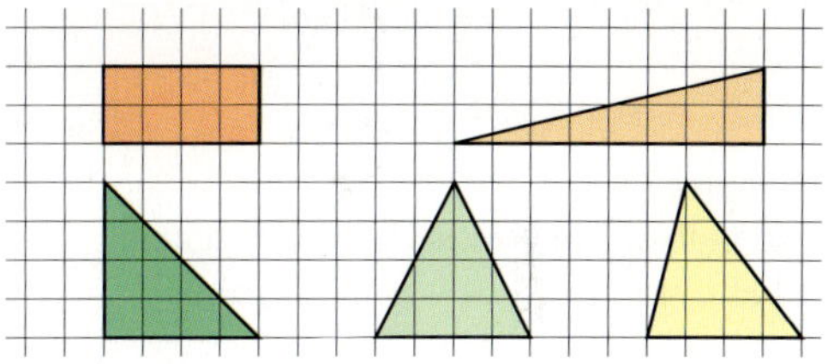

9
Zeichne

a) ein Quadrat, dessen Fläche 4-mal (9-mal; 16-mal) so groß ist wie ein Karo im Heft

b) zwei verschiedene Rechtecke, deren Fläche jeweils 20-mal so groß ist wie ein Karo in deinem Heft

c) ein Dreieck, dessen Fläche 2-mal (5-mal; 6-mal) so groß ist wie ein Karo im Heft.

10
Zeichne zwei verschiedene Rechtecke, die jeweils den gleichen Flächeninhalt haben wie die abgebildete Figur.

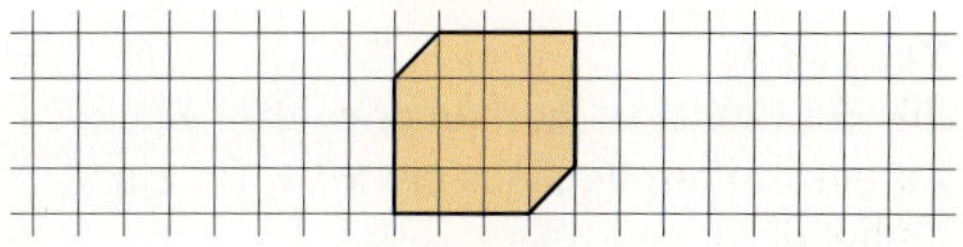

2 Flächeneinheiten

1
Reicht die Farbe des Eimers, um die Decke deines Klassenzimmers zu streichen?

2
a) Welche Einheiten für Flächeninhalte werden in den Anzeigen verwendet?
b) In welcher Anzeige ist ein Druckfehler?

Zum Messen von Flächeninhalten verwendet man je nach der Größe der Fläche verschiedene Einheiten.

Hat ein Quadrat die Seitenlänge	so heißt sein Flächeninhalt	
1 mm	**1 mm²**	(lies: Quadratmillimeter oder Millimeter hoch zwei)
1 cm	**1 cm²**	(lies: Quadratzentimeter oder Zentimeter hoch zwei)
1 dm	**1 dm²**	(lies: Quadratdezimeter oder Dezimeter hoch zwei)
1 m	**1 m²**	(lies: Quadratmeter oder Meter hoch zwei)
1 dam (= 10 m)	**1 a**	(lies: Ar)
1 hm (= 100 m)	**1 ha**	(lies: Hektar)
1 km	**1 km²**	(lies: Quadratkilometer oder Kilometer hoch zwei).

Beispiel 1:
Die gelben Flächen haben die Flächeninhalte 1 mm², 1 cm² und 1 dm².

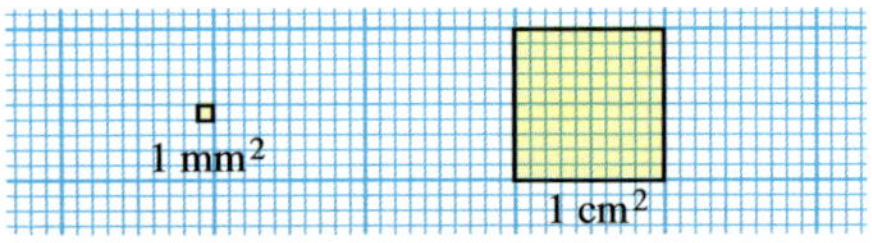

Beispiel 2:
Jede der grünen Flächen hat den Flächeninhalt 1 cm².

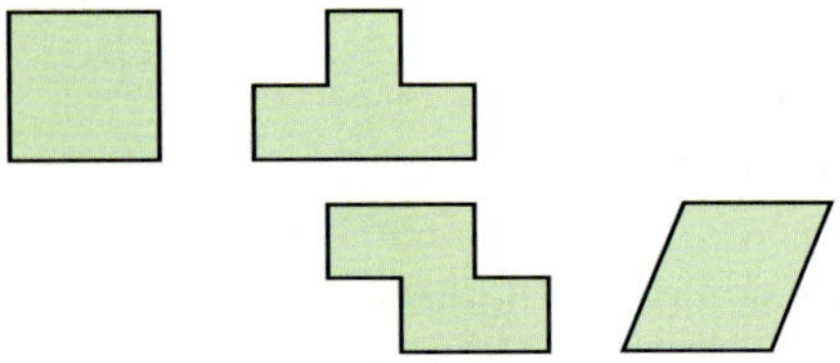

Beispiel 3:
Für ein Bett braucht man etwa 2 m² Platz, für ein Einfamilienhaus etwa 1 a, für ein Fußballfeld etwa 1 ha.

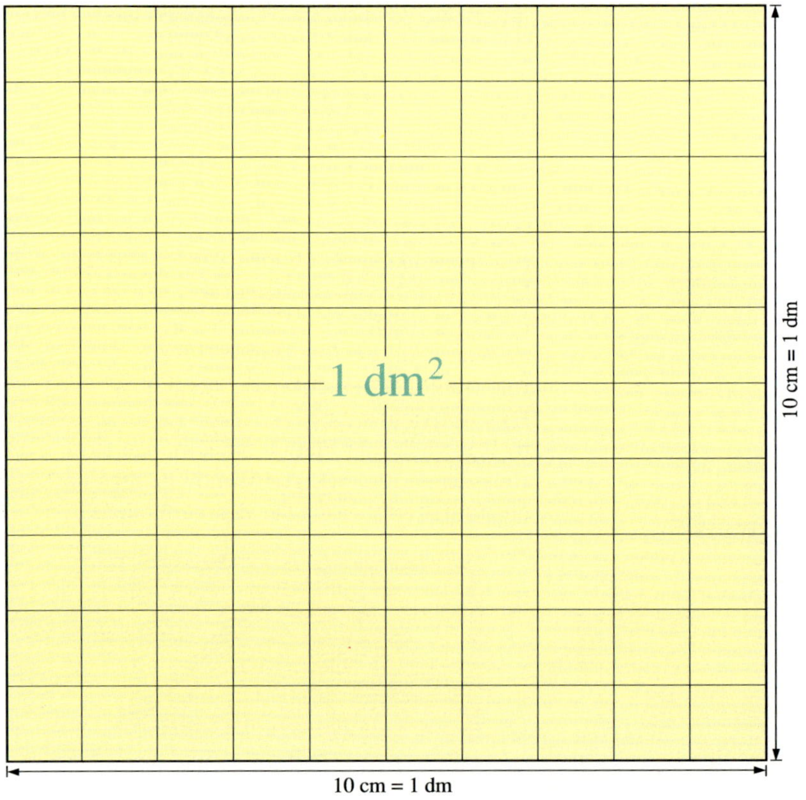

Wenn wir Flächeninhalte vergleichen wollen, müssen wir sie in der gleichen Einheit angeben. Dazu rechnen wir die größere Einheit in die kleinere um. Die Flächen in Beispiel 1 zeigen: $1\,dm^2 = 100\,cm^2$ und $1\,cm^2 = 100\,mm^2$. Entsprechend gilt:

$1\,km^2 = 100\,ha$
$1\,ha = 100\,a$
$1\,a = 100\,m^2$
$1\,m^2 = 100\,dm^2$
$1\,dm^2 = 100\,cm^2$
$1\,cm^2 = 100\,mm^2$

Das **100fache** einer Einheit ergibt die nächstgrößere Einheit.

Längeneinheiten: Umrechnungszahl 10
Flächeneinheiten: Umrechnungszahl 100

Beachte: Bei Flächeninhalten ergibt das 100fache, bei Längeneinheiten dagegen das 10fache die nächstgrößere Einheit.

Beispiel 1:
a) $4\,dm^2 = 400\,cm^2$
b) $2\,ha = 200\,a = 20\,000\,m^2$
c) $7\,a\ 50\,m^2 = 750\,m^2$
d) $12\,ha\ 1\,a = 1\,201\,a$
e) $2\,m^2\ 4\,dm^2\ 7\,cm^2 = 20\,000\,cm^2 + 407\,cm^2 = 20\,407\,cm^2$.

Beispiel 2:
a) $750\,m^2 + 6\,a$
$= 750\,m^2 + 600\,m^2$
$= 1\,350\,m^2$
$= 13\,a\ 50\,m^2$

b) $680\,cm^2 + 1\,m^2$
$= 680\,cm^2 + 10\,000\,cm^2$
$= 10\,680\,cm^2$
$= 1\,m^2\ 6\,dm^2\ 80\,cm^2$

c) $1\,ha\ 22\,a - 3\,a\ 40\,m^2$
$= 12\,200\,m^2 - 340\,m^2$
$= 11\,860\,m^2$
$= 1\,ha\ 18\,a\ 60\,m^2$

Flächeninhalte schätzen und bestimmen

3
Welche Flächeneinheit kommt dem Flächeninhalt einer Briefmarke (eines Geldscheines; eines Klassenzimmers; eines Flugplatzes) am nächsten?

4
Hier stimmt etwas nicht. Ordne die Flächeninhalte richtig zu.

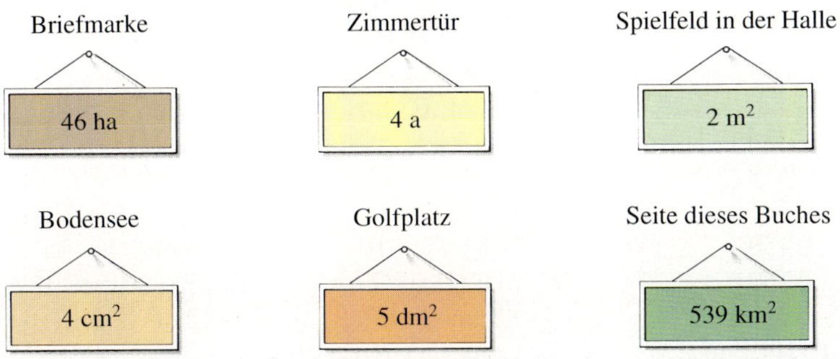

5
Schätze, wie groß die Fläche ist,
a) die man in einer Stunde streichen kann
b) die ein Bauer in einer Stunde mit dem Traktor mähen kann
c) die ein Autostellplatz benötigt.

6
Nenne drei Flächen, die jeweils etwa $1\,m^2$ ($1\,a$; $1\,ha$) groß sind.

7
Bestimme den Flächeninhalt jeder Fläche in der Einheit $1\,cm^2$.

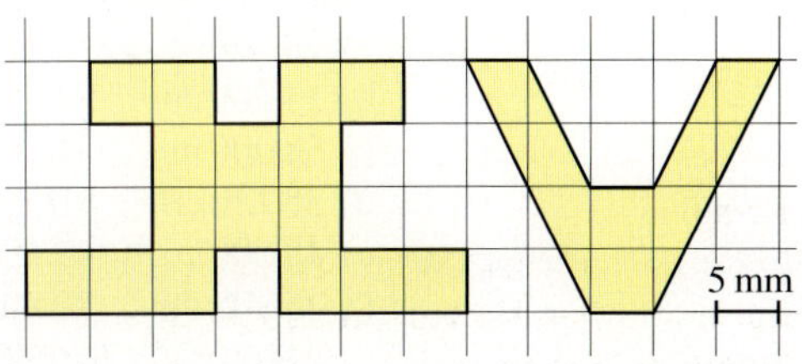

Umrechnen von Flächeneinheiten

Je größer die Einheit, desto kleiner die Maßzahl!

8
Rechne um:
in m^2: 700 dm^2; 2000 dm^2; 90000 dm^2; 1800 dm^2; 36000 dm^2; 1010000 dm^2
in dm^2: 800 cm^2; 1200 cm^2; 4000 cm^2; 14000 cm^2; 56800 cm^2; 2022000 cm^2
in a: 300 m^2; 7000 m^2; 16000 m^2; 12200 m^2; 102000 m^2; 678900 m^2.

9
Gib in der nächstgrößeren Einheit an:
a) 400 cm^2; 8200 dm^2; 4300 mm^2; 7000 cm^2; 90000 dm^2; 200 ha; 3500 m^2
b) 500 m^2; 3700 ha; 900 a; 2100 m^2; 9000 m^2; 81900 m^2; 1100 ha; 1000 ha.

10
Schreibe jeweils in der nächstkleineren Einheit:
a) 5 m^2; 13 m^2; 6 dm^2; 25 dm^2; 33 cm^2
b) 4 a; 16 a; 7 ha; 45 ha; 850 a
c) 4 km^2; 90 km^2; 101 km^2; 1000 km^2
d) 348 a; 700 cm^2; 5060 ha; 80 m^2.

Eine zweimal gefaltete Zeitung ist 4 dm^2 groß. Wie groß war sie vor dem Falten?

11
Gib in der Einheit an, die in der Klammer steht:
a) 17 m^2 (dm^2); 124 cm^2 (mm^2); 235 dm^2 (cm^2); 25 m^2 (cm^2); 6 dm^2 (mm^2)
b) 7 m^2 9 dm^2 (dm^2); 18 dm^2 70 cm^2 (cm^2); 3 a 18 m^2 (m^2); 15 ha 4 a (a); 3 ha (m^2).

12
Schreibe in der Einheit 1 m^2:
a) 13 a 25 m^2; 18 a 7 m^2; 4 a 1 m^2; 2 ha
b) 5 ha 50 m^2; 20 ha 75 m^2; 3 ha 7 a 80 m^2; 4 ha 9 m^2; 2 ha 15 m^2; 30 ha 5 a.

13
Es ist 8320 m^2 = 83 a 20 m^2. Behandle entsprechend:
a) 730 dm^2; 1250 mm^2; 3412 cm^2
b) 14360 cm^2; 54300 dm^2; 80800 cm^2
c) 58000 m^2; 63010 dm^2; 2305 ha
d) 35720 cm^2; 5008 m^2; 20450 a
e) 45600 cm^2; 83750 m^2; 6250 a
f) 45808 dm^2; 70809 m^2; 3007 a
g) 5007 cm^2; 70060 ha; 40100 km^2.

14
Die blaue Fläche hat den Flächeninhalt 150 mm^2 = 1 cm^2 50 mm^2. Gib die anderen Flächeninhalte entsprechend an.

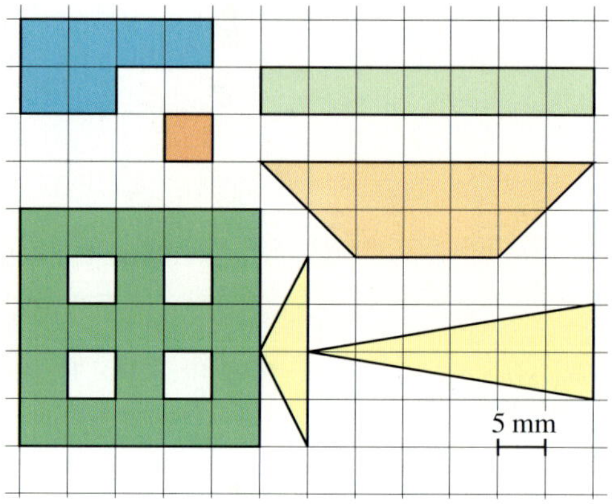

15
Wie viel cm^2 groß ist eine Fläche, wenn 6 Quadrätchen zusammen 1 cm^2 ergeben?

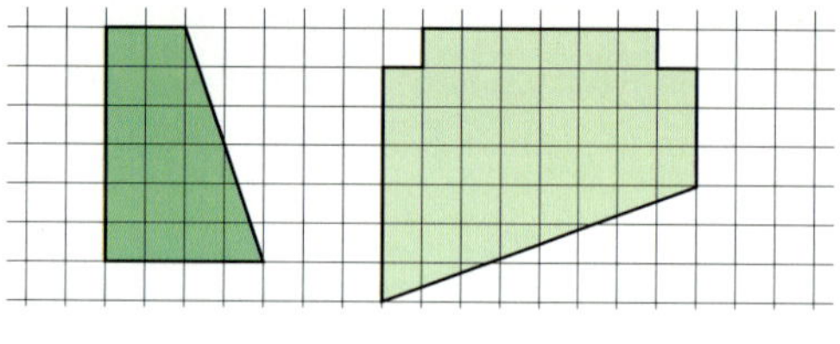

16
Wandle zuerst in die kleinere Einheit um.
a) 3 m^2 + 41 dm^2 b) 17 m^2 + 1 dm^2
c) 8 dm^2 + 2 cm^2 d) 9 dm^2 + 31 cm^2
e) 3 dm^2 + 3 mm^2 f) 2 m^2 + 5 dm^2 + 1 cm^2
g) 5 m^2 + 5 cm^2 h) 1 m^2 + 2 dm^2 5 cm^2

17
a) 85 a + 45 a b) 25 a + 31 a
c) 84 dm^2 + 20 dm^2 d) 2 ha + 80 a
e) 4 m^2 50 dm^2 + 2 m^2 60 dm^2
f) 35 ha 70 a + 70 ha 35 a + 65 a
g) 94 dm^2 65 cm^2 + 20 dm^2 35 cm^2 + 5 cm^2

18
a) 5 m^2 3 dm^2 · 6 b) 7 m^2 40 dm^2 · 5
c) 20 ha 15 a · 10 d) 2 km^2 3 ha · 25
e) 2 ha 60 m^2 · 7 f) 8 m^2 80 dm^2 : 4
g) 12 dm^2 6 cm^2 : 3 h) 12 m^2 20 cm^2 : 4
i) 14 ha 21 a 70 m^2 : 7

Aus dem Alltag

19
Der Ammersee hat eine Fläche von 48 km², der Starnberger See von 57 km².
a) Gib die Flächeninhalte der Seen in der Einheit 1 m² an.
b) Angenommen, die Seen würden lückenlos mit Holzflößen bedeckt, auf denen sich auf jedem Qudratmeter ein Mensch aufhalten kann.
Hätten die ungefähr 80 Millionen Einwohner Deutschlands auf einem der Seen (auf beiden Seen) Platz?

20
Eine Blechplatte hat die Form eines Quadrats mit der Seitenlänge 1 m. Wie viel kg wiegt sie, wenn 1 dm² Blech 20 g wiegt?

21
Ein Grundstück hat eine Fläche von 16 a 20 m². Für eine Straße müssen 1 a 80 m² abgegeben werden. Der Rest wird in zwei gleich große Grundstücke aufgeteilt.
Wie viel m² hat jedes?

22
Auf einem landwirtschaftlichen Versuchsgut wurden zwei Äcker mit verschiedenen Kartoffelsorten bepflanzt. Der eine Acker hat eine Fläche von 36 a und brachte einen Ertrag von 9 000 kg Kartoffeln, der andere Acker war 30 a groß und brachte 8 100 kg Kartoffeln.
Welche Sorte war die ertragreichere?

23
a) Ein Landwirt braucht für seinen 2 ha großen Weizenacker Kunstdünger. Auf den Kunstdüngersäcken wird empfohlen:
„Weizen 7–10 kg je 100 m²".
Wie viele 50-kg-Säcke Kunstdünger benötigt der Landwirt mindestens, wie viele höchstens?
b) Er erntet 4 600 kg Weizen. Sein Nachbar erntet von einem 80 a großen Acker 2 000 kg. Vergleiche die Erträge je Ar.

24
Familie Wagner kauft einen 6 a 70 m² großen Bauplatz. 1 m² kostet 195 DM. Allerdings kommen für Straßen- und Wasseranschlüsse noch „Erschließungskosten" in Höhe von 45 DM je m² dazu. Wie viel DM muss Familie Wagner bezahlen?

Aus dem Anzeigenteil einer Zeitung

25
6 000 m² Bauland in kl. Dorf
Kaufpreis: 180 000,– DM

Wie viel kostet 1 m² (1 a) des Baulands?

26
Verkauf: Wohnpark
3 ha, Baugenehmigung für 40 Ein-/Zweifamilienhäuser, parzelliert, 20 Autobahnmin. von Dresden.

Wie viel Grundstücksfläche ist durchschnittlich für ein Haus vorgesehen?

27
Bad Nauheim
Herrliches Baugrundstück am Hochwald
526 m² Baulücke in gewachsener, bevorzugter Wohnlage, keine unpersönliche „Neubausiedlung", voll erschlossen, sofort bebaubar, von Privat, DM 1 350,– DM/m².

Wie viel kostet das Grundstück?

3 Flächeninhalte von Rechtecken

1

Reicht der Plattenvorrat, um die Terrasse mit Platten zu belegen?

Das Rechteck in Fig. 1 ist 5 cm lang und 3 cm breit. Um herauszufinden, wie viele cm-Quadrate in dieses Rechteck hineinpassen, teilen wir es in 1 cm breite Streifen ein (Fig. 2).

Es ergeben sich 3 Streifen. Jeder Streifen enthält 5 Quadrate. Also passen insgesamt $3 \cdot 5 = 15$ Quadrate in das Rechteck. Wir sagen dehalb: Das Rechteck hat den Flächeninhalt $3 \cdot 5\,cm^2 = 15\,cm^2$.

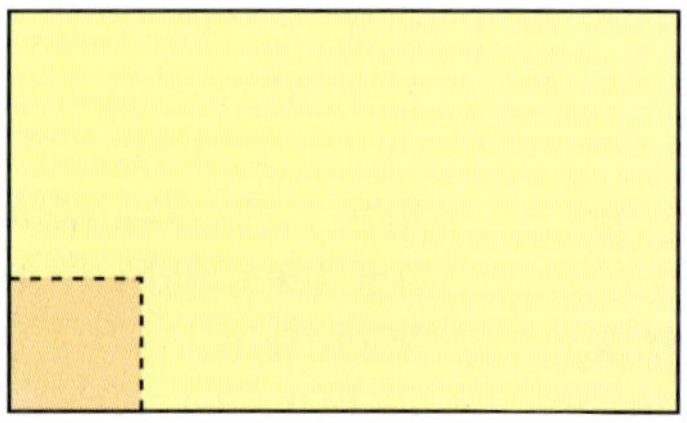

Fig. 1

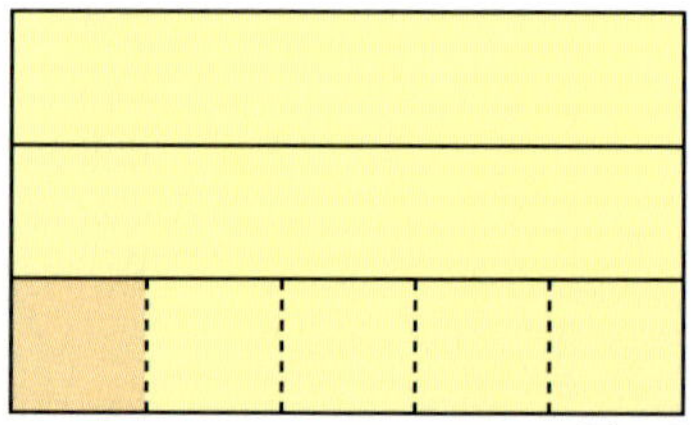

Fig. 2

Um den **Flächeninhalt eines Rechtecks** zu erhalten, bestimmen wir zunächst seine Länge und Breite in der gleichen Längeneinheit. Dann multiplizieren wir die Maßzahlen und versehen das Produkt mit der zugehörigen Flächeneinheit.
Kurz: Flächeninhalt = Länge mal Breite.

Rechteck:

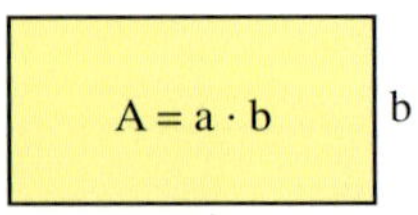

Quadrat

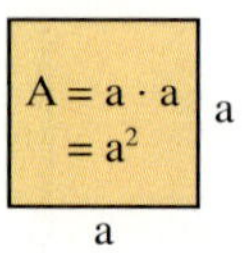

A wegen ***area*** *(lat.): Fläche*

Beispiel 1: (Flächeninhalt gesucht)

a) Eine rechteckige Tischplatte ist 120 cm lang und 70 cm breit. Ihr Flächeninhalt beträgt $120 \cdot 70\,cm^2 = 8\,400\,cm^2 = 84\,dm^2$.
Bemerkung: Im Alltag schreibt man statt $120 \cdot 70\,cm^2$ auch $120\,cm \cdot 70\,cm$.

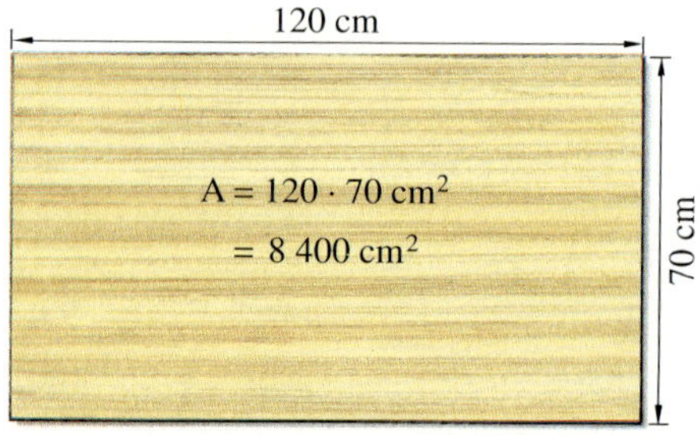

b) Eine gerade Straße von 2 km Länge ist 8 m breit. Um den Inhalt der Straßenfläche zu berechnen, müssen wir zuerst die Länge in m umrechnen: 2 km = 2 000 m.
$A = 2\,000 \cdot 8\,m^2 = 16\,000\,m^2 = 160\,a =$
$= 1\,ha\ 60\,a$.
Die Straßenfläche ist 1 ha 60 a groß.

c) Eine quadratische Fliese hat die Seitenlänge 15 cm. $A = 15 \cdot 15\,cm^2 = 225\,cm^2$
$= 2\,dm^2\ 25\,cm^2$. Die Fliesenfläche ist $2\,dm^2\ 25\,cm^2$ groß.

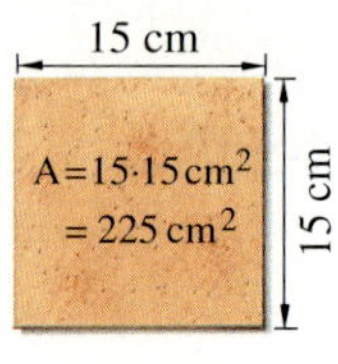

Beispiel 2: (Flächeninhalt ist bekannt)

a) Ein Rechteck hat den Flächeninhalt 560 cm^2 und ist 40 cm lang. Wie breit ist es?
Um die Breite b zu berechnen, müssen wir die Maßzahl des Flächeninhaltes durch die Maßzahl der Länge dividieren: b = (560 : 40) cm = 14 cm.
Das Rechteck ist 14 cm breit.

b) Ein 5 a großer, rechteckiger Bauplatz ist 20 m breit. Wie lang ist er?
Hier müssen wir zuerst den Flächeninhalt in m^2 umrechnen: 5 a = 500 m^2.

a = (500 : 20) m = 25 m.

Der Bauplatz ist 25 m lang.

Manchmal (z. B. wenn ein Grundstück eingezäunt wird) möchte man nicht nur wissen, wie groß eine Fläche ist, sondern auch, wie lang ihr Rand ist. Die Länge des Randes heißt **Umfang** der Fläche.
Für Rechtecke gilt:

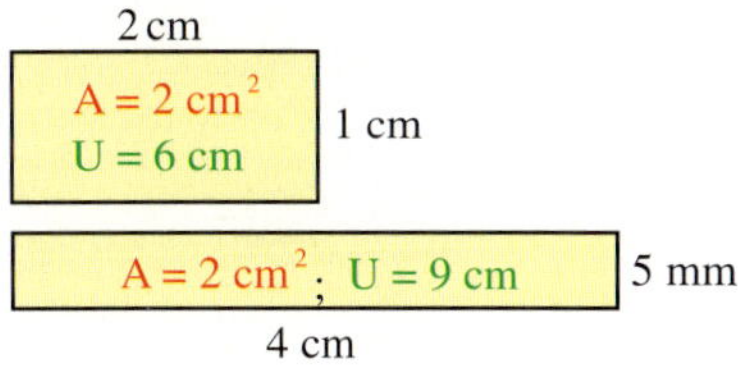

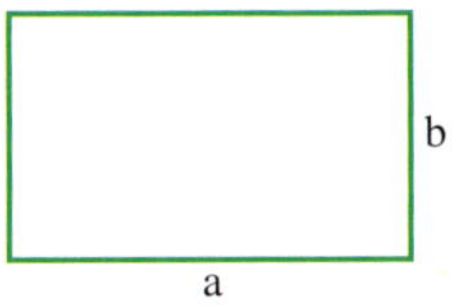

U = 2 · (a + b)

Der Umfang eines Rechtecks ist doppelt so groß wie Länge und Breite zusammen.

Flächeninhalt und Umfang berechnen

Benutze die Abkürzungen A für den Flächeninhalt und U für den Umfang.

2

Berechne Flächeninhalt und Umfang der Rechtecke mit den Seitenlängen

a) 8 cm; 4 cm
b) 5 cm; 3 cm
c) 9 mm; 7 mm
d) 5 dm; 6 dm
e) 6 m; 3 m
f) 8 km; 3 km
g) 5 m; 30 dm
h) 7 cm; 40 mm.

3

a) 4 dm; 15 cm
b) 8 cm; 25 mm
c) 120 cm; 3 dm
d) 37 dm; 9 cm
e) 3 km; 450 m
f) 34 mm; 3 dm
g) 45 m; 6 cm
h) 8 km; 12 m

4

Miss die Seitenlängen der Rechtecke. Bestimme ihren Flächeninhalt und Umfang.

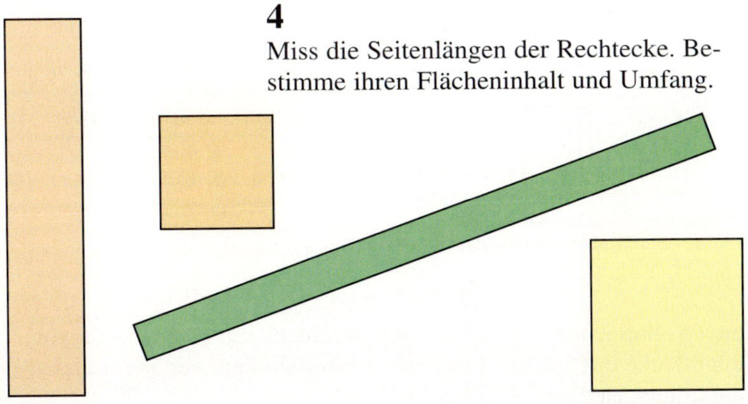

5

Berechne Flächeninhalt und Umfang eines Quadrats mit der Seitenlänge

a) 6 cm
b) 5 m
c) 10 km
d) 15 mm
e) 200 m
f) 1 m 8 cm.

6

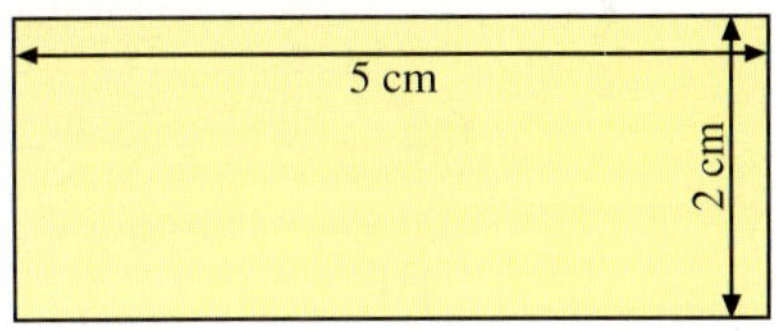

Wie ändert sich der Flächeninhalt dieses Rechtecks, wenn man

a) die lange Seite um 1 cm verkürzt
b) die lange Seite um 1 cm verlängert
c) die kurze Seite um 1 cm verlängert
d) die lange Seite um 1 cm verkürzt und die kurze Seite um 1 cm verlängert?

7

a) Zeichne drei verschiedene Rechtecke mit einem Flächeninhalt von 12 cm^2. Bestimme jeweils den Umfang.
b) Zeichne drei verschiedene Rechtecke mit einem Umfang von jeweils 20 cm. Bestimme für jedes Rechteck den Flächeninhalt.

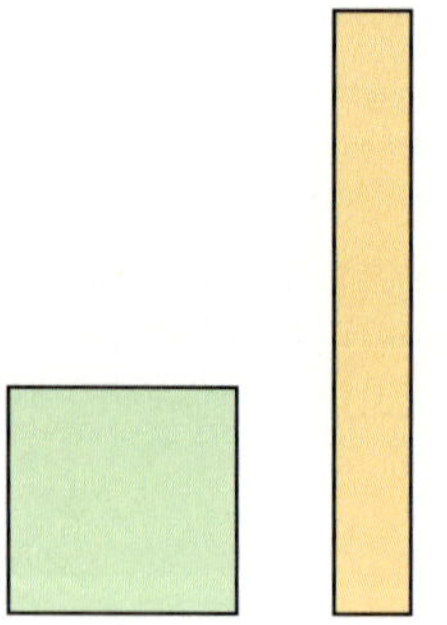

Mit der Größe einer Fläche meint man ihren Flächeninhalt, nicht ihren Umfang.

Zusammengesetzte Flächen

8

Berechne den Flächeninhalt und den Umfang der beiden Flächen.

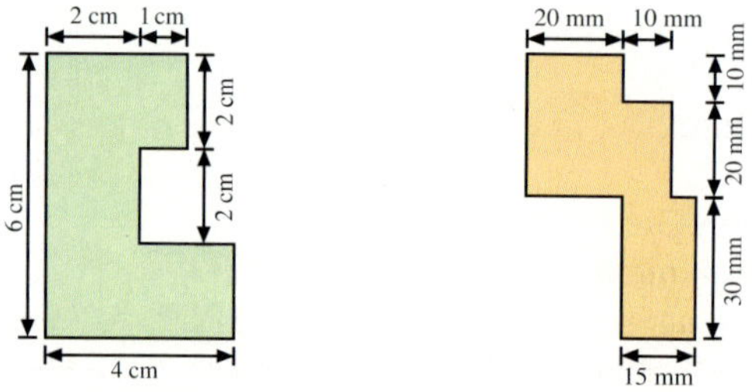

9

Dieser Lageplan ist im Maßstab 1 : 500 gezeichnet (1 cm im Plan sind 500 cm in Wirklichkeit). Wie groß ist der Bauplatz?

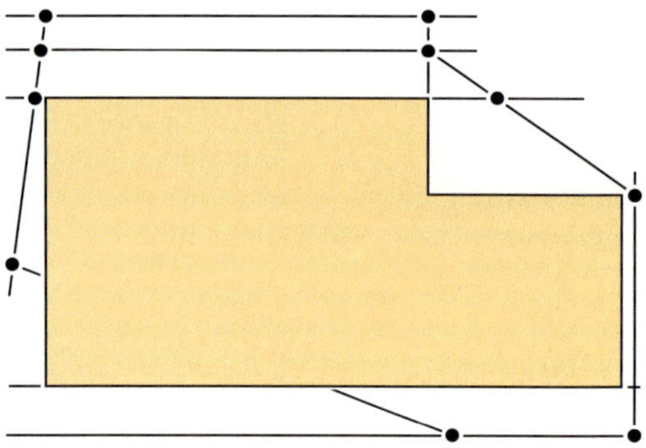

10

a) Berechne die Wohnfläche der einzelnen Zimmer.

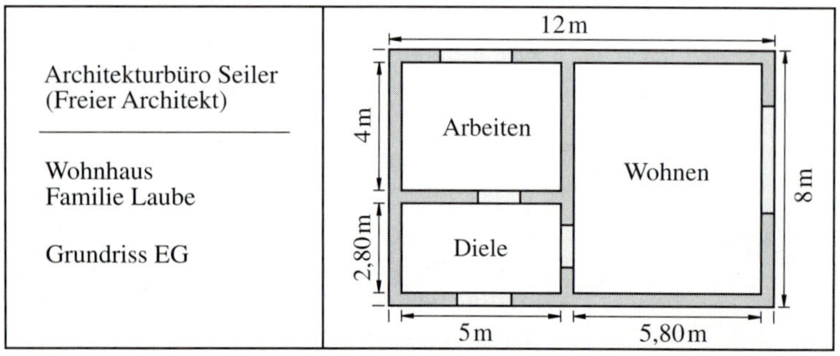

b) Wie groß ist die gesamte Wohnfläche? Vergleiche sie mit der Grundfläche des Hauses. Woher kommt der Unterschied?

Berechnen von Seitenlängen

11

Ein 12 cm langes Rechteck hat den Flächeninhalt

a) 108 cm²　　b) 240 cm².

Wie breit ist das Rechteck? Welchen Umfang hat es?

12

In der folgenden Tabelle ist von mehreren Rechtecken jeweils der Flächeninhalt A und die Länge a einer Seite angegeben. Berechne die Länge b der anderen Seite und den Umfang des Rechtecks.

A	40 cm²	189 dm²	6 a	4 ha
a	4 cm	9 dm	20 m	200 m

13

U ist der Umfang, a die Länge einer Seite eines Rechtecks. Berechne die Länge b der anderen Seite und den Flächeninhalt des Rechtecks.

U	80 cm	96 m	40 m	6 km
a	30 cm	28 m	5 cm	1 200 m

14

Übertrage die Tabelle in dein Heft und vervollständige sie.

a	4 cm	5 m		40 cm
b	3 dm		25 m	
A			10 a	2 m²
U		22 m		

15

a ist die Seitenlänge eines Quadrats. A ist der Flächeninhalt und U der Umfang. Berechne die zwei fehlenden Größen.

a) a = 8 cm　　b) a = 10 km
c) a = 5 dm　　d) U = 48 m
e) A = 64 cm²　　f) A = 121 m²
g) U = 128 m　　h) U = 1 m

16

Gibt es ein Rechteck mit einer Fläche von 1 m², aber einem Umfang von mehr als 2 km?

Aus dem Alltag

17
Ein 34 m langer und 21 m breiter Bauplatz wird für 185 DM pro m² angeboten. Wie groß ist der Platz und wie viel kostet er?

Halle
50 m x 30 m groß, mit Grünland und Weiden, für Pferdehaltung geeignet, bei Pforzheim zu vermieten.

Die Angabe 50 m × 30 m liest man: 50 m auf 30 m. Was bedeutet sie?

18
a) Berechne die Flächeninhalte folgender Spielfelder.

Hockey:	90 m × 55 m
Volleyball:	18 m × 9 m
Basketball:	26 m × 14 m.

b) Berechne die Länge der Außenlinien der einzelnen Spielfelder.

19
Eine 15 m lange und 12 m breite Rasenfläche soll angelegt werden. Für 1 m² Rasen benötigt man 50 g Samen. 1 kg Samen kostet 18,40 DM. Wie viel kostet der benötigte Samen?

20
Frau Braun will die sechs Türen ihrer Wohnung anstreichen, die alle 2 m hoch und 82 cm breit sind. Leider erhält sie nur Dosen, deren Inhalt für 12 m² reicht. Wie viel Dosen muss Frau Braun kaufen, wenn sie die Türen auf beiden Seiten jeweils zweimal streichen will?

21

Eine größere Tageszeitung hat 58 Seiten. Jede Seite hat die Maße 72 cm × 53 cm.
a) Welche Fläche könnte man mit der ausgebreiteten Zeitung bedecken?
b) Vor der Druckerei sollen die Zeitungsbogen im Schaukasten nebeneinander gehängt werden. Dabei soll alles zu lesen sein. Welche Fläche ist nötig?

22
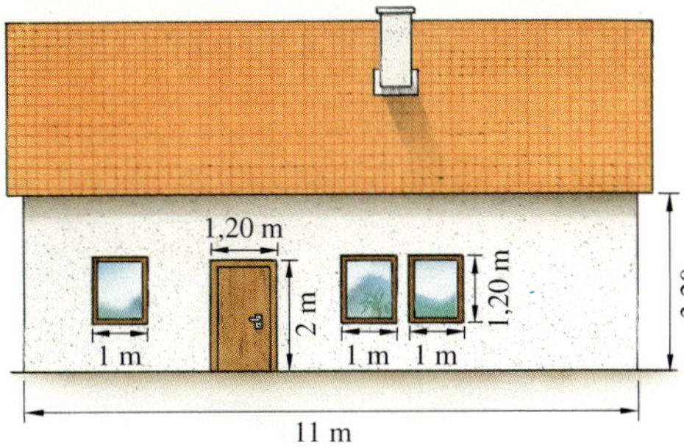

Herr Sauer will die Westseite seines Hauses mit Holz verkleiden. Mit welchen Kosten für das Haus muss er rechnen, wenn 1 m² Holz 25,50 DM kostet?

23
Die Veranda soll mit rechteckigen Platten gepflastert werden. Die Platten sind 25 cm lang und 12 cm breit. Ein Bund von 16 Stück kostet 19,20 DM. Wie viel kosten die Platten für die 4 m lange und 3 m breite Veranda?

24
Die Fensterfront eines Bungalows soll neu verglast werden. Sie besteht aus acht gleich großen Scheiben, jede ist 1 500 mm breit und 2 400 mm hoch.
a) Berechne den Flächeninhalt der gesamten Fensterfront.
b) Berechne die Länge der Leisten zum Einfassen der Scheiben (sie werden für innen und außen benötigt).
c) Für die Erneuerung der Scheiben ist 165 DM pro m² zu bezahlen. Wie viel DM kostet die gesamte Fensterfront?

25
Ein Landwirt baut auf einem 3 m breiten Streifen um seine Felder nichts an, damit Igel, Rebhühner und seltene Pflanzen hier leben können.
a) Wie viel Fläche verliert der Landwirt dadurch von einem quadratischen, ursprünglich 4 ha großen Feld?
b) Wie viel Fläche verliert er bei einem rechteckigen Feld von 80 × 500 m? Woher kommt der Unterschied?

4 Messen von Rauminhalten

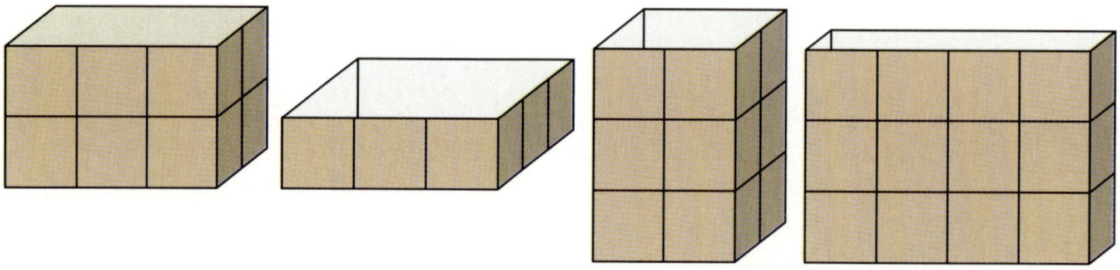

1
Von den vier Kisten ist die erste mit Sand gefüllt. Passt der Sand auch in die anderen Kisten?

Wenn zwei Körper in Würfel derselben Sorte unterteilt sind, kann man ihren Rauminhalt leicht vergleichen; wir brauchen nur die Würfel zu zählen.

> Besteht ein Körper z. B. aus 10 gleichen Würfeln, so sagen wir:
> Der Körper hat den **Rauminhalt** (das **Volumen**) 10 Würfelgrößen.
> 10 ist die **Maßzahl** zur **Raumeinheit** 1 Würfelgröße.

Beispiel 1:
Gerd hat aus Holz vier Körper gebastelt. Jeder besteht aus 7 gleichen Würfeln. Also haben alle denselben Rauminhalt.

Was gehört zusammen?

Beispiel 2:
Das Volumen eines unregelmäßig geformten Steines kann man zunächst nicht durch Zählen von Würfeln bestimmen.
Dies gelingt aber, wenn man ihn in ein geeignetes Gefäß mit Wasser eintaucht. Der abgebildete Stein hat das Volumen 6 Würfelgrößen.

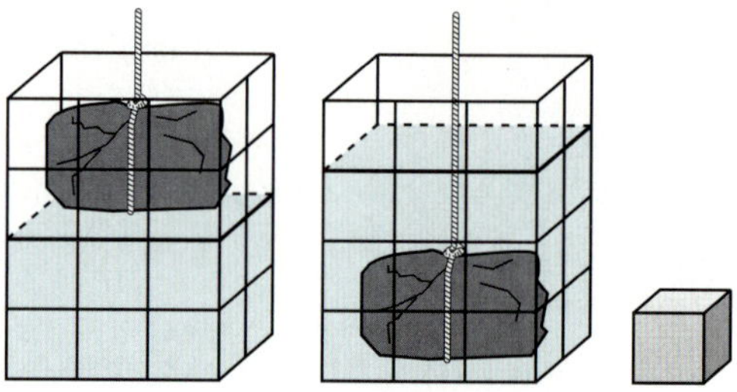

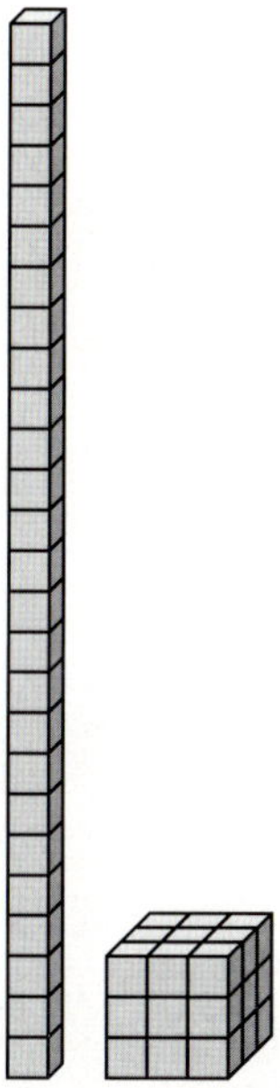

Der linke Körper ist kleiner als der rechte.

2

Aus wie vielen Würfeln sind die Körper zusammengesetzt?
Welcher Körper hat den größten Rauminhalt?

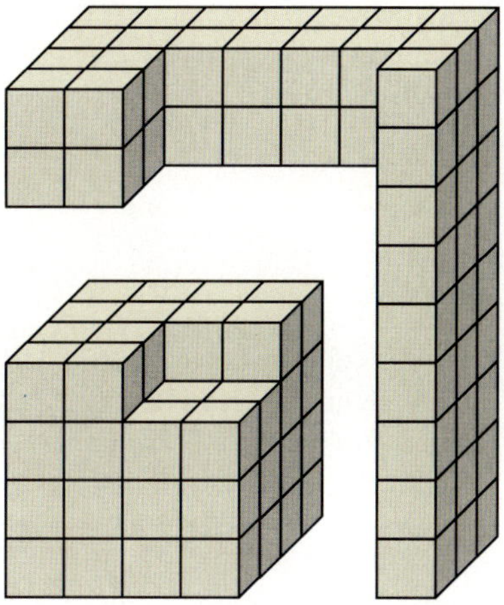

3

Peters Spielwürfel haben die Kantenlänge 3 cm. Welche Kisten sind zum Aufräumen geeignet, wenn er keine leeren Zwischenräume haben will?

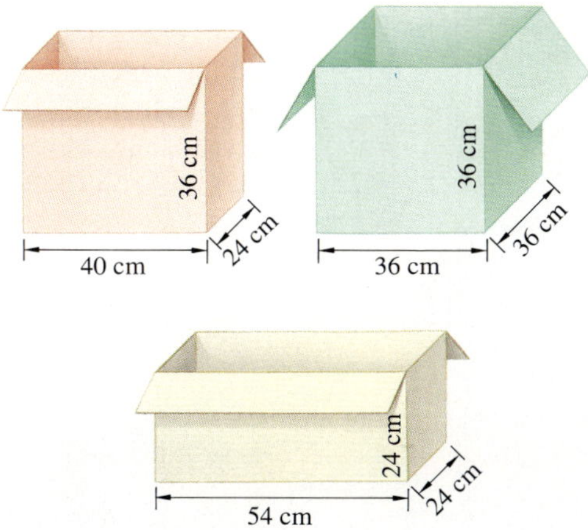

4

Ingrid richtet an ihrem Geburtstag für ihre Freundinnen das Abendbrot. Sie möchte die Butter in gleiche Würfel schneiden. Welche Kantenlänge hat ein Würfel höchstens? Wie viele davon gibt es?

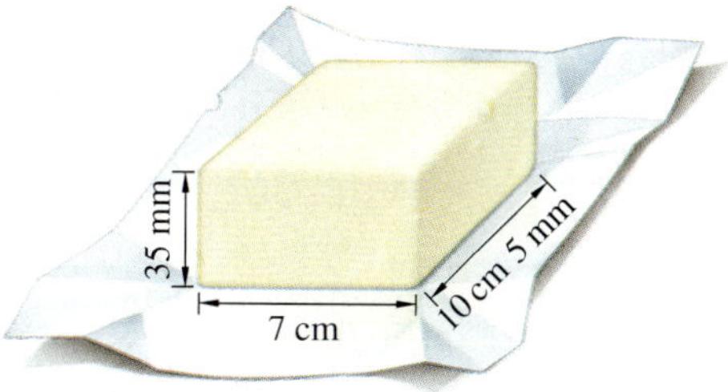

5

Welcher Würfel ist zur Hälfte (weniger als zur Hälfte; mehr als zur Hälfte) mit kleinen Würfeln gefüllt?

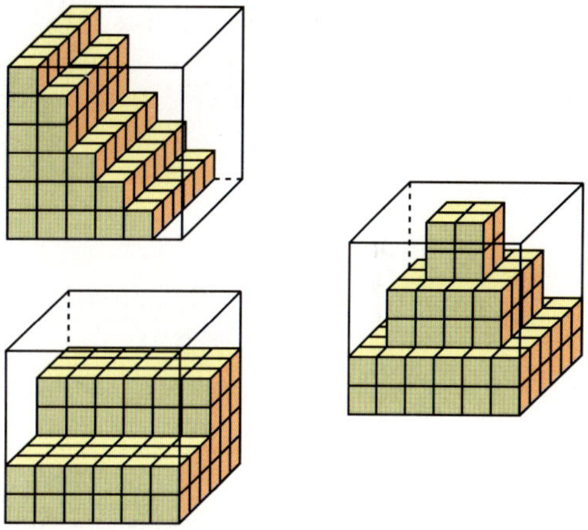

6

Vergleiche die Rauminhalte der Körper und ordne sie nach der Größe.

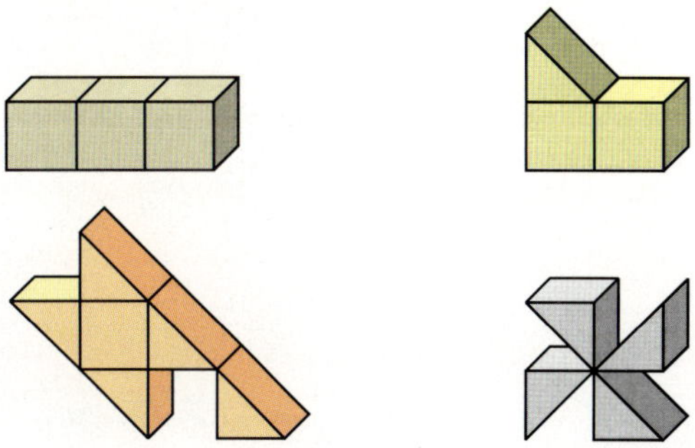

5 Maßeinheiten bei Rauminhalten

1
Ein Verwandter von Kaiser Napoleon soll regelmäßig in Rotwein gebadet haben. Schätze, wie viel Flaschen dazu jeweils geleert werden mussten.

2
Wie viele Würfel der kleinen Sorte kann man aus dem Käse schneiden?

Im Alltag gibt man Rauminhalte je nach der Größe der Körper in verschiedenen Einheiten an. Diese Raumeinheiten sind die Rauminhalte von Würfeln.

Hat ein Würfel die Kantenlänge	so heißt sein Rauminhalt
1 mm	**1 mm^3** (lies: Kubikmillimeter oder Millimeter hoch drei)
1 cm	**1 cm^3** (lies: Kubikzentimeter oder Zentimeter hoch drei)
1 dm	**1 dm^3** (lies: Kubikdezimeter oder Dezimeter hoch drei)
1 m	**1 m^3** (lies: Kubikmeter oder Meter hoch drei)

Bemerkung: Bei Flüssigkeiten sagt man statt Kubikdezimeter auch „Liter“. Es ist also 1 dm^3 = 1 *l*.

Beispiel 1:
a) Ein Wassertropfen hat etwa den Rauminhalt 1 mm^3.

b) Ein Spielwürfel ist etwa 1 cm^3 groß.
c) Eine Milchflasche enthält 1 *l* (oder 1 dm^3) Milch.
d) 1 m langes Holz auf einem Stapel von 1 m Länge und 1 m Breite ergibt 1 m^3.

Wenn wir zwei Rauminhalte vergleichen wollen, müssen wir dieselbe Einheit verwenden. Dazu rechnen wir die größere Einheit in die kleinere um.
An dem Bild erkennen wir:

$1\,dm^3 = 1\,000\,cm^3$

Entsprechend gilt:

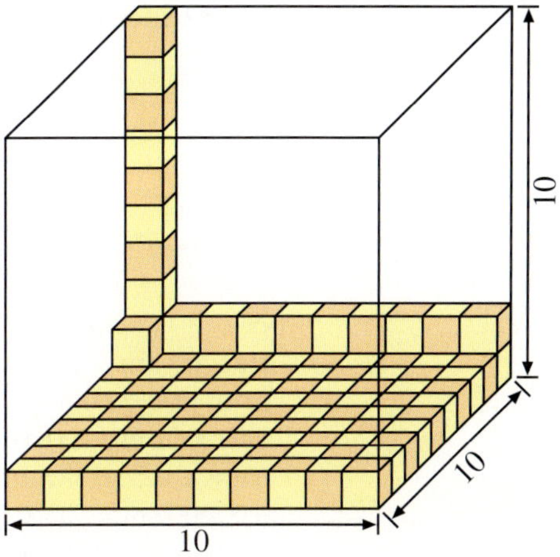

Manchmal benützt man auch noch 1 ml (Milliliter) = 1 cm³ und 1 hl (Hektoliter) = 100 l.

$1\,m^3 = 1\,000\,dm^3$
$1\,dm^3 = 1\,000\,cm^3$
$1\,cm^3 = 1\,000\,mm^3$

Das **1000fache** einer Einheit ergibt die nächstgrößere Einheit.

Längeneinheiten: Umrechnungszahl 10.
Flächeneinheiten: Umrechnungszahl 100.
Raumeinheiten: Umrechnungszahl 1000.

Beachte: Bei Längen ergibt das 10fache einer Einheit die nächstgrößere Einheit, bei Flächen das 100fache: Es ist $10\,cm = 1\,dm$, $100\,cm^2 = 1\,dm^2$.
Dagegen ergibt bei Rauminhalten erst das 1000fache die nächstgrößere Einheit: $1\,000\,cm^3 = 1\,dm^3$.

Beispiel 2:

a) $3\,000\,mm^3 = 3\,cm^3$ b) $7\,l = 7\,dm^3 = 7\,000\,cm^3$ c) $6\,500\,dm^3 = 6\,m^3\,500\,dm^3$
d) $2\,dm^3\,41\,cm^3 = 2\,041\,cm^3$ e) $20\,m^3\,7\,dm^3 = 20\,007\,dm^3$

Rauminhalte schätzen und bestimmen

3

Welche Einheit kommt dem Rauminhalt der abgebildeten Gefäße am nächsten?

4

Hier stimmt etwas nicht. Ordne die Rauminhalte richtig zu.

Klassenzimmer	$60\,dm^3$
Arzneifläschchen	$2\,500\,m^3$
Aktenkoffer	$20\,ml$
Eine Scheibe Brot	$25\,mm^3$
Freischwimmbecken	$100\,cm^3$
Tablette	$240\,m^3$

5

Bei der Planung eines Hauses stellt der Architekt eine Liste der auszuführenden Arbeiten auf. Ergänze die Angaben.

Teppichboden	46 ....
Dachrinne	18 ....
Erdaushub	170 ....
Fenster	22 ....

6

Die Kanten der Würfel sind 1 cm lang. Bestimme die Rauminhalte der Körper.

Umrechnen von Raumeinheiten

7

Rechne um

a) in dm^3: $30\,m^3$; $175\,m^3$; $128\,000\,m^3$

b) in cm^3: $5\,dm^3$; $35\,dm^3$; $230\,dm^3$

c) in mm^3: $2\,cm^3$; $42\,cm^3$; $200\,cm^3$.

8

Rechne um

a) in m^3: $32\,000\,dm^3$; $70\,000\,dm^3$; $240\,000\,dm^3$; $1\,000\,000\,dm^3$

b) in dm^3: $4\,000\,cm^3$; $50\,000\,cm^3$; $310\,000\,cm^3$; $2\,000\,000\,cm^3$

c) in cm^3: $2\,000\,mm^3$; $240\,000\,mm^3$.

9

Schreibe in der Einheit 1 *l*:

a) $2\,m^3$	b) $40\,m^3$	c) $70\,dm^3$
d) 9 h*l*	e) 7 000 m*l*	f) 20 h*l*.

19 g Gold 19 g Kork

10

Es ist $2\,750\,l = 2\,m^3\;750\,l$. Rechne entsprechend um.

a) $6\,400\,dm^3$	b) $3\,478\,cm^3$
c) $10\,800\,mm^3$	d) $20\,010\,cm^3$
e) 6 740 m*l*	f) 44 400 *l*

11

Verwandle in die kleinere Einheit und addiere.

a) $23\,cm^3 + 750\,mm^3$

b) $72\,dm^3 + 50\,cm^3$

c) $3\,m^3 + 3\,300\,l$

d) $860\,ml + 2\,l$

e) $2\,dm^3 + 470\,cm^3 + 4\,100\,cm^3$

f) $3\,m^3 + 45\,000\,cm^3 + 67\,dm^3$

12

Es ist $17\,cm^3 \cdot 4 = 68\,cm^3$. Berechne entsprechend.

a) $21\,cm^3 \cdot 8$	b) $33\,l \cdot 33$
c) $4\,000\,cm^3 \cdot 1\,000$	d) $4\,mm^3 \cdot 1\,000\,000$

13

Es ist $200\,dm^3 : 5 = 40\,dm^3$. Berechne entsprechend.

a) $600\,cm^3 : 12$	b) $550\,m^3 : 11$
c) $84\,m^3 : 7$	d) $2\,m^3\;400\,dm^3 : 8$
e) $2\,dm^3\;80\,cm^3 : 4$	f) $3\,m^3\;6\,dm^3 : 9$

Aus dem Alltag

14

Ein würfelförmiger Behälter mit der Kantenlänge 1 m soll mit Wasser gefüllt werden.

a) Wie viele h*l* Wasser passen in den Behälter hinein?

b) Wie viele Eimer mit 10 Liter braucht man?

15

Ein Kasten Mineralwasser enthält 12 Flaschen mit je 750 m*l*; ein Kasten Bier 20 Flaschen mit je 500 m*l*.

Wie viel Liter sind es jeweils?

16

In einer süddeutschen Gemeinde verbraucht eine Person am Tag durchschnittlich 140 Liter Wasser.

a) Wie viel Kubikmeter Wasser müssen täglich bei einer Einwohnerzahl von 12 500 bereitgestellt werden?

b) Wie hoch ist der Jahresverbrauch eines Vierpersonenhaushaltes?

c) Berechne die Kosten für diesen Vierpersonenhaushalt, wenn $1\,m^3$ Wasser 5,60 DM kostet.

17

$1\,cm^3$ Kork wiegt 200 mg, und $1\,cm^3$ Gold wiegt 19 g.

a) Wie viel wiegt jeweils $1\,dm^3$?

b) Wie viel Kubikzentimeter Kork (Wasser) wiegen so viel wie $1\,cm^3$ Gold?

18

Eine Großrakete verbraucht nach dem Start in den ersten 2,5 Flugminuten rund $360\,m^3$ Treibstoff.

Wie viel verbraucht sie in jeder Sekunde während dieser Zeit?

19

Auf einem Bauplatz werden $216\,m^3$ Erde ausgehoben.

Wie viel Mal muss ein Lkw mit $8\,m^3$ Fassungsvermögen fahren, um die Erde abzutransportieren?

6 Rauminhalte von Quadern

Warum gibt es keine Würfelzuckerpackungen mit 43 (oder 47 oder 53) Zuckerstückchen?

1

Wie viele Zuckerstückchen sind in der Packung?

Der Quader in Fig. 1 ist 5 cm lang, 4 cm breit und 3 cm hoch. Um herauszufinden, wie viele cm-Würfel in diesen Quader hineinpassen, können wir ihn folgendermaßen zerlegen: Den Quader in 3 Schichten, jede Schicht in 4 Balken, jeden Balken in 5 Würfel.
Jede Schicht hat 4 Balken zu 5 Würfeln, also $4 \cdot 5$ Würfel. Der ganze Quader enthält somit $3 \cdot 4 \cdot 5$ Zentimeterwürfel. Er hat den Rauminhalt $3 \cdot 4 \cdot 5\,\text{cm}^3 = 60\,\text{cm}^3$.

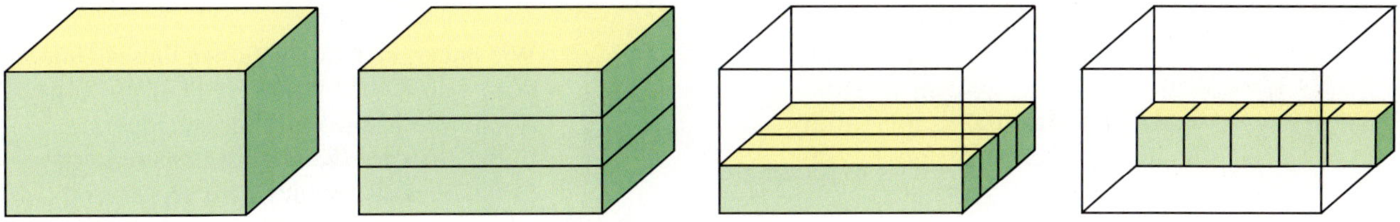

Um den **Rauminhalt eines Quaders** zu erhalten, bestimmen wir zunächst seine Länge, Breite und Höhe in der gleichen Längeneinheit. Dann multiplizieren wir die Maßzahlen und versehen das Produkt mit der zugehörigen Raumeinheit.
Kurz: Rauminhalt = Länge mal Breite mal Höhe.

Quader

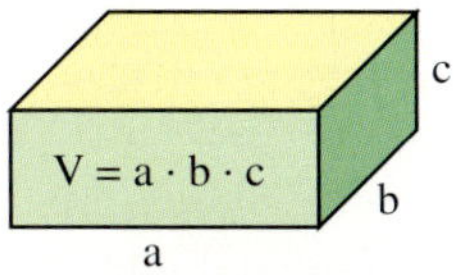

V wegen Volumen

Würfel

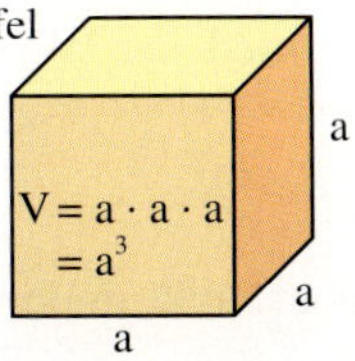

Beispiel 1: (Rauminhalt gesucht)
a) Eine quaderförmige Kiste ist 80 cm lang, 50 cm breit und 25 cm hoch.
Ihr Rauminhalt beträgt
$80 \cdot 50 \cdot 25\,\text{cm}^3 =$
$= 100\,000\,\text{cm}^3 =$
$= 100\,\text{dm}^3$.
Bemerkung: Im Alltag schreibt man
statt $80 \cdot 50 \cdot 25\,\text{cm}^3$
auch $80\,\text{cm} \cdot 50\,\text{cm} \cdot 25\,\text{cm}$.

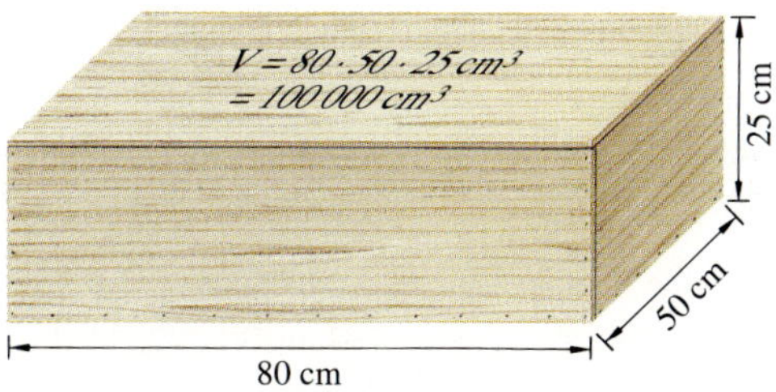

b) Ein Holzbalken ist 3 m lang, 1 dm breit und 16 cm hoch. Um den Rauminhalt zu berechnen, wandeln wir Länge und Breite in cm um: 3 m = 300 cm, 1 dm = 10 cm.
$V = 300 \cdot 10 \cdot 16\,\text{cm}^3 = 48\,000\,\text{cm}^3 = 48\,\text{dm}^3$. Der Balken hat das Volumen $48\,\text{dm}^3$.
c) Ein würfelförmiger Wassertank hat die Kantenlänge 12 dm.
$V = 12 \cdot 12 \cdot 12\,\text{dm}^3 = 1\,728\,\text{dm}^3 = 1\,728\,l$. Der Tank hat das Volumen $1\,728\,\text{dm}^3$.

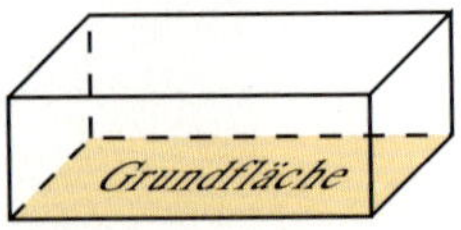

Beispiel 2: (Rauminhalt gegeben)

a) Ein Quader ist 20 cm lang, 15 cm breit und hat den Rauminhalt 2 400 cm^3.
Wie hoch ist er?
Wegen $V = a \cdot b \cdot c$ können wir schreiben:

$$2400 = 20 \cdot 15 \cdot c$$
$$= 300 \cdot c.$$

Darin bedeutet 300 die Maßzahl der Grundfläche. Um die Höhe zu berechnen, müssen wir 2 400 durch 300 dividieren:

$$c = 2\,400 : 300$$
$$= 8.$$

Der Quader ist 8 cm hoch.

b) Ein rechteckiger Platz ist 3 a groß. Er soll gleichmäßig mit 60 m^3 Sand bedeckt werden. Wie hoch wird die Sandschicht?
Zuerst geben wir die Grundfläche in m^2 an: 3 a = 300 m^2. Nun müssen wir den Rauminhalt durch die Grundfläche dividieren. Das ist erst möglich, wenn wir den Rauminhalt in dm^3 und die Grundfläche in dm^2 umrechnen. Dann gilt für die Maßzahl c der Höhe:

$$c = 60\,000 : 30\,000 = 2.$$

Die Sandschicht wird 2 dm hoch.

Berechnen von Rauminhalten und Oberflächen

2

Berechne die Rauminhalte der Quader mit den Kantenlängen

a) 12 cm, 8 cm, 40 cm
b) 12 m, 12 m, 18 m
c) 2 dm, 24 cm, 6 dm
d) 13 cm, 24 mm, 2 dm.

3

Berechne jeweils den Rauminhalt und die Oberfläche des Quaders.

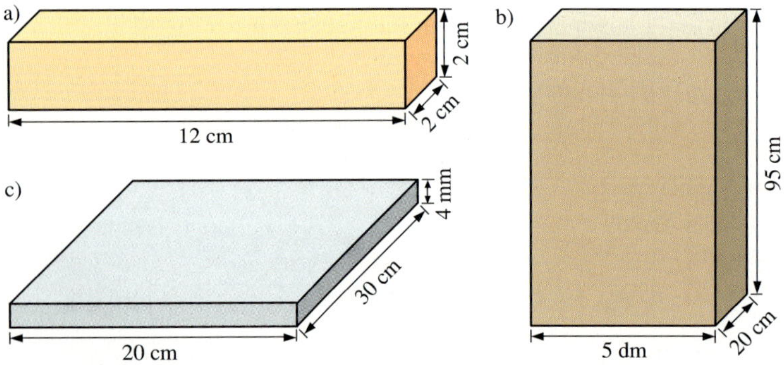

4

Berechne Rauminhalt und Oberfläche der Quader.

	a)	b)	c)	d)	e)
Länge	4 m	2 km	7 cm	2 mm	10 km
Breite	9 m	2 km	45 cm	17 cm	2 m
Höhe	6 dm	2 km	8 dm	5 m	50 dm

5

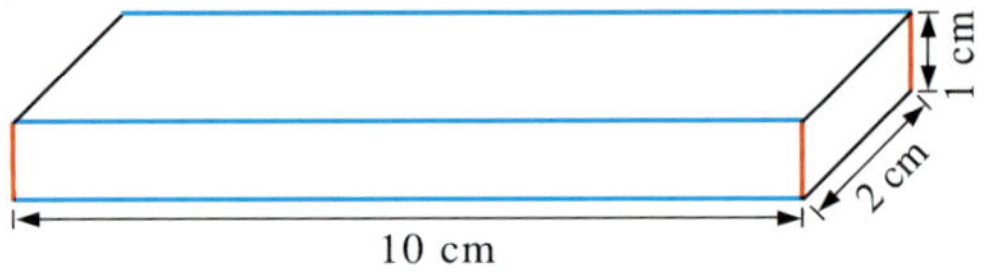

Wie ändert sich das Volumen dieses Quaders, wenn man
a) die rote Kante um 1 cm verlängert
b) die schwarze Kante um 1 cm verkürzt
c) die blaue Kante um 1 cm verkürzt?

6

Wie ändert sich das Volumen eines Würfels, wenn man
a) eine Kante
b) alle Kanten verdoppelt?

7

Berechne den Rauminhalt der Quader.

	a)	b)	c)	d)
Grundfläche	16 m^2	140 cm^2	2 a	6 km^2
Höhe	8 m	3 dm	3 m	12 m

8

Ein Quader ist 8 cm lang, 6 cm breit und 5 cm hoch. Für seinen Rauminhalt gilt:
$V = 8 \cdot 6 \cdot 5\,cm^3$.
Das Produkt kann in verschiedener Weise berechnet werden:

$$V = (8 \cdot 6) \cdot 5\,cm^3 = 8 \cdot (6 \cdot 5)\,cm^3$$
$$= (8 \cdot 5) \cdot 6\,cm^3.$$

Was bedeutet jeweils das Produkt in der Klammer?

Zusammengesetzte Körper

9
Berechne den Rauminhalt der Körper. Zerlege sie dazu in geeignete Quader.

a)

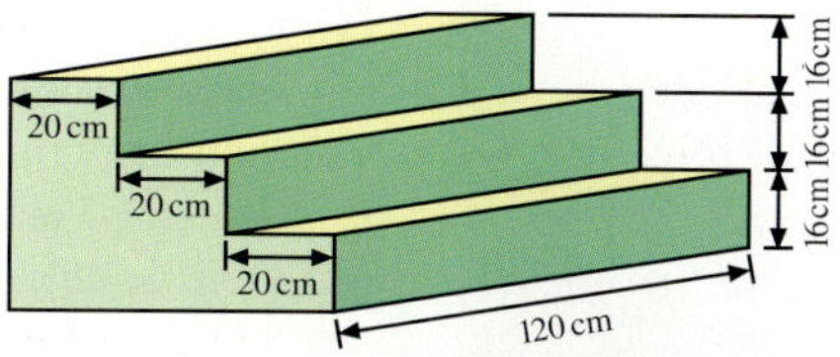

b)

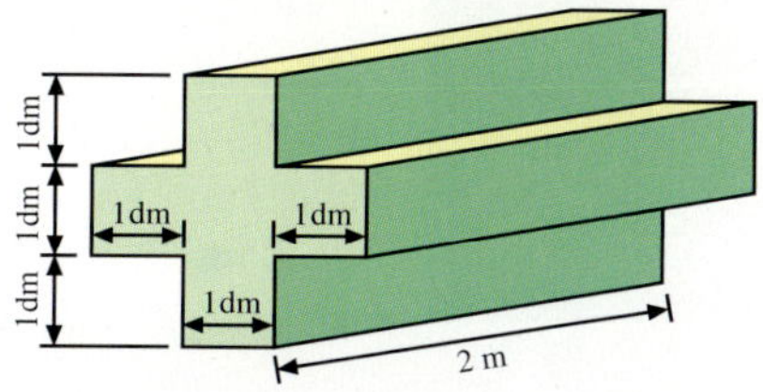

10

Schornsteine werden aus besonderem Beton gegossen.
a) Wie viel Beton braucht man pro Stein?
b) Wie viel Beton braucht man für einen 7 m 20 cm hohen Schornstein?

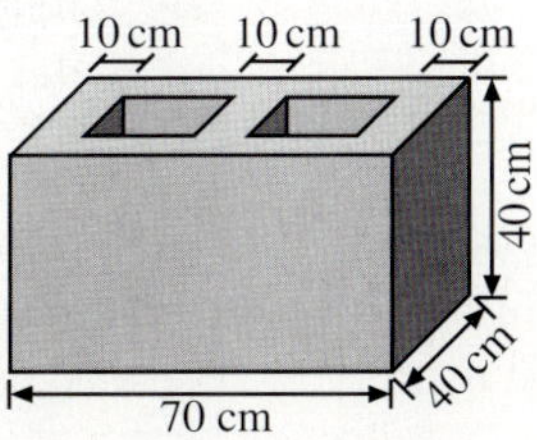

Berechnen von Kantenlängen

11
Ein Quader ist 4 cm breit und 15 cm lang. Er hat einen Rauminhalt von 180 cm³. Wie hoch ist er?

12
Hier kennt man von einem Quader jeweils die Länge und Breite und das Volumen. Berechne die Höhe.

	a)	b)	c)
Länge	6 m	17 cm	1 m 4 cm
Breite	11 m	5 mm	8 dm
Volumen	330 m³	17 cm³	24 960 cm³

13
Ergänze die fehlenden Größen eines Quaders.

	a)	b)	c)
Länge	120 cm	6 km	
Breite			113 mm
Höhe	4 cm	1 dm	2 cm
Volumen	36 dm³	6 000 m³	31 640 mm³

14
Berechne die Kantenlänge eines Würfels mit dem Volumen
a) 8 m³ b) 125 cm³ c) 1 dm³ 331 cm³.

15
Gitte hat 11 Fische. Jeder sollte 20 Liter Wasser zur Verfügung haben. Bis zu welcher Höhe muss sie ihr Aquarium mindestens mit Wasser füllen?

Aus dem Alltag

16

Ein Tanklöschwagen hat einen Wassertank mit den Maßen 180 cm × 2 m × 2 m.

a) Wie viel Liter Wasser hat er dabei?

b) Wie viel wiegt das Wasser?

c) Nach fünf Minuten ist der Tank leer. Wie viel wurde in jeder Sekunde verspritzt?

1 l Wasser wiegt 1 kg.

17

Nach einem schweren Unwetter ist der Keller von Herrn Witt überschwemmt. Das Wasser steht in dem 8 m 40 cm langen und 7 m 80 cm breiten Keller 15 cm hoch.

a) Wie viel *l* Wasser sind im Keller?

b) Die Pumpe von Herrn Witt schafft in einer Minute 27 *l*. Wie lange dauert das Leerpumpen des Kellers?

18

Eine Straße von 8 km Länge und 6 m 50 cm Breite erhält eine neue Schotterdecke und darüber eine Teerschicht.

Aufbau der Straße

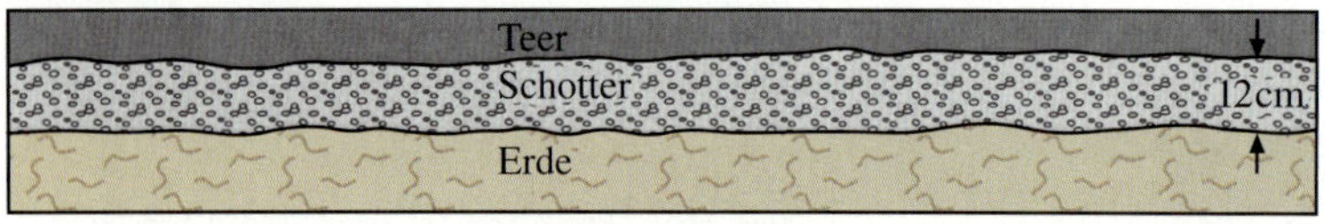

a) Wie viel m³ Schotter braucht man?

b) Eine Tonne Teer reicht für 100 m² Straßendecke. Wie viel Tonnen braucht man zum Teeren der Straße?

19

Frau Heimer möchte ihren Garten im Herbst 5 cm dick mit Rindenmulch bedecken. Der Garten hat eine Fläche von 1 a. Wie viel Kubikmeter muss sie bestellen?

20

Ein Klassenraum ist 9 m lang, 7 m 50 cm breit und 3 m 40 cm hoch. Für jeden Schüler sollen 6 m³ Luft zur Verfügung stehen. Wie viele Schüler dürfen höchstens in diesem Klassenzimmer unterrichtet werden?

21

Ein Streichholz ist 4 cm lang, 2 mm breit und 2 mm hoch.

a) In einer Schachtel mit den Kantenlängen 5 cm, 3 cm und 1 cm befinden sich 50 Stück. Wie viel „Luft“ ist in der Schachtel?

b) Wie viele Streichhölzer kann man aus 1 m³ Holz herstellen, wenn man den Abfall nicht berücksichtigt?

22

In Stonehenge in Südengland haben vor vielen tausend Jahren Menschen riesige Steinblöcke zusammengestellt.
Wie viel wiegt ein 3 m langer, 1 m 20 cm breiter und 80 cm hoher Steinblock, wenn 1 dm³ des Steines 2 500 g wiegt?

7 Vermischte Aufgaben

Flächeninhalte

1
Übertrage die Figuren in dein Heft und bestimme ihren Flächeninhalt. Vier Karos haben den Flächeninhalt 1 cm².

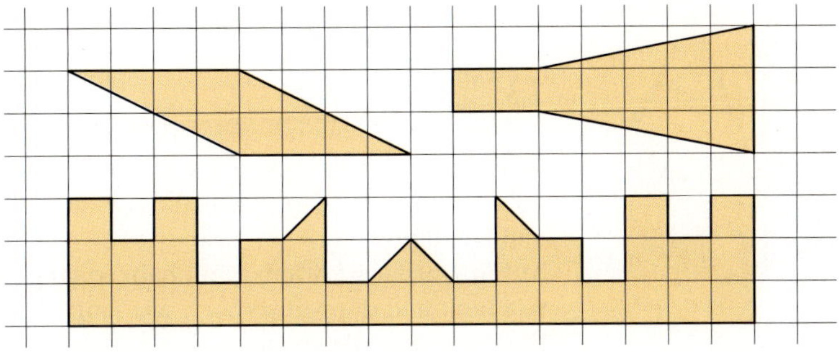

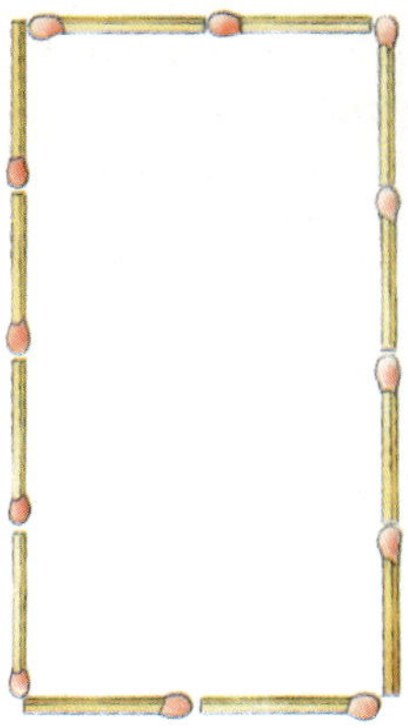

2
Lege 12 Streichhölzer so aneinander, dass sie ein Rechteck bilden. Auf wie viele Arten ist das möglich? Zeichne die verschiedenen Rechtecke in dein Heft (wähle 1 cm für eine Streichholzlänge). Welches dieser umfanggleichen Rechtecke hat den größten Flächeninhalt? Mit welcher Flächeneinheit hast du gerechnet?

3
Schreibe in der Einheit, die in der Klammer steht.

a) $4\,m^2$ (dm^2) b) $7\,a$ (m^2)
c) $1\,000\,mm^2$ (cm^2) d) $20\,ha$ (m^2)
e) $10\,km^2$ (ha) f) $4\,km^2$ (m^2)
g) $2\,m^2\ 4\,dm^2\ 4\,cm^2$ (cm^2)

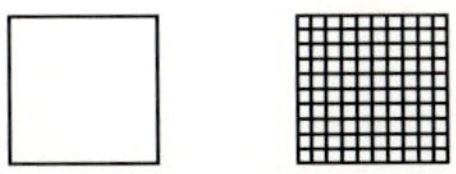

$1\,cm^2 = 100\,mm^2$

4
Welche Fläche ist größer? Wandle zuerst in eine gemeinsame Einheit um und setze dann eines der Zeichen < oder >.

a) $230\,m^2$ — $2\,a$
b) $4\,300\,cm^2$ — $40\,m^2$
c) $5\,a\ 64\,m^2$ — $999\,m^2$
d) $100\,000\,m^2$ — $100\,ha$
e) $6\,dm^2\ 33\,cm^2$ — $41\,500\,mm^2$
f) $1\,km^2\ 1\,ha$ — $1\,000\,ha$

5
In der folgenden Tabelle bedeuten l die Länge, b die Breite, A den Flächeninhalt, U den Umfang eines Rechtecks.
Übertrage die Tabelle in dein Heft und ergänze sie.

	a)	b)	c)	d)
l:	11 cm	15 dm		13 m
b:	7 cm		7 m	
A:		45 dm²	140 m²	
U:				50 m

	e)	f)	g)	h)
l:		21 cm	14 cm	
b:	15 dm	21 cm		24 cm
A:				
U:	324 cm		196 cm	8 dm

6
Zeichne in ein Gitter (Längeneinheit 1 cm) ein Viereck mit den Ecken A, B, C, D und bestimme seinen Flächeninhalt.

a) A(1|0), B(6|0), C(1|4), D(6|4)
b) A(4|0), B(6|2), C(4|4), D(2|2)
c) A(0|0), B(4|2), C(4|5), D(0|3)
d) A(1|0), B(5|0), C(8|3), D(4|3)
e) A(2|0), B(4|1), C(2|4), D(0|1).

7
Zeichne die folgenden Flächen auf kariertes Papier und schneide sie aus.
Jede der Flächen kann man durch einen geraden Schnitt so in zwei Teile zerlegen, dass man diese zu einem Quadrat zusammensetzen kann.
Schaffst du's?

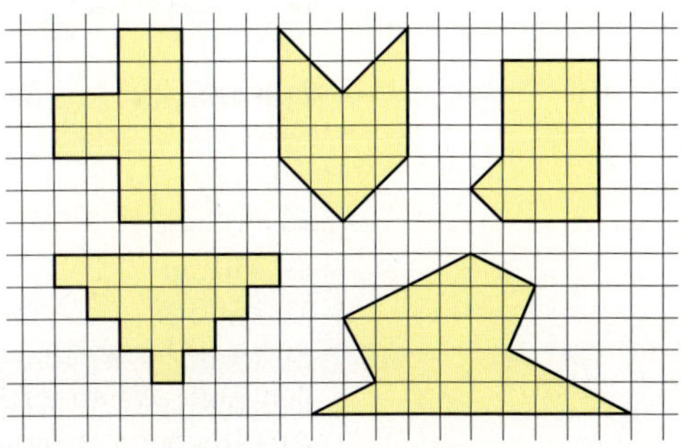

Rauminhalte

8
Bestimme die Rauminhalte dieser Körper.

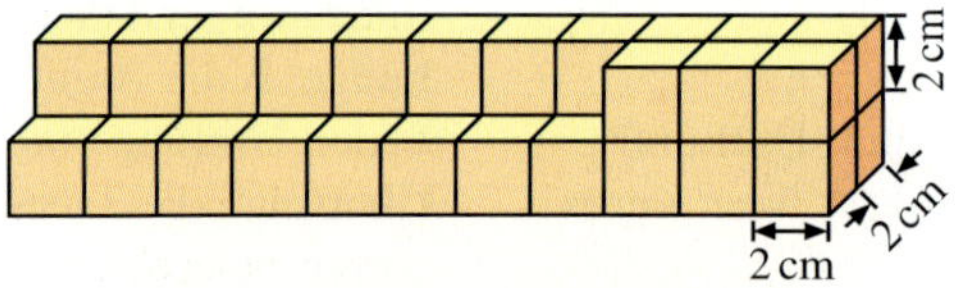

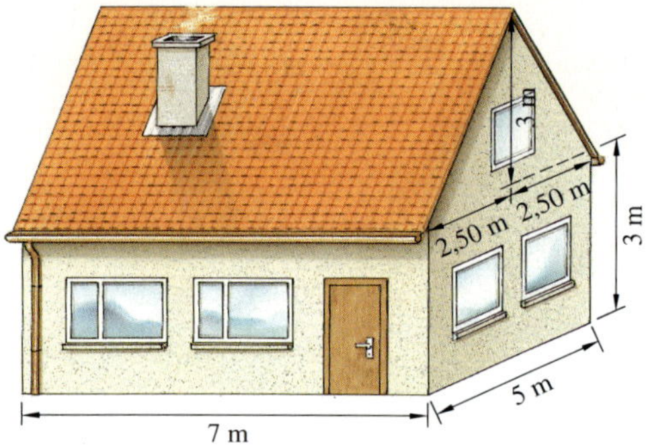

9
Schreibe in der Einheit, die in der Klammer steht.

a) $6\,\text{m}^3$ (dm^3)
b) $12\,\text{m}^3$ (l)
c) $7\,\text{dm}^3$ (cm^3)
d) $10\,l$ (cm^3)
e) $1\,\text{dm}^3\ 300\,\text{cm}^3$ (mm^3)
f) $100\,l\ 150\,\text{cm}^3$ (mm^3)

10
Welcher Rauminhalt ist größer?
Wandle zunächst in eine gemeinsame Maßeinheit um und setze dann eines der Zeichen $<$ oder $>$.

a) $790\,\text{dm}^3$ $8\,\text{m}^3$
b) $30\,600\,l$ $3\,\text{m}^3$
c) $67\,\text{dm}^3$ $42\,900\,\text{cm}^3$
d) $360\,800\,\text{mm}^3$ $1\,l$
e) $788\,l$ $12\,\text{h}l$
f) $12\,\text{m}^3$ $7\,533\,298\,\text{cm}^3$

11
Berechne.

a) $350\,\text{cm}^3 \cdot 12$
b) $68\,\text{dm}^3 : 40$
c) $7\,\text{m}^3 : 28$
d) $4\,l : 125$
e) $45\,\text{dm}^3 + 670\,\text{cm}^3$
f) $5\,690\,l + 2\,\text{m}^3\ 470\,l$
g) $456\,\text{mm}^3 + 3\,\text{cm}^3 + 4\,\text{cm}^3\ 10\,\text{mm}^3$

12
In der folgenden Tabelle bedeuten: l die Länge, b die Breite, h die Höhe, V den Rauminhalt und O die Oberfläche eines Quaders. Berechne die fehlenden Größen.

	a)	b)	c)	d)
l	140 cm	80 cm	6 dm	
b	50 cm	20 cm		1 dm
h	15 cm		15 cm	4 cm
V		$8\,\text{dm}^3$	$9\,l$	$60\,\text{m}l$
O				

13
a) Ein Quader hat eine quadratische Grundfläche und eine Höhe von 2 m 40 cm. Sein Volumen beträgt $864\,\text{dm}^3$. Wie lang und wie breit ist er?
b) Ein Quader ist 80 cm breit, halb so lang wie breit und doppelt so hoch wie lang. Berechne sein Volumen.
c) Ein Quader ist 2 m hoch und dreimal so lang wie breit. Sein Volumen beträgt $6\,\text{m}^3$. Berechne Länge und Breite.

14
Wie ändert sich der Rauminhalt eines Quaders, wenn man seine Länge verdoppelt (Länge und Breite verdoppelt; Länge, Breite und Höhe verdoppelt)?

15
Dieser Quader hat die Oberfläche $160\,\text{cm}^2$ und zwei Kanten der Länge 10 cm und 2 cm. Wie lang ist die andere Kante?

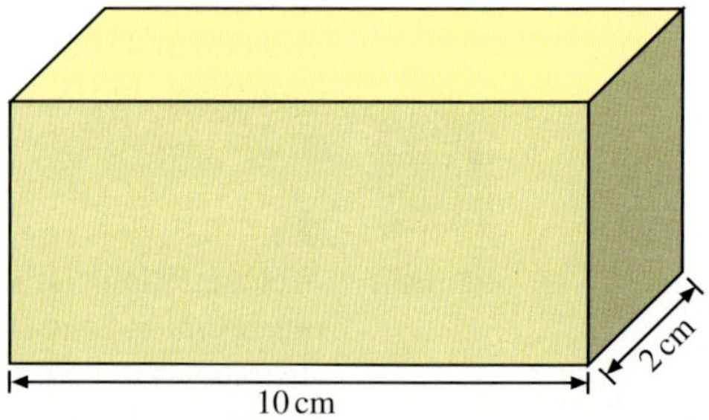

16
Zeichne das Schrägbild eines Würfels
a) mit dem Rauminhalt $27\,\text{cm}^3$
b) mit der Oberfläche $24\,\text{cm}^2$.

Aus dem Alltag

17

Neuerdings gibt es die Möglichkeit, statt runder auch quaderförmige Großballen zu pressen.
a) Warum sind die quaderförmigen Ballen günstiger?
b) Welches Volumen hat ein solcher Ballen mit den Maßen $2\,m \times 1\,m \times 60\,cm$?
c) Wie viele davon passen höchstens in eine Scheune mit dem Rauminhalt $180\,m^3$?

18

Ein Baugrundstück hat eine Fläche von 16 a $20\,m^2$. Für den Bau einer Straße benötigt man 1 a $80\,m^2$. Der Rest wird in zwei gleich große Grundstücke aufgeteilt.
a) Welchen Flächeninhalt hat jedes?
b) Wie viel kostet jedes bei einem Quadratmeterpreis von 120 DM?

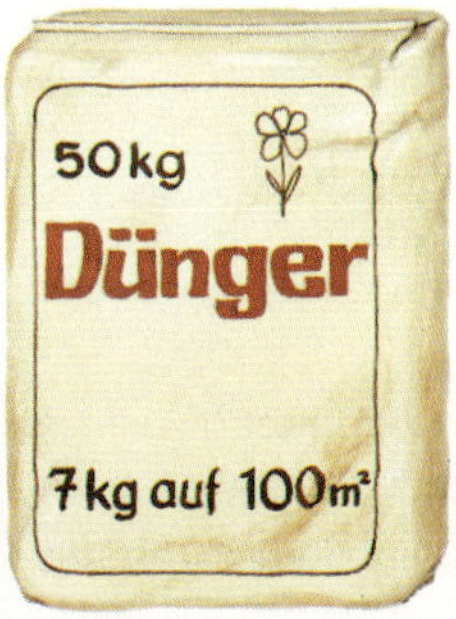

19

Eine Stadt plant die Anlage eines Pkw-Parkplatzes für 400 Autos. Für jedes Auto werden $10\,m^2$ benötigt, dazu noch 10 a für die Zufahrtswege. Wie groß ist der Flächenbedarf in Quadratmeter und in Hektar?

20

Ein 2 ha großes Feld soll gedüngt werden. Wie viele von den abgebildeten Düngersäcken braucht man?

21

Um ein rechteckiges Blumenbeet, das 13 m lang und 7 m breit ist, wird ein 150 cm breiter Kiesweg angelegt. Für $1\,m^2$ Weg braucht man 24 kg Kies. Wie viel Kies benötigt man für den gesamten Weg?

22

Zur Isolierung eines Hauses werden Korkplatten der Länge 1 m 20 cm, der Breite 80 cm und der Höhe 10 cm verwendet. Wie schwer ist ein 1 m hoher Stapel?
($1\,cm^3$ Kork wiegt 200 mg.)

23

Der Firstbalken eines Hauses ist 12 m lang, 25 cm hoch und 15 cm breit.
a) Wie viel wiegt der Balken, wenn $1\,dm^3$ Fichtenholz 500 g wiegt?
b) Vor dem Einbau erhält der Balken einen Schutzanstrich gegen Fäulnis und Insektenfraß. Reicht eine Dose, deren Inhalt für $10\,m^2$ vorgesehen ist?

24

Im Überseeverkehr werden Güter in Containern transportiert. Die am häufigsten verwendeten Container sind innen ungefähr 12 m lang, 2 m 50 cm breit und 2 m 40 cm hoch.
a) Berechne die Ladefläche und den Rauminhalt eines Containers.
b) Das Frachtschiff Neptun kann 420 Container transportieren. Wie viel Kubikmeter Fracht sind das?

25

Katharina und Sebastian sollen einen Kasten Saft kaufen. Ihre Mutter sagte ihnen, dass sie das günstigste Angebot nehmen sollen.

a) Welches Angebot ist das günstigere?
b) Wie viel spart man bei 1 Liter Saft gegenüber der anderen Sorte?

26

In der Erzählung des russischen Schriftstellers Leo N. Tolstoj „Wie viel Erde braucht der Mensch" wird einem Bauer folgendes Angebot gemacht:
Er erhält so viel Land, wie er an einem Tag umgehen kann.
Angenommen, er legt in einer Stunde 5 km zurück und geht 12 Stunden.
Wie groß ist ein Rechteck, das er dabei umschreiten kann, höchstens?

27

a) Bestimme an der Figur den ungefähren Flächeninhalt eines Apfelbaumblattes.
Gib den ungefähren Flächeninhalt in Quadratzentimeter an.

b) Ein Apfelbaum hat etwa 20 000 Blätter. Wie groß ist die gesamte Oberfläche der Blätter?

Knobelecke

28

Das Quadrat A hat einen Flächeninhalt von 81 cm², das Quadrat B einen Flächeninhalt von 64 cm².
a) Bestimme der Reihe nach die Flächeninhalte der Quadrate C, D, E, F, G, H, I.
b) Bilden alle Quadrate zusammen auch ein Quadrat?

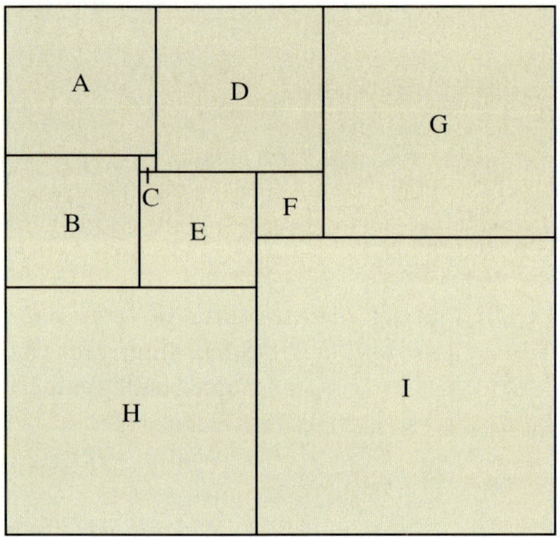

29

Ein Quader mit dem Rauminhalt 54 cm³ ist ebenso lang wie breit und doppelt so hoch wie breit. Wie lang sind seine Kanten?

30

Ein würfelförmiger Behälter zum Auffangen von Regenwasser wird so aufgestellt:

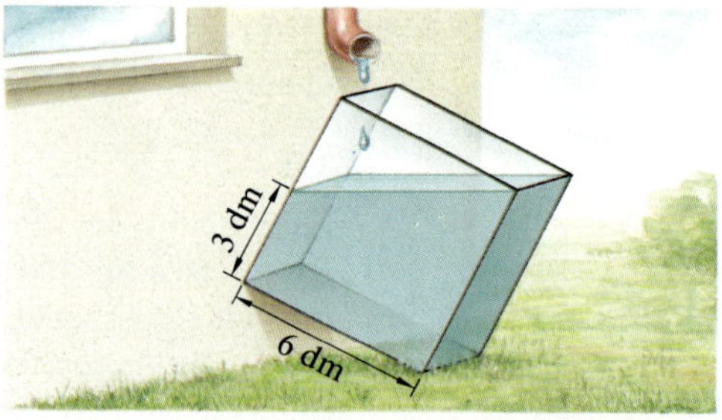

a) Wie viel Wasser ist im Behälter?
b) Sobald der Behälter überläuft, wird er waagrecht gestellt. Wie hoch steht dann das Wasser im Behälter?

Mathematische Exkursionen

Wie man Müll vermeiden kann

„Der Müllberg wächst weiter" können wir oft in Zeitungen lesen. Können wir Müll vermeiden, wenn wir Waren in großen statt in kleinen Packungen einkaufen? Wir prüfen diese Frage anhand der beiden Verpackungen für Apfelsaft.

Netz der kleinen Packung (Inhalt 0,5 *l*)

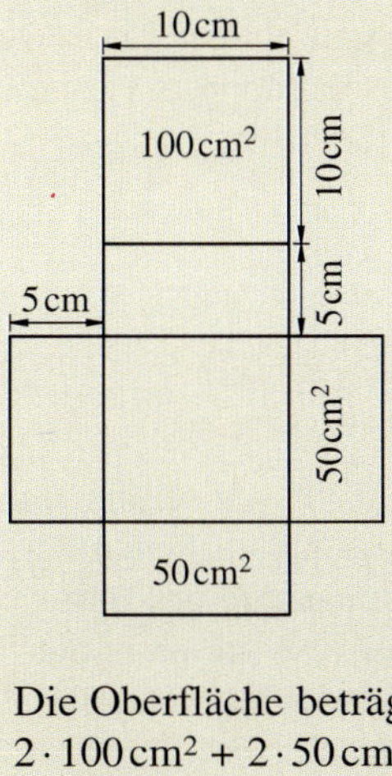

Die Oberfläche beträgt
$2 \cdot 100\,\text{cm}^2 + 2 \cdot 50\,\text{cm}^2 + 2 \cdot 50\,\text{cm}^2 = 400\,\text{cm}^2$.

Netz der großen Packung (Inhalt 1 *l*)

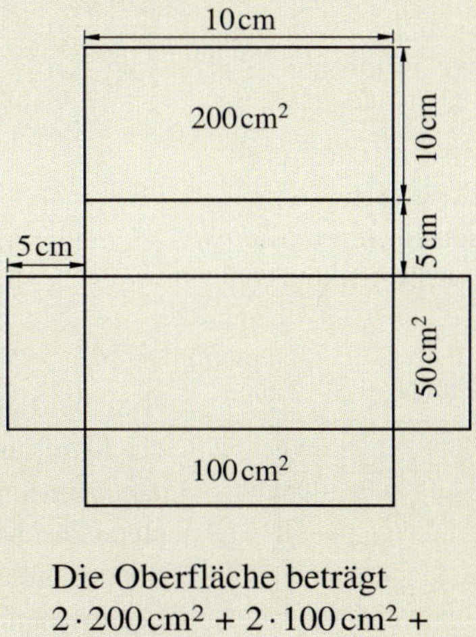

Die Oberfläche beträgt
$2 \cdot 200\,\text{cm}^2 + 2 \cdot 100\,\text{cm}^2 + 2 \cdot 50\,\text{cm}^2 = 700\,\text{cm}^2$.

Zur Herstellung von zwei kleinen Packungen braucht man also $800\,\text{cm}^2$ Pappe. Das sind $100\,\text{cm}^2$ Pappe mehr als für die Herstellung einer großen Packung. Durch den Kauf von großen Packungen können wir also Müll vermeiden.

„Geben Sie Ihren Kindern täglich einen Schluck Gesundheit mit!" So etwa werben Getränkehersteller für kleine Saftverpackungen. Wir haben auf dieser Seite berechnet, dass kleine Packungen mehr Material verbrauchen als große Packungen. Der Vorteil der großen Packungen ist also, dass sie Müll vermeiden.

Warum die Leute trotzdem kleine Packungen kaufen, können wir uns denken. Z. B. verdirbt der Inhalt nicht so schnell; oder man muss für die Schule keine Getränkeflasche füllen.
Kurz: Man hat es mit einer kleinen Packung bequemer.

Wir können an diesem Beispiel sehen, dass sich die Menschen beim Kauf von Waren nicht so sehr vom Ergebnis einer mathematischen Berechnung leiten lassen als vielmehr von der Benutzerfreundlichkeit der Verpackung.
Hast du schon eine Getränkeflasche für die Schule?

1

Die 80 Millionen Einwohner Deutschlands trinken täglich etwa 8 Millionen Liter Säfte. Würden davon 1 Million Liter anstatt in 1-*l*-Packungen in 0,5-*l*-Packungen verkauft, würde unnötig Pappe vergeudet (bei jedem Liter $100\,\text{cm}^2$).
Wie viel vergeudete Pappe (in m^2) ist das im Jahr?

2

Wenn viele Menschen in der Bundesrepublik Deutschland Getränke in kleinen anstatt in großen Packungen kaufen, kann das einen Mehrverbrauch von $3\,650\,000\,\text{m}^2$ Verpackungsmaterial im Jahr zur Folge haben (siehe Aufgabe 1).
$1\,\text{m}^2$ dieser Pappe wiegt 300 g.
Wie viel wiegt diese gesamte zusätzliche

$V = a \cdot b \cdot c$ kann falsch sein!

Wird hier gemogelt **?**

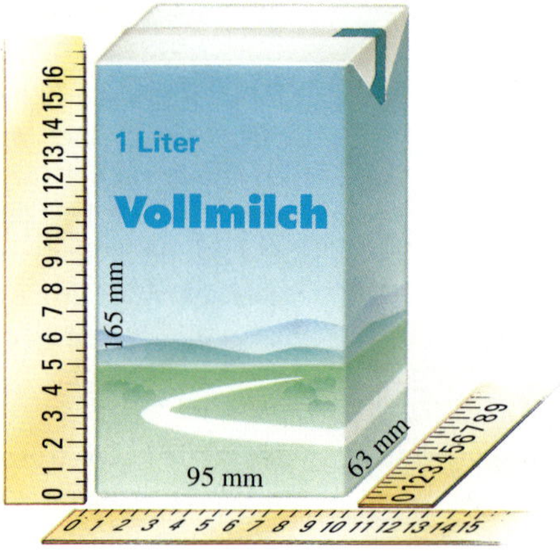

Wie viel Milch ist in dieser handelsüblichen Milchtüte?
Du wirst sagen: Natürlich 1 *l*, wie es auf der Packung steht.
Aber prüfen wir einmal nach. Wir messen an einer Milchtüte mit einem Lineal Länge, Breite und Höhe und berechnen ihren Rauminhalt.
Dabei erhalten wir folgende Werte: Länge 95 mm, Breite 63 mm und Höhe 165 mm.
Da die Verpackung quaderförmig ist, erhält man das Volumen zu
$95 \cdot 63 \cdot 165\,\text{mm}^3 = 987\,\text{cm}^3\ 525\,\text{mm}^3$.
Das ist weniger als 1 *l*.

In der Tat: Wenn du einmal die Packung vorsichtig aufmachst und nachschaust, wie hoch die Milch in der Tüte steht, wirst du staunen. Die Milch steht nämlich etwa 1 cm unter dem Rand. Also darf man für die Höhe nur den Wert 155 mm nehmen, und die Milchmenge beträgt nur noch

$$V = 95 \cdot 63 \cdot 155\,\text{mm}^3 = 927\,\text{cm}^3\ 675\,\text{mm}^3,$$

also mehr als $72\,\text{cm}^3$ weniger als 1 *l*.
Falls ihr zu Hause jeden Tag eine Tüte Milch braucht, ergibt das in der Woche einen Verlust von etwa 0,5 *l*.

Die Beamten der Gewerbeaufsichtsämter passen auf, dass die Milch richtig abgefüllt wird.

Was stimmt hier nicht? Haben wir falsch gemessen oder falsch gerechnet? Oder hat das Milchwerk gemogelt?
Wir schütten den Inhalt einer Milchtüte in einen Messbecher. Er wird bis zur Marke 1 *l* gefüllt. Also war 1 *l* Milch in der Tüte, und das Milchwerk hat sich nicht geirrt.
Damit muss an unseren Überlegungen, die auf ein kleineres Volumen geführt haben, etwas falsch sein.

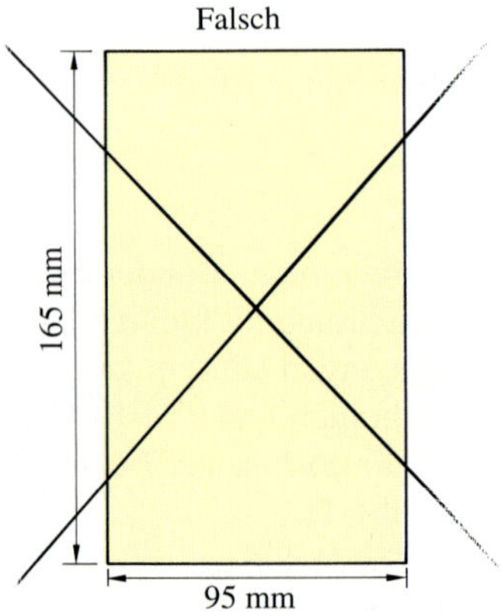

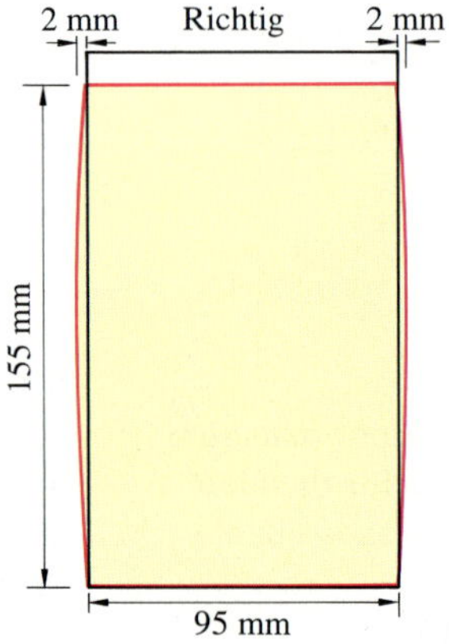

Hier ist die Lösung: Wenn wir seitlich an die Milchtüte ein Lineal halten, sehen wir, dass die Seitenflächen bauchig gewölbt sind. Die Milchtüte hat also gar nicht die Form eines Quaders, und wir können ihr Volumen nicht nach der Formel
$V = a \cdot b \cdot c$ berechnen. Können die Wölbungen der Seitenflächen das Volumen so stark verändern? Ein Zahlenbeispiel zeigt es uns: Die Milch in der Tüte hat etwa das Volumen des gedachten roten Quaders:
$V = 99 \cdot 67 \cdot 155\,\text{mm}^3$
$= 1\,028\,\text{cm}^3\ 115\,\text{mm}^3$.

Flächeninhalte

Der Flächeninhalt gibt an, wie groß eine Fläche ist.
$A = 3\,cm^2$ bedeutet: Die Fläche ist dreimal so groß wie ein Zentimeterquadrat.

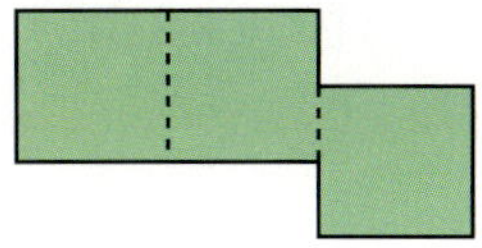

$A = 3\,cm^2$

Einheiten bei Flächeninhalten

Flächeninhalte werden in den Einheiten $1\,mm^2$, $1\,cm^2$, $1\,dm^2$, $1\,m^2$, $1\,a$, $1\,ha$, $1\,km^2$ gemessen.

Das 100fache einer solchen Einheit ergibt die nächstgrößere Einheit.
Dagegen ergibt bei Längen das 10fache einer Einheit die nächstgrößere Einheit.

$1\,cm^2 = 100\,mm^2$
$1\,dm^2 = 100\,cm^2$
$1\,m^2 = 100\,dm^2$
$1\,a = 100\,m^2$
$1\,ha = 100\,a$
$1\,km^2 = 100\,ha$

Flächeninhalte von Rechtecken

Man schreibt die Länge und die Breite des Rechtecks in der gleichen Einheit; dann multipliziert man die Maßzahlen und fügt die entsprechende Flächeneinheit hinzu.
Kurz: Flächeninhalt gleich Länge mal Breite.

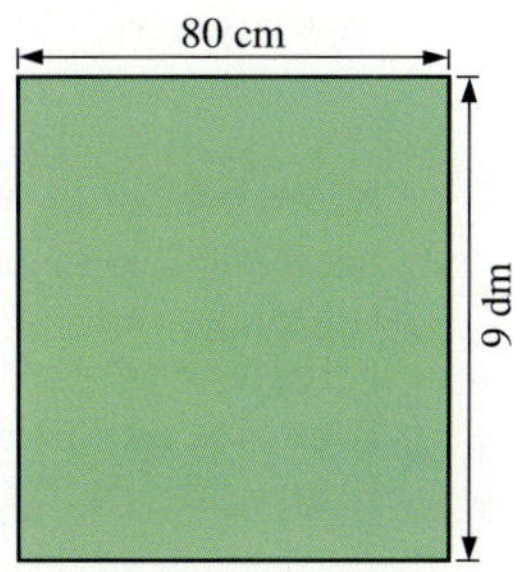

Flächeninhalt
$A = 80 \cdot 90\,cm^2$
$= 7200\,cm^2$
$= 72\,dm^2$

Rauminhalte

Der Raum gibt an, wie groß ein Körper ist.
$V = 5\,cm^3$ bedeutet: Der Körper ist fünfmal so groß wie ein Zentimeterwürfel.

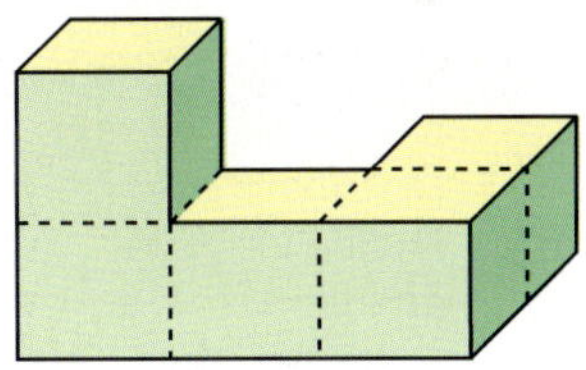

$V = 5\,cm^3$

Einheiten bei Rauminhalten

Rauminhalte werden in den Einheiten $1\,mm^3$, $1\,cm^3$, $1\,dm^3 = 1\,l$, $1\,m^3$ angegeben.
Das 1000fache einer solchen Einheit ergibt die nächstgrößere Einheit.
Bei Flächen ist die Umrechnungszahl 100; bei Längen ist die Umrechnungszahl 10.

$1\,cm^3 = 1000\,mm^3$
$1\,dm^3 = 1000\,cm^3$
$1\,m^3 = 1000\,dm^3$

Rauminhalte von Quadern

Man schreibt die Länge, die Breite und die Höhe des Quaders in der gleichen Einheit; dann multipliziert man die Maßzahlen und fügt die entsprechende Raumeinheit hinzu.

Kurz: Rauminhalt gleich Länge mal Breite mal Höhe.

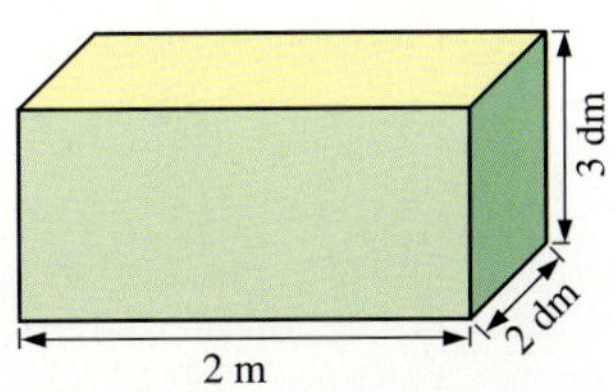

Rauminhalt
$V = 20 \cdot 2 \cdot 3\,dm^3$
$= 120\,dm^3$

Register